国家出版基金项目
NATIONAL PUBLICATION FOUNDATION

"十四五"时期
国家重点出版物出版专项规划项目

空间生命科学与技术丛书

名誉主编 赵玉芬 主编 邓玉林

空间辐射生物学

Space Radiation Biology

周光明 邓玉林 等 编著

U0234700

北京理工大学出版社
BEIJING INSTITUTE OF TECHNOLOGY PRESS

图书在版编目（ＣＩＰ）数据

空间辐射生物学 / 周光明等编著． —— 北京：北京
理工大学出版社，2023.12
ISBN 978 - 7 - 5763 - 3317 - 6

Ⅰ．①空… Ⅱ．①周… Ⅲ．①辐射环境 – 研究 Ⅳ．
①X21

中国国家版本馆 CIP 数据核字（2024）第 019522 号

责任编辑：封　雪　　　文案编辑：封　雪
责任校对：周瑞红　　　责任印制：李志强

出版发行 / 北京理工大学出版社有限责任公司
社　　　址 / 北京市丰台区四合庄路 6 号
邮　　　编 / 100070
电　　　话 / （010）68944439（学术售后服务热线）
网　　　址 / http：//www.bitpress.com.cn

版 印 次 / 2023 年 12 月第 1 版第 1 次印刷
印　　　刷 / 三河市华骏印务包装有限公司
开　　　本 / 710 mm × 1000 mm　1/16
印　　　张 / 22
彩　　　插 / 1
字　　　数 / 331 千字
定　　　价 / 94.00 元

《空间辐射生物学》
编写委员会

前　言

随着航天事业的不断发展，空间辐射生物学作为一门新兴的交叉学科，已经引起生物学、材料学、物理学等诸多领域的关注，但还需更多的科研人员和公众了解和参与这一学科的建设和发展。本书正是在这样的时代背景下应运而生，旨在系统梳理和阐述空间辐射环境的物理特性，天然及人工模拟空间辐射环境与人体、模式生物及其他物种相互作用的生物学效应，为基础生物学研究、空间环境开发利用和航天员生命安全保障提供科学指导和应用支撑，推进公众对空间辐射生物学的了解和认知。

空间独特的辐射环境为发现辐射生物学的新现象、新机制和新规律提供了得天独厚的条件。随着中国空间站建设和运营、月球科研基地建设、火星探索等空间探索任务的陆续展开，空间辐射生物学研究也迎来了历史性的发展机遇。而空间辐射带来的健康风险也制约了空间商业旅行常态化以及载人航天向深空发展，是航天医学必须面对的严峻挑战。

本书共有八个章节，首先从空间辐射的物理环境出发，详细介绍了空间辐射的三种主要来源（地球俘获带、太阳粒子事件和银河宇宙射线）及它们的组成和特征。以方便读者更好地理解空间辐射与生物体作用的物理学基础。本书进一步探讨了空间辐射生物学的基础，涵盖了空间辐射在生物大分子、细胞周期及命运、复合效应、旁效应等层面的作用和影响，以期为相关读者理解空间辐射暴露的生物学效应和分子机制提供一定的理论导引。在此基础上，本书介绍了空间辐射诱发健康风险基本方式（致癌、遗传和致畸效应）及其对几种重要人体系统的影响。另外，在空间辐射环境中，微生物、植物、模式动物也展示出许多有趣的现象和规律，本书也对此进行了详细的介绍和展望。针对相关领域专家和公众普遍关注的健康安全问题，本书介绍了空间辐射防护策略、风险评估以及生物医学防护等方面的内容，并探讨了中药等生物医学方法的抗辐射效果，为空间辐射防护提供新的思路和方法。除了电离辐射，空间环境中也充斥着大量的非电离辐射，本书在最后阐述了空间非电离辐射的来源，健康效应及其防护方法，以期能为航天员提供更加全面、有效的保护。

在本书的撰写过程中，我们得到了许多专家和学者的支持和帮助。在此，我们向他们表示衷心的感谢！由于能力有限，书中可能存在疏漏、错误和不足之处，敬请读者批评指正，以便我们进一步完善和改进，特此感谢！

作　者

目　　录

第 1 章

（周光明，李冰燕）**绪　　论**

　　2021 年 4 月，天和核心舱成功发射，标志中国载人航天工程正式迈入空间站时代。2022 年我国航天员入驻问天实验舱和梦天实验舱，进一步提升了空间站的综合科学实验能力，开启了我国空间科学研究的新时代。国际方面，美国维珍银河和美国太空探索技术公司在 2021 年实现了临近空间的商业飞行，翻开了太空商业旅行的新篇章。空间站任务、登月、火星探索等载人飞行任务的陆续展开，为空间科学提供重要的发展契机，也为空间辐射生物学提供了宝贵的研究平台和机遇。空间具有与地面截然不同的辐射环境，非常有利于发现辐射生物学的新现象、新规律和新机制。空间特殊的辐射环境并不局限于空间基础生命科学的研究，还可用于探索疾病机理、研发生物药物以及培育优良作物等。与此同时，我们也必须认识到空间环境的生物安全问题，其中空间辐射的健康风险是空间商业旅行常态化以及载人航天向深空发展的主要制约因素。为精准解决空间辐射生物学的前沿关键科学问题、把握空间生命科学的发展趋势，我们需要借助生物大分子操作、单细胞测序等前沿分析技术，提高空间辐射的生物学实验水平，深入研究和解析空间辐射暴露对人体、模式生物以及其他物种的生物学效应和机制，为空间生物辐射安全防护以及空间生命保障提供科学指导和应用支撑。

■ 1.1　空间辐射环境

1.1.1　空间辐射分类及射线特点

　　按照辐射来源，可以将空间辐射分为三类：地球俘获带辐射 （earth's trapped

belt radiation，TBR）、太阳粒子事件（solar particle event，SPE）和银河宇宙射线（galactic cosmic ray，GCR）。按照辐射类型，除了无线电波（频率约为 1×10^9 Hz）和紫外线等非电离辐射外，空间辐射环境主要是能谱很宽的粒子辐射，包括电子、质子以及各种重离子等，其中质子所占比例最高，其次是氦离子。这些高能粒子由于来源、丰度以及地球磁场和大气层对其阻止能力不同，在外太空间的分布也有较大的差异，不同的航天飞行任务所面临的辐射环境往往不同。

地球俘获带辐射中的带电粒子主要由电子和质子组成，还有少量的重离子，如碳、氧等。地球俘获带辐射又分为内辐射带和外辐射带，内辐射带主要是不同能量质子，也包含少量的电子和其他带电粒子。其中质子质量能谱较宽，在数兆eV 到数百兆 eV 范围内。因为内辐射带位置比较低，大多数空间站会受到内辐射带捕获质子的影响。外辐射带中主要是电子和一些低能质子，其中电子能量最高可达 10 MeV，通量约是内辐射带的 10 倍。航天器舱壁可以有效屏蔽这类辐射，航天员执行舱外任务时主要暴露于捕获带辐射。

太阳粒子事件由太阳耀斑和日冕物质抛射引起，发生时喷发大量的质子、α 粒子和重离子，以质子为主。每次太阳粒子事件发生的强度和方向都不相同，持续时间从几个小时到几周不等。太阳粒子事件是影响近地空间辐射环境的主要因素之一，且其发生的频率和强度与太阳黑子活动周期有关，在太阳活动强的年份发生概率比较大。在太阳活动周期中，每 11 年发生一次大爆发，此时太阳黑子数达到峰值。

银河宇宙射线主要是指来自太阳系以外的带电粒子射线流，粒子能量范围为几十 eV 到 1×10^{12} MeV，主要由 85% 的质子、14% 的氦粒子和 1% 的重离子组成。与太阳粒子不同，银河宇宙射线辐射在整个行星空间的分布被认为是相对稳定以及各向同性的。银河宇宙射线强度也受到太阳周期的影响，在太阳活动极小时期，由于太阳磁场较弱，保护性降低，导致宇宙射线粒子通量强度达到极大值，约是太阳活动极大时期的 10 倍。虽然银河宇宙射线的通量不大，但其中的高能重粒子（high Z and high energy particals，HZE 粒子）具有很高的传能线密度（linear energy transfer，LET），能产生显著的相对生物学效应（relative biological effectiveness，RBE）。

除了上述天然辐射源之外，载人航天飞行中航天员还暴露于人工辐射源。人工辐射源是航天器载荷中使用的辐射源，如用作动力源的核反应器、航天器返回着陆用的 γ 射线测高仪、空间科学实验仪器的校准源和实验用的放射性核素等。此外，航天器舱内的辐射环境还包含了空间粒子与舱壁材料作用而产生的次级辐射，如反冲质子、次级中子和韧致辐射等。

空间非电离辐射主要来自空间自然存在的天然辐射源和航天装备所产生的人工辐射源，如太阳发出的电磁波以及航天器通信装备发出的射频信号，包括无线电波、微波、红外线、可见光、紫外线等。天然非电离辐射源主要有 4 种。一是太阳连续发射的宽频带电磁辐射，其中最重要的是光辐射，辐射能的 99% 以上集中在可见光和近红外光谱区。由于缺少大气臭氧层的屏蔽，外太空的紫外线强度比地球表面高得多。太阳发射连续的射频辐射，但强度很低。二是太阳耀斑短时间内所发射的光辐射和射频辐射，即太阳耀斑事件，不产生太阳粒子事件的小耀斑也能发射电磁辐射。三是太阳系以外星体产生的电磁辐射，但强度很低。四是源自太阳系内不同星体的磁场，通常有几个数量级的变化。在太阳黑子中心已发现 1 000 倍于地球的磁场，木星的磁场也有同样的强度。航天器上能产生非电离辐射的仪器设备主要有：通信设备（雷达、无线电和微波发射机、天线和有关设备）、激光设备、照明灯、电子仪器、焊接设备、电源、电源调节和分配设备等。

1.1.2　空间辐射剂量学

空间辐射测量不仅包括空间自然暴露环境辐射剂量测量，也包括航天器内部环境的辐射剂量评估。精确的空间辐射测量是空间辐射生物学研究的重要前提，美国国家航空航天局（National Aeronautics and Space Administration，NASA）曾认为"累积的辐射剂量将有可能成为人类太空探险的最大限制因素"。另外，空间辐射计量对于飞行任务的规划也至关重要，主要体现在两个方面：一是在飞行前开展剂量计算，对航天员和生物样品在空间飞行不同阶段将要暴露的剂量进行预测；二是在剂量评估过程中，剂量计算用于确定航天员和生物样品实际暴露的辐射剂量。因此，对空间环境中的辐射水平进行准确的测量和计算，是开展空间辐射生物学研究的基础。

空间辐射环境测量主要提供空间辐射场粒子类型、注量、微剂量、吸收剂量、当量剂量谱（随时间、LET、能量或方向等）等基础数据。目前的辐射环境测量仪器有主动和被动两种类型。主动探测器可以实时或近实时地记录数据，主要用于探测航天器舱内外辐射环境的瞬时变化，具有报警或预警功能，用于飞行任务中的剂量管理，例如组织等效低压正比计数器、DOSTEL 半导体检测器、Bonner 球谱仪，以及针对低 LET 射线的敏感电子探测器等。相对于主动探测器，被动探测器具有物理、化学性质稳定的特点，体积小且无须供电，可以长期记录辐射环境的总剂量等信息。

1.1.3　空间辐射环境测量

空间辐射探测器测量的特征参数主要有粒子种类、能量分布、注量分布、能量沉积、LET 等。

空间环境辐射测量方式的选择依赖于粒子类型、能量分布和测量位置（舱外、舱内、航天服内部等）。测量涵盖了空间带电粒子、γ 射线、中子的辐射以及与物质相互作用后产生的次级粒子，单个探测设备通常无法满足所有辐射物理量测量的需求。由于不同粒子对总吸收剂量和当量剂量的相对贡献存在较大差异，不能通过单个分量（或几个分量）来确定吸收剂量或当量剂量，也无法通过校正因子确定整个辐射场的吸收剂量或当量剂量。因此，在空间辐射测量中，粒子鉴别显得尤其重要，除了使用飞行时间、探测器望远镜和磁分析等单一方法测定粒子 z 值和 A 值以外，一般需要几种方法有机结合才能精确地鉴别粒子的辐射品质。当不能有效区分粒子类型和辐射性质时，可以通过 LET 对射线进行分类，包括低 LET 带电粒子（$<10 \ keV/\mu m$）和高 LET 带电粒子（$\geq 10 \ keV/\mu m$）。

1.1.4　空间辐射个人剂量监测

在太空执行长期飞行任务期间，航天员所受的辐射剂量远高于地面职业放射性从业人员的年度剂量限值。因此，监测航天员重要脏器或组织的辐射暴露水平，获取精确的受照剂量，对于空间辐射的健康风险评估而言尤为重要。理想的个人剂量测量检测不仅可以记录完整的剂量数据、剂量率随时间的动态变化，对辐射场的各种成分进行有效响应，还可以精确地测量组织的吸收剂量率和当量剂量率。

在执行空间飞行任务时，个人剂量测量常常需要几种主动和被动探测器联合应用。其中，主动式个人剂量计可以实时显示累积剂量和剂量率预设声光报警阈值，通常用作被动剂量计的有效补充，用于日常剂量监测。然而，目前的主动式个人剂量计还只能用来测量航天器辐射场中的低 LET 成分。在航天员执行舱外活动期间，由于太空服和航天器屏蔽程度的差异，航天员可能需要使用可在轨读出的被动式个人剂量计。目前最常用的被动式个人剂量计是热释光探测器（thermoluminescence detector，TLD）和光致发光探测器（optically stimulated luminescence dosimeter，OSLD），主要用于 LET 在 20 keV/μm（组织）以下的辐射剂量测量。塑料核蚀刻径迹探测器（plastic nuclear track detector，PNTD）和核感光乳剂组合的核蚀刻径迹探测器，可以测量辐射场中高 LET 成分。过热液滴探测器对中子和重带电粒子均有反应，但需要准确的校准。低 LET 和高 LET 成分探测器的组合可以测量空间中复杂辐射环境的当量剂量，例如，整合 TLD 和 PNTD 的探测器系统已被广泛应用于执行空间剂量检测任务。测量仪器的剂量学特性与其校准过程密切相关。仪器的响应特性与很多因素有关，如粒子类型、能量、射线入射角度等。

为了精确评估空间辐射环境对航天飞行的影响，NASA 最近在航空器中增加了辐射测量仪器。例如，奥德赛号宇宙飞船装有火星表面辐射探测器，好奇号火星车携带了一种辐射评估探测器 RAD，不仅用于监测火星表面的辐射情况，而且记录了从地球到火星约六个月飞行过程中的辐射环境改变，包括多次 SPE 以及背景辐射如 GCR。另外，欧洲航天局的 HUMEX 项目研究了登月和火星探测任务中可能遭受的辐射情况，如屏蔽因素、与太阳的距离、太阳周期和任务持续时间等，研究结果表明，随着暴露条件的变化或屏蔽技术的提高，暴露剂量会相应改变。此外，国际空间站内部和外部的辐射探测器、各种绕地和绕月卫星的辐射探测器等均可以收集重要的辐射数据，为空间辐射个人剂量的检测提供参考。

■ 1.2　空间辐射对人体细胞组织的生物学效应

从 20 世纪 60 年代起，空间辐射生物安全问题就受到全球的普遍关注，美欧等航天强国在深空探测活动中都采取了严格的生物安全防控措施，并利用微重力、辐射等空间环境所产生的特殊生物学效应，开展空间生物实验和生物安全技术研究。美、欧、俄等先后利用航天飞机、空间站等大型空间设施开展了3 000多次生物学实验，积累了大量空间飞行环境下的生物科研数据和应用成果。当前我国大规模开展空间生物学研究的条件也日渐成熟，随着长期在轨空间站投入使用，可以支持在空间特殊环境下开展更复杂、更系统、更前沿的生物学实验，满足国家生物科学、技术和安全的需求。因此，辐射生物学家要以国家生物安全战略需求为导向，关注空间辐射生物学效应及研究进展，实施持续的空间生物安全研究与实验计划，加快空间辐射防护产品研发和成果转化。

与地面实验不同，在航天器上进行空间辐射生物学实验会受到诸多条件的制约，例如载荷、实验支持系统、实验环境、时间和经费等。因此，目前可行的策略是利用地面实验室模拟空间辐射条件和环境，研究动物和细胞模型的生物学效应，然后在航天飞行期间进行必要的实验验证。这种研究策略的优点是容易控制实验变量，选择有统计学意义的样本量和实验对象，并可重复多次进行实验，其缺点是必须将地基实验结果在空间进行验证，并需要解决动物实验外推到人的问题，准确认知地面辐射和空间辐射对人体辐射效应的差异目前仍然是一项巨大的挑战。

1.2.1 空间辐射对生物大分子和细胞命运的影响

DNA是细胞的遗传物质，电离辐射引起的DNA损伤可能导致基因变异、染色体畸变等，诱导细胞恶性转化、细胞凋亡、细胞死亡等。当照射剂量达到一定水平后，受损的细胞得不到及时修复补偿，可能导致组织器官的功能性障碍，出现确定性效应。无论是直接作用还是间接作用，辐射都会导致生物大分子发生结构、构型等变化。例如，对于酶分子，辐射可导致其分子构象改变，破坏某些氨基酸残基，或通过氧化还原反应破坏酶的活性中心。DNA分子的损伤类型包括碱基损伤、单链断裂（single strand break，SSB）、双链断裂（double strand break，DSB）等。DNA分子损伤可以影响染色体结构和功能的完整性，引起细胞分裂异常、代谢紊乱等功能性障碍。此外，辐射品质和细胞状态还影响DNA损伤的修复方式，如同源修复（homologous recombination，HR）和非同源末端连接（non - homologous end joining，NHEJ）等，修复的结果取决于损伤程度和修复机制。如果损伤过于严重而无法修复，就会导致细胞死亡或组织器官的功能性障碍。

空间 HZE 粒子辐射对细胞损伤效应的一个重要参数是细胞失活截面,它是单个重离子和细胞靶分子相互作用引起某一生物学终点的概率,和产生的次级电子密度成正比,与径向剂量分布的平方成反比。一般来说,重离子辐射比低 LET 辐射的生物学效应更强,主要原因是高 LET 辐射会引起 DNA 团簇损伤,多种类型的损伤聚集在一个有限的空间内不易修复,并且在修复的过程中极易引入突变。重离子辐射致 DNA 损伤的特征之一是 DSB/SSB 比值随 LET 的增加而迅速增大。随着 LET 的增加,难以修复的 DSB 数目增多,错误修复的概率增大,容易造成细胞的致死性损伤。同时,重离子照射可引起染色体端粒的损伤和缺失,导致染色体和基因组的不稳定性。染色体不稳定性指细胞有丝分裂时染色体分离错误,导致子代细胞染色体的非整倍体突变,或者 DNA 损伤引起染色体结构改变,造成基因易位、缺失、反转、断裂等。重离子引起的基因组不稳定使整个基因组处于一种易感状态,增加了其他损伤的发生与累积,因而具有恶性转化的倾向。从 DNA 修复机制和信号转导途径,到表观遗传改变和辐射诱发旁观者效应的一系列研究成果,为深入解析空间辐射的生物学效应机制提供了重要的基础资料。

由于空间辐射环境的复杂性和特殊性,研究空间重离子辐射对生物体的作用时需要确定重离子是否击中生物样本及其击中样本的靶点部位等。生物叠实验技术是研究空间重离子辐射生物学效应常用的一种方法。该技术由多层片状核径迹探测器与位置固定的生物样本叠层放置,构成三明治式的结构,用于检测重离子通过生物样本及其造成辐射损伤的情况。由于该方法要求在实验中保持生物样本的位置固定,因此实验材料多使用处于休眠期的植物种子或昆虫卵等。

不同类型粒子所造成的混合辐射效应与单一辐射效应也不相同。研究发现,低剂量质子辐照细胞后,1 h 内再次接受铁离子辐照时,细胞的恶性转化率显著高于这两种粒子分别辐照后转化率的叠加,表明质子辐照和铁离子辐照存在协同效应。同时暴露于 X 射线和 α 粒子会增加肺上皮细胞的细胞毒性和微核形成率,具有协同效应。但也有研究发现,先用 6 MeV 中子,然后用 240 kV 的 X 射线混合照射的淋巴细胞,在微核形成上并不存在相互作用,在人外周血淋巴细胞中也同样没有发现高 LET 和低 LET 辐射在诱导染色体畸变上具有协同作用。

1.2.2 空间辐射对人体组织器官的系统性效应

空间电离辐射通过对生物大分子和细胞的损伤效应，可进一步引发肿瘤、白内障，增加神经系统、心血管系统以及免疫和遗传等远期损伤效应的潜在风险。

电离辐射对神经系统的损伤与剂量、能量和射线品质密切相关。高 LET 射线只需极低的剂量就能达到高剂量的低 LET 射线对神经系统的损伤效果。随着原子序数的增加，低于 50 mGy 的 HZE 粒子照射即可造成认知功能损害；但如果采用 γ 射线，即使是 20 倍于 HZE 粒子的剂量也并不能导致同等的效果。HZE 粒子作为空间生物学效应的主要贡献者，其对中枢神经系统的损伤能力比低 LET 辐射更强，但不同的 HZE 粒子自身对中枢神经系统的损伤也存在差异。在地面模拟研究中，单一粒子和多种粒子混合照射对大脑的损伤也表现出极大差异。目前空间辐射对中枢神经的损伤与剂量率的关系并不明确，缺乏相应的人群流行病学或动物实验数据。最新的动物模型研究发现，小鼠在持续接受 6 个月低剂量率（1 mGy/天）的中子和光子混合场照射后，出现了神经行为学和电生理的异常，表现为海马神经元兴奋性和海马及皮质长期功能的下降、学习和记忆缺陷、焦虑样行为。

辐射对血管系统的损伤主要表现为内皮细胞凋亡，抑制内皮细胞增殖，血管基底膜增厚和空泡化，细胞外基质破坏，心脏、肺和脑内微血管稀疏，以及可能的血脑屏障破坏。在空间辐射导致严重心血管进程中炎症的作用不可忽视。电离辐射通过释放炎症因子信号促进动脉粥样硬化过程，辐射后的血管内皮细胞也会发生血栓前改变。此外，胶原、弹性蛋白和蛋白多糖等细胞外基质分子的产生也有一定程度的增加。巨噬细胞、泡沫细胞和血管平滑肌细胞死亡，释放的脂质会聚集到斑块的中心区域。当斑块脱落时，血液成分与斑块内部存在的组织因子接触，引发血栓形成，从而阻碍甚至阻塞血液流动。因此，空间环境引起的炎症反应可能激发早期动脉粥样硬化，是所有恶性心血管事件的元凶之一。

辐射对免疫系统的影响与辐射剂量和辐射品质有密切关系。空间辐射对免疫系统的影响主要包括细胞因子分泌谱改变、淋巴细胞亚群分布和功能失调，以及免疫器官胸腺发育和脾脏重量的变化。辐射暴露还能通过刺激下丘脑和肾上腺，发挥辐射免疫抑制作用。空间辐射也可能改变骨髓环境微环境和肠道菌群分布，影响免疫系统。

1.2.3 空间辐射的致癌、致畸效应

电离辐射的随机效应主要表现为辐射致癌和遗传性病变。由于电离辐射的能量沉积是一个随机、离散的过程，因此即使在极低剂量条件下，也能够在关键生物大分子如 DNA 上沉积足够的能量，从而导致遗传物质的损伤和变异。尽管单个体细胞的变异不会造成组织器官的功能丧失，却能诱发子代细胞的恶性转化。然而，受照后的细胞转化为癌细胞通常需要若干年的时间，即潜伏期较长。例如，诱发人类白血病的潜伏期大约为 8 年，诱发乳腺癌或肺癌等实体瘤的潜伏期则为白血病潜伏期的 2~3 倍。辐射致癌的严重程度与受照剂量的大小之间没有确定关系，但辐射致癌的概率会随受照剂量的增加而增大。

截至目前，人类对辐射致癌效应的研究数据主要来源于日本原子弹爆炸幸存者人群、接受治疗性照射的人群、长期吸入放射性氡气及其子体的铀矿工人以及其他从事放射性工作的人群。例如，皮肤癌和白血病常见于早期的 X 射线从业人员，骨瘤常发生于使用含镭涂料描绘钟表刻度盘的工人，白血病是广岛和长崎原子弹爆炸幸存者的高发病等。与地面常规射线不同，空间辐射主要由高能带电粒子构成，包括电子、质子、α 粒子和重离子，这些带电粒子的生物学效应与粒子的性质（电荷和能量）、剂量以及所研究的生物学终点（基因突变、染色体畸变、DNA 损伤修复、细胞死亡和转化等）有关，其相对生物学效应较大，说明空间辐射在相同剂量下所产生的生物学损伤更严重。自 1961 年苏联航天员加加林成功实现太空飞行以来，全世界仅有 500 余位航天员执行过空间飞行任务。美国 NASA 实施的一项关于航天员健康纵向研究（longitudinal study of astronaut health，LSAH）项目，跟踪调查了美国航天员执行空间任务时所受的辐照剂量以及返回后的健康状况，发现 312 名航天员中有 47 人罹患肿瘤，是地面同年龄段对照人群的 3 倍。NASA 将可接受的辐射致癌风险水平定为致死风险的 3%，但是月球和火星探索任务的辐射致癌风险可能超过致死风险的 4%。因此，有效降低空间辐射致癌的风险对于深空探索任务至关重要。

借助地基空间辐射模拟设施，空间辐射的致癌效应研究已经取得了一些实验数据。然而，迄今为止，一些关键问题仍然没有得到解决，例如，高能重离子辐射诱发肿瘤的分子机制和低 LET 射线有何不同？混合辐照诱发肿瘤的能力和单一

辐照相比如何？高能空间辐射与其他空间环境因素如微重力等协同作用时其致癌效应如何？

电离辐射在生殖细胞中产生的 DNA 突变，可引起后代遗传性改变和遗传性疾病，是一种发生于后代的随机性效应。辐射诱发的遗传性效应有两类：基因突变和染色体畸变。基因突变率随受照剂量的增加而呈线性增加。突变效应在子一代就显现时为显性突变，反之为隐性突变。虽然目前仍没有空间辐射引起生殖细胞基因突变种类和频率的报道，但已有利用重离子模拟空间辐射诱发多种体细胞突变效应的报道。有研究发现，不同 LET 的氦、硼、氧等离子诱导突变的相对生物学效应与 LET 相关。在 LET 值升至 200 keV/μm 前，突变的发生随 LET 的增加而增加，在 LET 为 90~200 keV/μm 的范围内，辐射对人成纤维细胞中突变的诱导最为有效，RBE 在 6.7~7.1 之间。哥伦比亚大学 Hei 等测定了质子、氘核和氦离子对人成纤维细胞 hprt 位点诱导突变的 RBE 值，发现对 10 keV/μm 质子的 RBE 为 1.3，150 keV/μm 氦离子的 RBE 为 9.4。我国学者梅曼彤等发现与 X 射线相比，高能氖离子（LET = 24 keV/μm）、硅离子（LET = 86 keV/μm）和铁离子（LET = 196 keV/μm）能更有效地诱导中国仓鼠卵巢细胞中脯氨酸的突变，RBE 分别为 1.3、1.7 及 4.5。

辐射诱发生殖细胞的染色体畸变，除了有染色体片段等非稳定性畸变外，还可以观察到易位等稳定性畸变。稳定性畸变能够通过细胞分裂，将辐射损伤带入成熟的精子，因而更具有遗传危害性。高、低 LET 辐射诱导不同类型染色体畸变的能力有所不同。目前还没有空间辐射影响生殖细胞表观遗传学方面的研究报道，但低 LET 的 X 射线引起细胞发生可遗传的 DNA 甲基化改变则已被证实。

1.2.4 空间辐射复合生物学效应

载人航天期间，航天员除受到空间辐射的作用外，还会受到其他一些环境因素的影响，如微重力、有害气体、加速度、噪声、狭小空间和舱内的微生物等，航天员自身的生理和心理状态也会影响航天员对辐射的耐受性。当多种环境因素同时作用于人体时，由于各因素间的相互作用会引起复合的生物学效应，其表现类型和强度变化远比单因素效应更为复杂。

在空间辐射与其他航天因素复合效应的研究方面，较为关注的是空间辐射与氧浓度、微重力和有害气体的复合效应，因为这些因素在空间飞行过程中都长时间持续存在。动物实验结果表明，低氧环境可减轻低 LET 辐射的效应，提高机体对辐射的耐受能力，从而表现为拮抗作用。与低氧环境的作用相反，高氧浓度可增强辐射效应，加重辐射对染色体的损伤作用。高氧的增敏作用和低氧的抗辐射作用已被广泛应用于临床的放射治疗，其中高氧用于增加射线对肿瘤细胞的杀伤效能，而低氧可以减轻辐射的副作用。因此，载人航天期间采用低氧的压力环境，有助于减轻空间辐射对航天员的健康危害。

载人航天期间，航天员一直处于微重力或失重环境中，由此造成对人体多器官系统的影响。研究空间辐射与微重力的复合效应难度较大，因为在空间飞行期间进行动物或细胞生物学实验，需要在飞行器内安装放射源和模拟重力的参照离心机，而地面实验又难以维持较长时间的微重力环境。因此，迄今为止只获得了一些有限的、互相矛盾的实验结果。在"双子星座"和"生物卫星Ⅱ"飞行实验中，观察到辐射与微重力对细胞的遗传损伤效应，以及对动物死亡、体重、行为、造血等系统影响具有一定的协同作用，但复合效应因子接近 1，不超过 1.2。目前认为，虽然微重力对空间辐射效应有增敏趋势，然而影响程度有限，需要进一步积累研究数据。

航天飞行中有害气体的主要来源包括载人航天器非金属材料、人体代谢、舱内仪器设备工作和航天工艺过程中产生的废物。有害气体的毒性与其组分和浓度有关，其中有些组分如苯、甲苯、肼等是可疑致癌物。多环芳烃类化合物与辐射有明显的协同致肺癌作用，表现为肿瘤发生潜伏期的缩短。对吸烟铀矿工的肺癌流行病学调查，也证实了二者的协同作用。然而，由于载人航天中可检测出的有害气体有上百种之多，与空间辐射的复合效应十分复杂，根据目前的资料还难以对其进行人体健康的危害评价。

■ 1.3　空间辐射对其他物种的生物学效应

明确空间辐射对人体的影响，提供有效的防护策略是空间辐射生物学研究的首要任务。研究低剂量率和低剂量空间辐射诱导不同物种 DNA 损伤和变异的分子特征，不仅能推动植物育种、创制植物新种质、创建新基因和培育新品种的发展，也为筛查致突变基因提供高效、准确的新途径。另外，利用模式生物进行可控辐射条件下地基实验以及空间辐射条件下的生物学效应研究，既能阐明空间辐射的生物学效应特点及机制，又可以探索空间辐射导致遗传变异和物种进化演化的规律。

目前进行过太空飞行的模式动物主要有果蝇、秀丽隐杆线虫、大鼠、小鼠、猕猴等，其中秀丽隐杆线虫已经被广泛应用于胚胎分化、形态发生、发育、神经、免疫、行为和衰老等空间辐射生物学相关效应研究。电离辐射可以加速线虫的衰老，这与受照线虫的发育周期、辐射类型（急性辐射和慢性辐射）和辐射品质（低LET 辐射和高 LET 辐射）等有关。在我国 2008 年"神舟八号"任务中，SIMBOX实验平台携带秀丽隐杆线虫 L1 期幼虫进行了 16.5 天的航天飞行，结果显示，太空飞行虽然不影响线虫的存活与繁殖，但导致其转录本的显著改变。

开展空间环境中微生物学研究的最初目标是解决航天活动中的微生物感染问题。大多数来自空间站的人类致病菌株被发现对磺胺甲恶唑、红霉素和氨苄西林等具有多重耐药性。但是随着研究深入，科学家发现不仅可以利用太空资源进行疫苗开发和空间微生物育种，还可以利用微生物从月球提取金属和其他资源。

植物的空间辐射生物学效应的最显著特征是生理损伤轻，甚至有刺激生长的作用。据不完全统计，我国通过空间诱变育成的作物新品种已超过 200 个，累计种植面积超过 1 亿亩①，推动粮食增产 12 亿 kg 以上。空间辐射的诱变效应研究涉及空间生物学、遗传学、诱变育种学等多学科交叉，目前已经得到广泛关注。

■ 1.4 空间辐射防护

当前我国大规模开展空间生物研究的条件日渐成熟。2023 年，我国长期在轨运行的空间站已投入使用，可以支持在空间特殊环境下开展系统、前沿的生物学实验。今后的方向要以国家生物安全战略需求为导向，实施持续的空间生物安全研究与实验计划，做好空间辐射剂量预估和人体器官剂量计算，积极探寻生物、化学和天然药物等防护措施，加快空间辐射防护产品开发以及成果转化，确

---

① 1 亩 ≈ 667 m^2。

保航天员的安全与健康。

1.4.1　空间辐射防护的剂量预估

空间辐射剂量预估是指在尚未进行载人航天实践的情况下，对计划或将来可能实施载人航天活动所关注的剂量点以及剂量水平进行预评估，是空间辐射危险性分析的重要部分，也是载人航天辐射防护设计的重要依据。所以，空间辐射剂量预估在辐射防护方案和辐射剂量监测方案以及航天应急安全方案的制定中具有十分重要的应用价值。

空间辐射剂量预估技术需要建立空间辐射环境模型、载人航天器质量屏蔽分布模型、人体计算机化解剖模型、各种粒子在物质中（尤其人体组织）的输运模型以及剂量学参数计算方法等。这些模型和计算方法要简化一些辐射条件和过程，可能引起估计的不确定性。因此，空间辐射剂量预估需要对航天实践与实际测量结果进行比较，以验证预估技术的可靠性。

完成航天器舱内各剂量点的剂量预估后，可以开展载人航天辐射危险性评估。由于空间辐射在航天员体内的剂量分布并不均匀，空间辐射危害评价必须先获得各重要器官或组织的当量剂量，进而计算整体、可进行危害程度比较的有效剂量。目前主要是利用适当的人体模型通过计算获得空间辐射器官的有效剂量。随着我国载人航天事业发展，将逐渐建立人体模型和器官剂量的计算方法以及相关标准。

载人航天的辐射防护同样遵循国际放射防护委员会（International Commission on Radiological Protection，ICRP）提出的辐射防护三原则，即实践正当性、防护最优化和个人剂量限值。实践的正当性要求该实践给个人或社会带来的利益大于所付出的代价。载人航天为人类的社会进步带来巨大的科学和实践利益，这些利益远大于增加额外照射所可能产生的健康危害，因此，载人航天的实践符合防护概念中实践正当性的原则；防护最优化是在实践正当性得到承认并被采纳后，在考虑经济和社会因素的基础上，把与该实践相联系的个人剂量、受照人数和受到照射的可能性都控制在可合理达到的最低水平，即 LARA 准则（as low as reasonably achievable）；个人剂量限值针对个体是一个确定的数值，旨在保护个体不致受到不合理的辐射损害。在正常情况下，超过该限值被认为是"不可接受的"。剂量限值只适用于对照射实践的控制，如果实践正当性和防护最优化已经有效地完成，只在很少的情况下才有必要使用个人剂量限值。

1.4.2 空间辐射防护的屏蔽方法

与地面辐射防护不同，空间辐射防护受到许多条件制约，其中最重要的是航天器载荷重量和运载能力的限制。由于空间电离辐射能量高，将其完全屏蔽不易实现。因此，空间辐射防护原则是在合理可达到的条件下，尽量降低航天员可能接受的照射。空间电离辐射的物理屏蔽防护分为主动屏蔽和被动屏蔽。主动屏蔽防护是用强磁场使带电粒子偏离飞行器，但是可靠性差。被动屏蔽主要是利用飞行器、登月舱、居住舱或航天服的结构材料或其他防辐射材料对高能辐射粒子进行屏蔽。被动屏蔽的优点是技术简单、可靠性高、造价低廉，缺点是增加飞行器的质量，对运载工具带来极大的挑战。

目前，载人航天辐射防护采用的基本方法是从飞船结构整体进行防护的质量屏蔽，使带电粒子在贯穿物质的过程中逐渐损失其能量，最后捕获足够数目的电子而停止。然而，一定厚度的物质只能够屏蔽特定能量范围的粒子辐射，当带电粒子在该物质中的射程小于屏蔽物质的厚度时，粒子辐射就被阻止在该物质中。美国阿波罗飞船采用的屏蔽物质包括铝、不锈钢以及酚醛环氧树脂等，可提供大约 7.5 g/cm^2 的质量屏蔽厚度，屏蔽 $E < 75 \text{ MeV}$ 的质子和几乎所有电子。

从航天员个体防护和局部防护的角度考虑，可在航天器舱内建造一个小的辐射应急屏蔽室，对飞行器舱内各种仪器设备、燃料、食物等进行科学布局，使各个方向上有大体均匀的质量屏蔽厚度。当发生特大太阳粒子事件时，航天员进入屏蔽室以降低受照剂量。屏蔽室的质量厚度可大于航天器的厚度，但同时也增加有效载荷的质量。另外，对航天员关键器官如骨髓、淋巴组织、肾脏和肝脏等进行局部屏蔽。由于造血系统对辐射最为敏感，因此局部防护的优先顺序部位应是骨髓含量最多的器官，即胸部、骨盆部位和头部。

1.4.3 空间辐射防护的生物学方法

药物防护是生物学防护的重要方法之一。在暴露电离辐射前或后，服用某些药物可以减轻辐射损伤。目前的辐射防护药物主要分为两类：一类是化学抗辐射药物，其可抑制受照组织中某些早期的辐射化学和生物化学过程，从而减轻辐射损伤效应，例如氨巯基类化合物。这类化合物的防护机理主要是清除体内辐射产生的自由基。美国合成筛选出的 WR－2721（氨基丙氨乙基硫代磷酸酯）对 γ 射线造成的动物急性损伤有明显的减轻作用。另一类是生物制剂防护药物，可以提高机体的辐射耐受性，如维生素、激素和一些解毒药物等。二甲基前列腺素、白细胞介素 C4 和血小板激活因子等的作用被认为是可保护造血干细胞和胃肠道细胞，并降低其辐射敏感性。

另外，可以联合应用不同类型和作用靶点的辐射防护药物。例如，小剂量的 WR－2721 与亚硒酸钠联合应用，可显著降低 WR－2721 的毒性并提高其辐射防护效能。氨巯基类药物与葡萄糖、硒化合物、二甲基前列腺素结合使用，产生协同的辐射防护作用。在这方面，我国的中草药具有独特的优势，如刺五加、人参、银耳孢糖和茜草素等被实验证明有减轻辐射损伤的功效，可以较长时间服用。值得注意的是，任何一种方法单独使用都无法实现理想的防护，因此载人航天的辐射防护必然要通过多种方法、多种途径的联合应用，以达到保护航天员辐射安全和健康的目标。

21 世纪的载人航天，是行星际飞行时代，是航天事业备受关注的时代，更是中国载人航天蓬勃发展的时代。空间辐射及其协同效应引起 DNA 损伤，持续氧化应激、慢性炎症，加速组织老化和退化，进而导致器官组织发生急性和慢性疾病。如果遭遇太阳粒子事件，还可能引起急性辐射综合征，对任务或乘组生命造成影响或危害。因此，加快并深入研究空间辐射生物学效应及机制，不仅有利于应对载人深空探索的空间辐射风险，保障载人航天的辐射安全，也可以促进空间生物学、遗传学、诱变育种学等多学科交叉及发展。

参考文献

[1] Sanzaria J K, Cengela K A, Wana X S, et al. Acute hematological effects in mice exposed to the expected doses, dose－rates, and energies of solar particle event－like proton radiation [J]. Life Sci Space Res (Amst), 2014, 2: 86－91.

[2] Tsaia S R, Hamblin M R. Biological effects and medical applications of infrared

radiation [J]. Journal of Photochemistry & Photobiology, B: Biology, 2017, 170: 197 - 207.

[3] Anzai T, Frey M A, Nogami A. Cardiac arrhythmias during long - duration spaceflights [J]. Journal of Arrhythmia, 2014, 30: 139 - 149.

[4] George K, Durante M, Cucinotta F A. Chromosome aberrations in astronauts [J]. Advances in Space Research, 2007, 40: 483 - 490.

[5] Kokhan V S, Matveeva M I, Bazyan A S, et al. Combined effects of antiorthostatic suspension and ionizing radiation on the behaviour and neurotransmitters changes in different brain structures of rats [J]. Behavioural Brain Research, 2017, 320: 473 - 483.

[6] Yang C, Li Y, Zhang Z, et al. Effects of space flight exposure on cell growth, tumorigenicity and gene expression in cancer cells [J]. Advances in Space Research, 2008, 42: 1898 - 1905.

[7] Mehta P, Bhayani D. Impact of space environment on stability of medicines: challenges and prospects [J]. Journal of Pharmaceutical and Biomedical Analysis, 2017, 136: 111 - 119.

[8] Clement G, Hamilton D, Davenport L. Medical survey of European astronauts during Mir missions [J]. Advances in Space Research, 2010, 46: 831 - 839.

[9] Barcellos - Hoffa M H, Blakely E A, Burma S. Concepts and challenges in cancer risk prediction for the space radiation environment [J]. Life Sciences in Space Research, 2015, 6: 92 - 103.

[10] Cervantes J L, Hong B Y. Dysbiosis and immune dysregulation in outer space [J]. International Reviews of Immunology, 2016, 35 (1): 67 - 82.

[11] Orlov O I, Sychev V N, Samarin G I. Multidisciplinary Russian biomedical research in space [J]. Acta Astronautica, 2014, 101: 180 - 187.

[12] Cucinotta F A, Alp M, Sulzman F M. Space radiation risks to the central nervous system [J]. Life Sciences in Space Research. 2014, 2: 54 - 69.

[13] Crucian B, Simpson R J, Mehta S, et al. Terrestrial stress analogs for spaceflight associated immune system dysregulation [J]. Brain, Behavior, and Immunity,

2014，39：23 - 32.

［14］Boerma M，Nelson G A，Sridharan V，et al. Space radiation and cardiovascular disease risk ［J］. World J. Cardiol. ，2015，7（12）：882 - 888.

［15］Petrov V M. Using radiation risk for assessment of space radiation hazard ［J］. Acta Astronautica，2011，68：1424 - 1429.

［16］Yua K，Dohertyc A H，Genik P C. Mimicking the effects of spaceflight on bone：Combined effects of disuse and chronic low - dose rate radiation exposure on bone mass in mice ［J］. Life Sciences in Space Research，2017，15：62 - 68.

［17］Kleiman N J，Stewart F A，Hall E J. Modifiers of radiation effects in the eye ［J］. Life Sciences in Space Research，2017，15：43 - 54.

［18］Durante M. Space radiobiology on the Moon ［J］. Planetary and Space Science，2012，74：72 - 77.

［19］Oua X，Longb L，Zhanga Y，et al. Spaceflight induces both transient and heritable alterations in DNA methylation and gene expression in rice（*Oryza sativa* L. ）［J］. Mutation Research，2009，662：44 - 53.

［20］Straube U，Berger T，Reitz G，et al. Operational radiation protection for astronauts and cosmonauts and correlated activities of ESA medical operations ［J］. Acta Astronautica，2010，66：963 - 973.

［21］McLaughlin J F，Runnells J，Gaza R，et al. Overview of non - ionizing radiation safety operations on the International Space Station ［J］. The Journal of Space Safety Engineering，2017，4：61 - 63.

［22］Baker J E，Moulder J E，Hopewell J W. Radiation as a risk factor for cardiovascular Disease ［J］. Antioxidants & Redox Signaling，2011，15（7）：1945 - 1956.

［23］Kokhan V S，Matveeva M I，Mukhametov A. Risk of defeats in the central nervous system during deep space missions ［J］. Neuroscience and Biobehavioral Reviews，2016，71：621 - 632.

［24］Freese S，Reddy A P，Lehnhard K. Radiation impacts on human health during spaceflight beyond Low Earth Orbit ［J］. REACH - Reviews in Human Space

Exploration，2016，2：1 – 7.

［25］ Chancellor J C，Scott G B，Sutton J P. Space Radiation：The number one risk to astronaut health beyond low earth orbit ［J］. Life，2014，4：491 – 510.

［26］ Lang T，Van Loon W A，Bloomfield S，et al. Towards human exploration of space：The THESEUS review series on muscle and bone research priorities ［J］. NPJ Microgravity，2017，8：1 – 10.

第 2 章
空间辐射环境

■ 2.1 辐射物理学基础（隋丽，龚毅豪）

2.1.1 辐射的种类

电离辐射（ionizing radiation）是指能与物质发生相互作用、致使物质电离的辐射。根据射线属性可以分为电磁辐射（electromagnetic radiation）和粒子辐射（particulate radiation）两大类。

1. 电磁辐射

电磁辐射是指随时间变化且呈现同向交互垂直震荡的电场和磁场，其传播方向垂直于电场与磁场构成的平面的电磁波（如无线电波、微波、可见光、红外线、紫外线、X 射线和 γ 射线等）。这些射线没有静止质量，只有能量，其中 X 和 γ 射线的波长短、频率高，具有很高的动能，能激发物质分子产生电离，属于电离辐射；其他电磁辐射属于非电离辐射。

1）X 射线

X 射线通常由原子能级发生改变时发出的电磁辐射，如电子在退激过程中会产生 X 射线（特征 X 射线或荧光 X 射线），此外带电粒子在库仑力场中慢化时也会产生 X 射线（韧致 X 射线或连续 X 射线）。

根据 X 射线激发电压的大小进行划分，各个能量范围的 X 射线称谓如下：

0.1~20 kV：低能或"软 X 射线"；

20~120 kV：医用 X 射线；

120~300 kV：中等电压 X 射线；

300~1 000 kV：中能 X 射线；

1 000 kV 以上：兆伏级 X 射线。

2）γ 射线

γ 射线通常指由核 – 核反应或者物质与反物质间的湮灭反应（如电子与正电子湮灭）产生的电磁辐射。电磁波光子的能量 E 与波的频率 v 以及普朗克常数 h 有如下关系。

$$E = hv = \frac{h}{T} = \frac{hc}{\lambda}$$

其中普朗克常数 h 为：6.626×10^{-34} J・s，1 J = 1 C・V = 6.241×10^{18} eV = 6.241×10^{15} keV，光速 $c = 2.998 \times 10^8$ m/s = 2.998×10^{17} nm/s。代入上式，则光子能量 E 如下式。

$$E = \frac{1.240 \text{ keV・nm}}{\lambda}$$

从上式可以看出，波长越短，射线能量就越大，波长为 0.1 nm 光子的能量约为 12.4 keV。常见的 γ 射线的波长通常在 10^{-1} ~ 10^{-4} nm，其能量范围为 12.4 keV~12.4 MeV。

3）光子与物质相互作用

X 射线和 γ 射线与物质相互作用时，主要通过光电效应、康普顿效应和电子对效应三种方式进行能量转移。

（1）光电效应。

介质原子作为一个整体与光子发生电磁相互作用，结果是吸收一个光子，并将光子的全部能量传递给一个束缚电子，该束缚电子摆脱原子对它的束缚之后发射出来，被称为光电子。它具有确定的能量，其能量 $E_e = hv - E_B$，E_B 为出射电子在原子中的结合能，随束缚电子在原子中所处不同壳层而不同，K 壳层电子被原子束缚得最紧，E_B 值最大，从轻元素的 keV 增至超铀元素的上百 keV。在发射光电子以后的原子中，留有一电子空穴，外壳层电子会填充所形成的空穴，从而发射能量等于其结合能差值的原子特征 X 射线，或者外壳层电子直接获得原子的剩余激发能，发射出俄歇电子。不论是特征 X 射线还是俄歇电子，其能量都很低，几乎都能被介质完全吸收，所以光电效应实际上是射线的一种吸收过程。当光子能量大于介质原子 K 壳层电子结合能时，光电子可以出自不同原子壳层。不同壳层电子发生光电效应的截面是不同的，束缚越紧的壳层电子，发生光电效应截面越大。光电效应发生后，原子将发射特征 X 射线或俄歇电子，如图 2.1 所示。

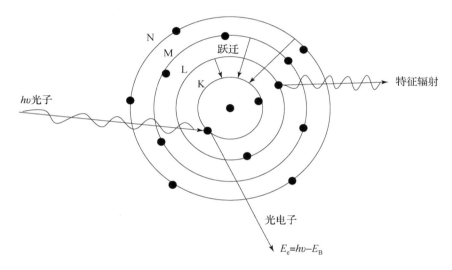

图 2.1　光电效应

（2）康普顿效应。

对于比较高能量的 γ 射线，能够忽略原子壳层电子的结合能而将它们视作自由电子，γ 光子可与这些自由电子发生弹性碰撞。康普顿效应是入射 γ 光子与原子的核外电子之间发生的非弹性碰撞过程，如图 2.2 所示。这一作用过程中，入射光子的一部分能量转移给电子，使它脱离原子成为反冲电子，而光子的运动方向和能量发生变化。$h\nu$ 和 $h\nu'$ 为入射和散射光子的能量；θ 为散射光子与入射光子方向间的夹角，称为散射角；φ 为反冲电子的反冲角。

康普顿效应与光电效应不同。光电效应中光子本身消失，能量完全转移给电子。康普顿效应中光子只是损失掉一部分能量。光电效应发生在束缚得最紧的内层电子上；康普顿效应总是发生在束缚得最松的外层电子上。虽然光子与束缚电

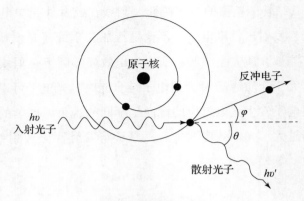

图2.2　康普顿效应

子之间的康普顿散射，严格地讲是一种非弹性碰撞过程，但外层电子的结合能较小，一般为电子伏数量级，与入射 γ 光子的能量相比较，完全可以忽略，所以可以把最外层电子看作"自由电子"。这样康普顿效应就可以认为是 γ 光子与处于停止状态的自由电子之间的弹性碰撞。入射光子的能量和动量就由反冲电子和散射光子两者之间进行分配。用相对论的能量和动量守恒定律，可以推导出这种碰撞中散射光子和反冲电子的能量与散射角的关系。

（3）电子对效应。

一个 γ 光子的能量大于电子静止能量的 2 倍时，会在介质原子核库仑场中转换成一对正负电子，如图2.3所示。根据能量守恒定律有下式。

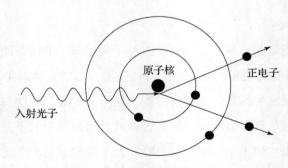

图2.3　电子对效应

$$h\upsilon = 2m_0c^2 + E_{e^+} + E_{e^-}$$

这个过程称作电子对效应，它是高能 γ 与物质相互作用的一种主要方式。γ

光子的电子对效应必须要有第三者（如原子核）的参与以保证动量守恒定律成立。从公式可以看出，对于一定能量的入射光子，电子对效应产生的正电子和负电子的动能之和为常数。但就电子或正电子某一种粒子而言，它的动能从 0 到 $hv - 2m_0c^2$ 都是可能的，电子和正电子之间的能量分配是任意的。由于动量守恒关系，电子和正电子几乎都是沿着入射光子方向的前向角度发射的。入射光子能量越大，正 – 负电子的发射方向越是前倾。电子对过程中产生的快速正电子和电子在吸收物质中通过电离损失和辐射损失消耗能量。正电子在吸收体中很快被慢化后，将发生湮没，湮没光子在物质中再发生相互作用。正、负电子的湮没，可以看作 γ 射线产生电子对效应的逆过程。

2. 粒子辐射

粒子辐射是指一些组成物质的基本粒子，或者是失去部分电子带正电的原子核。这些粒子具有动能和静止质量，在与物质相互作用过程中，通过不断消耗本身的动能来传递能量，使得物质分子发生电离。通常分为带电粒子和中性粒子。

1）带电粒子

常见的带电粒子有电子、质子、α 粒子、其他重离子等。

电子：电子（electron）是一种带有负电的亚原子粒子，通常标记为 e^-。电子是构成物质的基本粒子之一。

质子：质子（proton）是带有正电的氢原子核。

α 粒子：氦原子核，即由两个质子和两个中子所组成，通常标记为 ^4He。

重离子：带正电、原子序数大于 2 的粒子。

2）中性粒子

中性粒子一般指中子，它是一种不带电的、组成物质的基本粒子，通常由核反应或核裂变得到。

2.1.2　辐射和物质相互作用（电离和激发）

电离辐射作用于生物体后之所以产生一系列的辐射生物学效应，是因为在电离辐射过程中向生物体传递了能量。这种能量传递是通过生物体内生物大分子和生物体内环境物质（如水分子）发生电离或者激发作用实现的，这是一个纯粹的物理化学过程，是电离辐射生物学效应的理化基础。

1. 电离作用

电离作用就是电离辐射将能量传递给作用靶分子的轨道电子，使得轨道电子获得足够的能量挣脱原子核的束缚，成为自由电子，使得靶分子产生自由电子和带正电荷的离子对。

2. 激发作用

当电离辐射传递的能量不足以使得靶分子的轨道电子挣脱原子核的束缚，但可以使该轨道电子向更高能级轨道进行跃迁，使该靶分子处于激发状态，这一过程称为激发作用。被激发的分子化学性质不稳定，容易发生解离，形成正负离子对，由于形成的离子对动能较小，距离较近，容易发生重组反应，恢复以前的状态。因此，一般认为，激发作用引起的辐射生物学效应可以忽略不计。

3. 水分子的电离和激发

水是宇宙中最广泛存在的三种分子（H_2、CO、H_2O）之一。无论是在太阳系各大行星，例如金星、火星，还是彗星中都发现了水蒸气的存在，尤其是地球，水资源更加丰富，覆盖了地球71%的表面积。对于绝大多数生物来说，没有水就不能存活。地球上的生物体经过长时间的进化，除了有生物大分子（如蛋白质、核酸等）和无机分子之外，一般来说，生物体中水的含量在60%~95%。不同生物体以及同一生物体（如人体）不同组织部位的水含量均有差异，如表2.1所示。

表2.1　不同物种和人体不同组织的水含量

类型		水含量/%
植物体		~70
动物体		~80
水母		~97
成年人	细胞	~70
	血液	91~92
	大脑	70~85
	肌肉	72~80

当电离辐射作用于生物体时，生物大分子和水分子都要受到电离辐射的影响。当电离辐射通过直接作用并将能量传递给生物大分子（DNA 分子、蛋白质等），使得生物大分子发生电离或激发，导致其结构和功能改变，这个反应称为电离辐射的直接作用。当电离辐射作用于生物体内环境物质（如水）时，水分子吸收能量而发生电离和激发，水分子电离和激发产生的活性产物，反过来可以影响生物大分子的活性，称为间接作用，如图 2.4 所示。

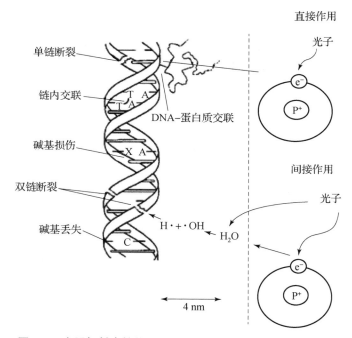

图 2.4　光子辐射直接作用和间接作用引起的辐射生物学效应

由于水在生物体内占比较高，因此，电离辐射作用于生物体时，水分子的间接作用占据主导地位。水分子的结构如图 2.5 所示，其中水分子中的氢氧键的键角 θ(H—O—H) 为 104.5°，氢氧键的键长 r_{OH} 为 95.792 pm，氢氧键的键能 E_B 为 5.099 2 eV，水分子的电离能为 12.621 eV，导致水分子容易发生解离和电离。

当水分子受到外界电离辐射时，若其获得的能量较小，不足以将水分子的轨道电子击出，就不会发生电离。这些能量只能使得水分子低能级轨道的电子跃迁到高能级轨道，继而使得水分子处于激发状态。激发状态的水分子性质很不稳定，会发生解离，形成 H· 和 ·OH 两种自由基，如图 2.6 所示。由于获得的能

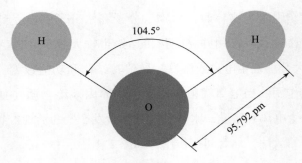

图 2.5　水分子结构示意

量很低，加上解离消耗的能量，使得形成的自由基具有很小的动能，两种自由基的距离很近，很容易发生组合反应，对周围的影响不大。因此，水分子的激发作用引起的生物学效应可以忽略不计。

$$H_2O \xrightarrow{\text{激发}} H_2O^* \xrightarrow{\text{解离}} H\cdot + \cdot OH$$

图 2.6　水分子激发过程示意

（H_2O^* 代表处于激发态的水分子，$H\cdot$ 代表氢自由基，$\cdot OH$ 代表羟自由基）

但当水分子受到外界电离辐射，其获得的能量较大时，足以将水分子的轨道电子击出，进而发生电离，产生自由电子（e^-）和带正电的水离子（H_2O^+）。带正电的水离子（H_2O^+）化学性质极其不稳定，容易发生解离作用，形成氢离子（H^+）和羟自由基（$\cdot OH$），其中氢离子（H^+）在水中以水化氢离子（H_3O^+）形式存在。被撞击出来的自由电子在其不断的运动过程中又与周围的水分子发生碰撞，若将周围水分子的轨道电子击出，则称为次级电离。随着碰撞的不断发生，自由电子的能量被不断消耗直至不再发生次级电离，此时的电子若被水分子捕获，则形成带负电的水离子（H_2O^-）。带负电的水离子的化学性质也极其不稳定，非常容易发生解离作用，形成氢自由基（$H\cdot$）和氢氧根离子（OH^-）。水中的一部分电子可以和水化氢离子（H_3O^+）反应形成氢自由基（$H\cdot$）和水（H_2O）。除此之外，许多自由基彼此间的反应会形成氢（H_2）和过氧化氢（H_2O_2）。

电子与水碰撞后的部分产物截面如图 2.7 所示。

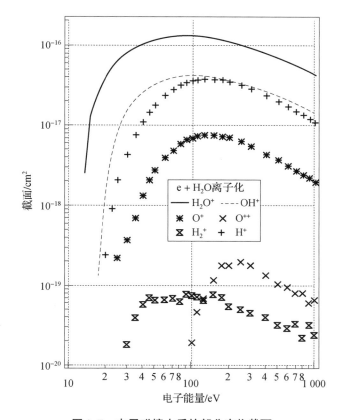

图 2.7　电子碰撞水后的部分产物截面

　　电子在不断碰撞过程中会损失大部分的能量，当电子能量降低到 100 eV 以下而未被水分子捕获时，电子可以吸收若干个（4 ~ 8）水分子形成水合电子（e_{aq}^-），如图 2.8 所示。

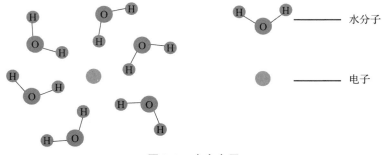

图 2.8　水合电子

水合电子是被水分子团包围着的裸露电子，它的化学性质十分活泼，具有强烈的还原性，是已知最强的还原剂，除了氙和氦等个别物质外，水合电子几乎可以与任何元素以及化合物发生化学作用。它在中性水中的存活时间大约为 2.3×10^{-4} s，与水离子（存活时间小于 10^{-10} s）相比存活时间较长，提高了与周围生物大分子接触和发生作用的概率。以前人们认为由氢自由基（H·）引起的辐射效应，现在已经证明大多数是由水合电子（e_{aq}^{-}）所致的。在有氧情况下，水合电子（e_{aq}^{-}）和氧分子（O_2）结合，形成超氧阴离子自由基（O_2^{-}）。

综上所述，水分子经过电离辐射后，形成的多种活性产物称为原发辐解产物。它的产额量如表 2.2 所示。

表 2.2　水分子原发辐解产物的产额量

产物	G 值
·OH	2.7
H·	0.55
e_{aq}^{-}	2.7
H_2	0.45
H_2O_2	0.7
$H^{+}(H_3O^{+})$	2.7

注：G 值是指水在 pH 值为 7.0，吸收辐射能量为 100 eV，作用时间为 $10^{-9} \sim 10^{-8}$ s 时形成的化学式或基团数。

2.1.3　传能线密度与相对生物学效应

1. 传能线密度

传能线密度（LET）是指电离辐射的粒子或者射线在物质内部通过直接电离作用或者次级电离作用，在单位长度径迹上消耗的平均能量，国际单位是焦/米（J/m），常用单位是 keV/μm，1 keV/μm = 1.602×10^{-10} J/m。LET 可以用来描述粒子与物质碰撞的阻止本领，通常用符号 L_{Δ} 表示，其中有如下关系式。

$$L_{\Delta} = (dE/dL)_{\Delta}$$

式中，dL 是粒子在物质中的运动距离；dE 是在运动距离 dL 中粒子损失的能量。在判断某一射线或者粒子引起的辐射生物学效应时，LET 是一个重要的参考量。通常情况下，某一射线的 LET 越高，说明在相同通量下，在单位距离内沉积的能量就会越高，造成的靶分子电离或者激发的数目就会越多，造成的辐射生物学效应越明显。例如 α 粒子的 LET 值为几十 keV/μm，γ 射线的 LET 值在 0.3 keV/μm 左右，其在水中造成的电离和激发的数目如图 2.9 所示。

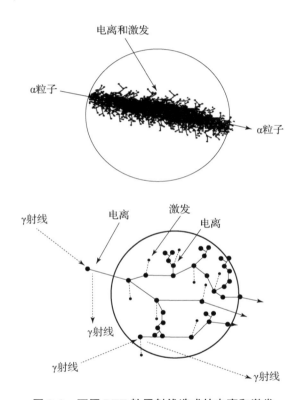

图 2.9　不同 LET 粒子射线造成的电离和激发

其中电离粒子在不同物质中运动时，通过弹性碰撞和非弹性碰撞，使得粒子的能量逐渐减小，也造成粒子在径迹的不同位置上的能量损失不同，从而引起粒子 LET 的变化。对于粒子 LET 的计算，通常有两种方法：

（1）计算粒子单位径迹上沉积的能量的平均值，即把粒子单位径迹（$L=1$）分为若干（n）相等的长度，计算每一长度上粒子沉积的能量 E_i，求出沉积的能量在单位长度径迹上的均值，以 $L_{\Delta-T}$ 表示，称为径迹平均传能线密度（track –

averaged LET），假如粒子沉积总能量为 E，则有如下关系式。

$$L_{\Delta-T} = \frac{1}{n}\sum_{i=1}^{n}\left(\frac{E_i}{L/n}\right) = \frac{E}{L}$$

（2）将粒子径迹上沉积的能量平均分为若干（n）份，将转移并沉积在径迹上的能量除以径迹长度（L_1，L_2，$\cdots$，L_n），以 $L_{\Delta-D}$ 表示，称为剂量平均传能线密度（dose – averaged LET）。假如粒子沉积总能量为 E，则有如下关系式。

$$L_{\Delta-D} = \frac{1}{n}\sum_{i=1}^{n}\frac{E/n}{L_i} = \frac{E}{n^2}\sum_{i=1}^{n}\frac{1}{L_i}$$

根据国际辐射单位与测量委员会（ICRU）16 号报告提供的数据，不同射线在水介质中的 LET 值如表 2.3 所示。对于带电粒子来说，其 LET 计算方法的选择与其在介质中的位置关系有关，通常在坪区选择 $L_{\Delta-T}$，在峰区选择 $L_{\Delta-D}$。

表 2.3　不同射线在水介质中的 LET 值

射线种类	$L_{\Delta-T}/(\text{keV}\cdot\mu\text{m}^{-1})$	$L_{\Delta-D}/(\text{keV}\cdot\mu\text{m}^{-1})$
^{60}Co γ 射线	0.24	0.31
2 MeV 电子	0.20	6.1
200 kV X 射线	1.7	9.4
^{3}H β 射线	4.7	11.5
50 kV X 射线	6.3	13.1
5.3 MeV α 射线	43	63

2. 相对生物学效应

相对生物学效应（RBE），是比较不同种类射线产生的生物学效应的一个直观指标，其通常以 250 keV 的 X 射线为标准，现在也有以 ^{60}Co 的 γ 射线作为标准的。X 射线或 ^{60}Co 的 γ 射线引起某种生物学效应需要的吸收剂量与所观察研究的电离辐射引起相同的生物学效应所需吸收剂量的比值（倍数），即为该种电离辐射的相对生物学效应。常见不同射线的相对生物学效应如表 2.4 所示。

表 2.4 不同种类射线的相对生物学效应

射线种类	RBE
X、γ 射线	1
β 射线	1
热中子	3
中能中子	5 ~ 8
快中子	10
α 粒子	10
重反冲核	20

RBE 值会受到很多因素的影响，例如射线照射的时空分布不同，受体所处条件不同等，均会影响 RBE 值。因此在确定某一射线的 RBE 值时，需要限定有关条件。

2.1.4 高 LET 射线的特点（质子、α 粒子、重离子）

粒子辐射的 LET 一般比电磁辐射的 LET 较大，LET 超过 10 keV/μm 的辐射被称为高 LET 射线。高 LET 射线具备的特点有如下几个。

1. 高 LET 射线径迹

具备一定静止质量的高 LET 射线（如质子、α 粒子等）进入物质后，其与组织相互作用机制不同于光子或者电子这类的轻粒子，导致其径迹结构也不一样，质子和 α 粒子在水中的径迹结构如图 2.10 所示。

可以看出，由于质子和 α 粒子比电子质量重很多，因此在其通过介质时与电子发生碰撞的散射很小，几乎不会发生径迹的偏离，在其射程区域的半影很小。

2. 物理剂量分布

当一定能量的高 LET 带电粒子进入物质中后，主要与靶原子核外电子相互作用损失能量，起初其能量衰减的程度较小，呈低平坦的状态。而在某一深度时，带电粒子速度减慢，与物质作用时间变长，将会有更多的能量转移至靶原子上，导致带电粒子的绝大部分能量是在接近其射程末端时损失的，在其射程末端会形

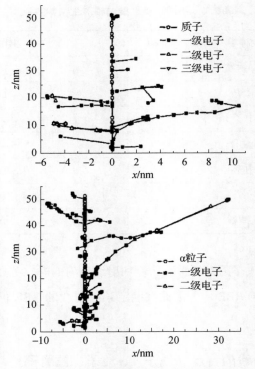

图 2.10　不同粒子在水中的径迹

成一个高剂量的能量释放峰，称为 Bragg 峰，在 Bragg 峰之前仅有很少的能量损失。而常规辐射，如 X 射线、γ 射线其在物质中的能量剂量分布则是呈现出指数衰减。常见射线在水中的深度剂量分布曲线如图 2.11 所示。

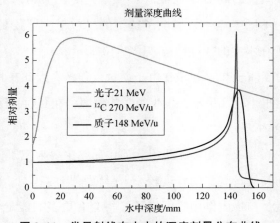

图 2.11　常见射线在水中的深度剂量分布曲线

对于重离子来说，都具有像质子一样的 Bragg 峰，而且原子序数越大，其 Bragg 峰的半高宽越小，后沿下降越快，但是由于重离子的质量大于质子，在后沿具有一个相对较长的尾部剂量。鉴于高 LET 物理剂量的 Bragg 分布特性，它们通常被用来进行射线治疗，常见的粒子为质子和碳离子。

■ 2.2　空间辐射的来源（隋丽，龚毅豪）

空间辐射环境中存在着大量种类繁多的、宽能谱的高能粒子，例如光子、电子、质子以及各种重离子等，由于地球磁场和大气层的存在，大部分的带电粒子被阻挡，导致这些高能粒子在地球外太空间的分布不同。此外，这些高能粒子的宇宙来源和丰度具有较大的差异，其中带电粒子中质子占据的比例最高。

通常根据辐射来源不同，可以把太空辐射分为三类：地球俘获带辐射（TBR）、太阳粒子事件（SPE）和银河宇宙射线（GCR）。下面将详细介绍一下这三类辐射的辐射组成和特点。

2.2.1　地球俘获带辐射

地球俘获带是指通过地球磁场捕获的高能带电粒子，形成了两个近似同心圆的带电粒子辐射带，这类辐射是由 James van Allen 博士领导的专家组在 1958 年发现的，因此，地球俘获带又称为 van Allen belt（范·艾伦辐射带）。地球俘获带中的带电粒子主要由电子和质子组成，还有少量的其他重离子（如碳离子、氧离子等）。通常地球俘获带又分为内辐射带和外辐射带，如图 2.12 所示。

内辐射带在 $1.5\,R_e \sim 2.8\,R_e$（R_e 为地球半径，$1\,R_e = 6\,371$ km）范围内，其中内辐射带主要捕获质子，也包含少量的电子和其他带电粒子。其中质子质量能谱较宽，最大能量在 500 MeV 左右，峰值在 $150 \sim 250$ MeV 范围内。由于内辐射带的位置比较低，大多数空间站将受到内辐射带捕获质子的影响。此外，地球磁场可以看成一个球形的偶极子场，但是由于地磁场中心轴线与地球自转轴线并不

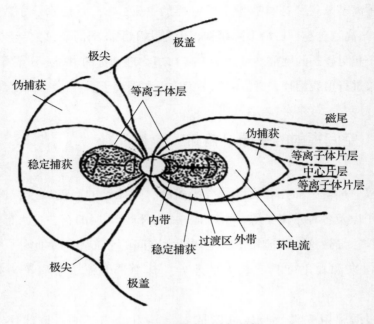

图 2.12　地球内、外辐射带

重合，偏移了大约 11°，导致地磁场中心与地球地理中心偏离 500 km 左右，造成了地磁场在地球表面分布不对称，其结果就是在南大西洋出现一个磁场强度低、辐射强度高的区域，称为南大西洋异常区，其内辐射带范围在 1.031 R_e ~ 1.126 R_e 之间，是低地球轨道（又称近地轨道，low earth orbit，LEO）航天器所在的高度，也是低地球轨道航天器（例如空间站等）重要的辐射来源之一。

外辐射带在 3 R_e ~ 12 R_e 范围内，外辐射带中主要是电子和一些低能的质子，其中电子能量最高可达 10 MeV，通量约是内辐射带的 10 倍。能量大于 1 MeV 的电子的通量峰值在 3 R_e ~ 4 R_e 之间，轨道半径远大于航天员的活动半径，这使得外辐射带捕获的电子对航天员健康影响很小。近年来，NASA 利用探测器在地球周围发现了第三个地球俘获带，其位置介于内辐射带和外辐射带之间。新辐射带的出现认为是内外辐射带受到同期太阳耀斑活动影响的结果。太阳在活跃期间通过太阳耀斑和日冕质量喷射出大量的质子流和冲击波，对已知的内外辐射带的外侧部分造成影响，最终形成了第三个范·艾伦辐射带。

2.2.2　太阳粒子事件

太阳磁暴引起的太阳耀斑和日冕质量喷射，产生大量的高通量带电粒子，如质子、氦粒子以及其他重离子，这种现象称为太阳粒子事件。太阳粒子事件通常分为两种类型：一种是脉冲型（impulsive），另一种是渐进型（gradual）。脉冲型太阳粒子表现为其高能粒子通量有一个突然急剧的增强和一个快速的回落，持续时间较短，一般在一个到几个小时左右；渐进型太阳粒子表现为高能粒子通量升高后逐渐缓慢地回落，持续的时间比较长，可达到两天以上。两种类型的太阳粒子事件可以同时出现，但是现有观测记录显示，以渐进型的太阳粒子事件为主。由于这些粒子中质子占据约 90% 以上，质子通量约 1×10^{6} cm^{-2}，也称为太阳质子事件。这些粒子能量范围在 1 MeV ~ 10 GeV，其数量峰值的能量在 1 MeV 到几百 MeV 之间。太阳粒子事件是影响近地空间辐射环境的主要因素之一，而且其发生的频率和强度与太阳黑子活动周期有关，在太阳活动强的年份发生的概率比较大。几次主要的太阳粒子事件环境如图 2.13 所示。

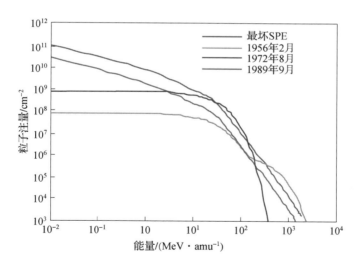

图 2.13　太阳黑子活动周期下的质子光谱（附彩图）

从图 2.13 可以看出，几次太阳粒子事件中质子的通量都是很高的，当太阳质子通量在 1×10^{9} cm^{-2} 以上时，通常认为这个时候的太阳质子是一种比较重要的急性辐射源，对于航天器而言，舱外太阳质子的剂量率在 0 ~ 500 mGy/年范围内，舱内的太阳质子剂量率在 0 ~ 100 mGy/年范围内。这对航天器的安全运行以及航天员生命安全构成严重威胁。所以需要进行相应的屏蔽来减少太阳质子事件带来的辐射危害，其中一种方法是增加屏蔽层的厚度，其中铝屏蔽层厚度与平均剂量当量率的关系曲线如图 2.14 所示。

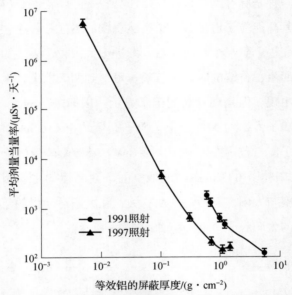

图 2.14　航天器等效铝屏蔽厚度与平均剂量当量率关系

可以看出，等效铝厚度由 0.005 g/cm² 增加到 0.103 g/cm² 时，平均剂量当量率下降了约 4 个量级，这主要是由于屏蔽层屏蔽了大量的低能质子和低能电子，当屏蔽层厚度增加时，高能质子与屏蔽层反应会产生中子，中子的剂量贡献随着屏蔽层厚度增加而增加。从结果中可以看出，平均剂量当量率的最佳屏蔽厚度约为 1 g/cm²。

此外，太阳质子中的高能部分还会与地球的大气分子进行级联反应产生大量的次级粒子，如图 2.15 所示。

由于地球磁场和大气层的存在，太阳质子在地球空间中的分布受到磁场强度和大气层厚度的影响，图 2.16 是西经 100°子午面内的太阳质子时间积分强度等值线图。可以看出，质子能量越低，越不容易出现在低纬度和低高度的区域。

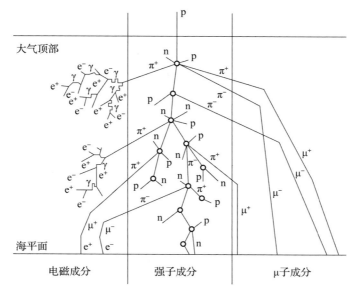

图 2.15　太阳高能质子与大气分子的级联反应

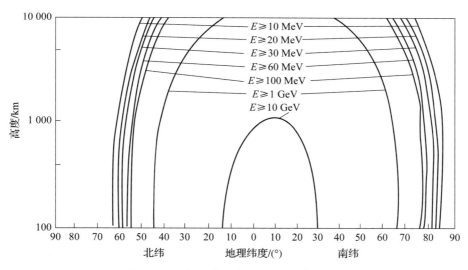

图 2.16　太阳质子时间积分强度等值线

2.2.3　银河宇宙射线

银河宇宙射线（GCR）主要是指来自太阳系以外的带电粒子射线流，其在整个行星空间的分布被认为是相对稳定以及各向同性的，粒子能量范围从几十 eV 到

1×10^{12} MeV，主要由85%的质子、14%的氦粒子和1%的高能重离子组成。表2.5列出了银河宇宙射线粒子中主要的组成部分以及在不同厚度屏蔽层下的当量剂量的贡献。可以看出，随着屏蔽层厚度的增加，总当量剂量中的中子和质子所占比例增加。

表2.5　银河宇宙射线不同粒子的相对含量以及与穿过不同厚度屏蔽层
产生的当量剂量的百分率

核电荷数	元素符号	初级 GCR 相对含量	当量剂量/% $0 \ \mathrm{g \cdot cm^{-2}}$	当量剂量/% $10 \ \mathrm{g \cdot cm^{-2}}$	当量剂量/% $30 \ \mathrm{g \cdot cm^{-2}}$
0	中子（n）	0	0	13	24
1	H	1 000	10	27	37
2	He	900	6	5	5
6	C	31	4	4	3
8	O	20	9	8	4
12	Mg	0.4	7	3	3
14	Si	3.3	8	5	3
26	Fe	2.0	30	9	4

　　由于太阳磁场的影响，部分能量较低的银河宇宙射线（<100 MeV/n）的粒子通量将会受到影响。在太阳较为活跃的时期，太阳磁场比较强，对银河宇宙射线的屏蔽作用就会增强，导致银河宇宙射线的粒子通量强度就会明显下降。在太阳活动极小的时期，银河宇宙射线的粒子通量强度会达到极大值，如图2.17所示。

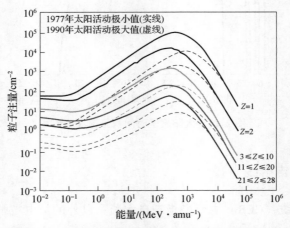

图2.17　银河宇宙射线在不同太阳活动时期的通量

可以看出，银河宇宙射线的粒子通量强度在太阳活动极小时期约是太阳活动极大时期的 10 倍。其中银河宇宙射线质子在太阳活动极小时期的能谱分布如图 2.18 所示。

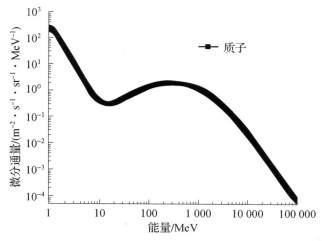

图 2.18　银河宇宙射线质子能谱

吴正新等通过构建简易载人航天器模型，利用 Geant4 理论模拟软件，模拟计算了银河宇宙射线中的质子穿过简易载人航天器模型后的总吸收剂量以及次级粒子吸收剂量分布，如图 2.19 和图 2.20 所示。可以看出次级粒子造成的吸收剂量占总剂量的 50% 左右。

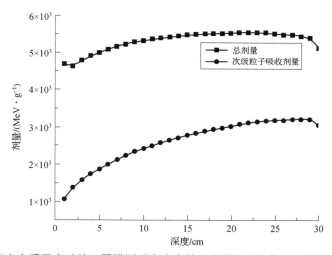

图 2.19　银河宇宙质子穿过航天器模型后在水中的总剂量与次级粒子吸收剂量随深度分布

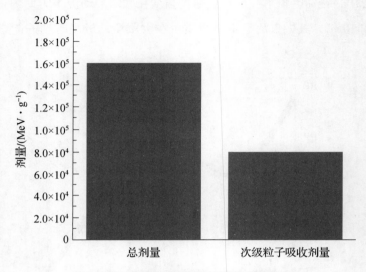

图 2.20 总剂量与次级粒子吸收剂量贡献

此外，还统计了质子穿过航天器模型后产生的次级粒子种类和数量，如图 2.21 所示。可以看出，银河宇宙质子穿过航天器后，与航天器材料相互作用，产生大量的次级粒子，其中二次电子数量最多可达到 1×10^7 量级。

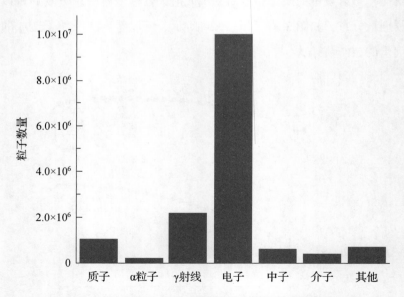

图 2.21 银河宇宙质子穿过航天器外壳产生的次级粒子分布

2.3 空间辐射环境（隋丽，龚毅豪）

由上一节可知，空间辐射环境的主要辐射来源为地球俘获带、太阳粒子事件和银河宇宙射线三种。未来载人航天和深空探测任务所涉及的空间轨道和区域不同，其在执行任务期间所面临的辐射环境也不尽相同，通常是几种辐射来源的叠加，针对近地轨道、探月任务和探火任务所涉及的辐射环境特点如表 2.6 所示。

表 2.6 空间不同任务场景的辐射环境特点

辐射环境	近地轨道	探月任务		月球表面	探火任务	火星表面
		环月轨道		月球表面	地火飞行	火星表面
来源	GCR + SPE + TRP	GCR	SPE	GCR + SPE + 次级中子	GCR + SPE（单次飞行 600 天，6~8 次）	GCR + SPE + 次级中子与月面具有相似性
时间特效	同自由空间	持续稳定，受太阳周期调节	随机偶发短时，30~50 次/周期，1 h 至几天/次	同环月轨道	同自由空间	同自由空间
粒子类型	80% H 少量（He + HZE + e）	H（84.3%）He（14.4%）HZE（1.3%）	H（96%~99%）He（1%~4%）HZE（≤0.1%）	87% H + 20% n + 少量（He + HZE）	84% H + 14%（He + HZE）	H + He + HZE + n
能量	宽谱，能量上限高 质子 0.1~400 MeV	宽谱，能量上限高 10~2 000 MeV，最高 1×10^{15} MeV	10~400 MeV，最高 1×10^8 MeV	宽谱，能量上限高 10~2 000 MeV，中子 10 keV~10 MeV	宽谱，能量上限高 10~2 000 MeV	宽谱，能量上限高 /
剂量率	低 0.24 mGy/天	低 0.4~0.8 mGy/天	低 0.34~21 mGy/天	低 ~1.3 mGy/天	低 ~1.8 mGy/天	低 ~0.6 mGy/天（理论）

其中，载人深空探索飞行中的空间辐射平均品质因数为 4~6，而近地轨道为 1.8，因此将会比近地轨道大 2~3 倍。在近地轨道飞行中，深部器官剂量与皮肤剂量的比值大约为 0.5；在深空探索中，深部器官剂量与皮肤剂量的比值将会接近于 1。此外，由于深空探索过程中将会失去地磁保护，一旦发生太阳粒子事件，将会对航天员产生较大剂量的辐射，甚至威胁到航天员的生命安全。

2.3.1　近地轨道空间环境

近地轨道高度一般在 2 000 km 以下，绝大多数对地观测卫星、测地卫星、空间站以及一些新的通信卫星系统都采用近地轨道。在过去几十年，大量的近地轨道空间辐射测量数据的获得，使得相应的空间辐射环境模型得到了很大的发展。这些模型反过来对近地轨道空间辐射的探测起到了巨大的推动作用，目前已经成为研究空间辐射环境必不可少的工具。

近地轨道空间辐射环境主要以地球俘获带为主，现有的辐射模型主要还是基于 NASA 的静态 AE8 电子和 AP8 质子模型，这也是事实上的标准模型。其中 AP8 模型有两个版本，即 AP8 – MIN 和 AP8 – MAX，分别用于模拟太阳活动极小年和极大年的质子辐射带。这两个版本的模型都是全向模型，即它们只能提供所有方向的平均统计质子通量谱，而不能给出各向异性的结果。其他质子全向模型还有 PSB97、CRRESPRO 和 NOAAPRO。

AP8 能模拟所有高度和倾角的轨道的质子能谱，然而模型所基于的高能质子测量数据比较缺乏，且在较低高度处，AP8 模型主要基于外推的结果，因此会低估较低高度处的高能质子通量。PSB97 模型能模拟在太阳活动极小年期间，轨道 600 km 以上的质子能谱。CRRESPRO 模型被应用在太阳活动极大年期间，质子能量范围直到 100 MeV、高度在 1 000 km 以上的任意倾角轨道的质子通量谱。NOAAPRO 模型能模拟太阳活动周期任意期间的 3 个能量范围的积分通量谱，大于 16 MeV、大于 36 MeV 和大于 80 MeV，轨道高度直到 850 km。

1. 近地轨道航天器舱外质子辐射环境模拟

通过对比上述几种模型，近地轨道航天器以国际空间站为例，其平均轨道高度在 345 km 左右，因此，为研究空间站轨道高度航天器舱外质子辐射环境，可采用 AP8 模型进行模拟，其模拟的航天器舱外质子微分能谱如图 2.22 所示。

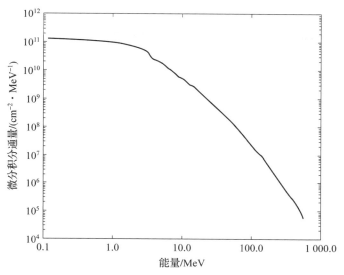

图 2.22　航天器舱外质子微分能谱

2. 舱内质子辐射环境模拟

航天器内部辐射环境不仅与所处轨道的空间辐射环境有关，同时也与航天器壳体材料与厚度相关。航天器壳体不仅能阻止部分粒子进入舱内，同时对进入舱体内的粒子也起到能量衰减改变粒子能谱分布的作用，并且有可能导致次级粒子的产生。通过建立简化航天器模型，利用蒙特卡罗方法模拟舱内质子、中子和剂量的分布情况。

模拟计算时选取的模型为简化圆柱体壳形航天器，是典型空间航天器通用模型，其内半径为 50 cm，高为 50 cm，如图 2.23 所示。

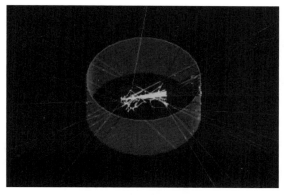

图 2.23　简化航天器模型

为了简化只考虑了 3 mm 铝屏蔽，计算得到航天器舱内质子积分能谱如图 2.24 所示。

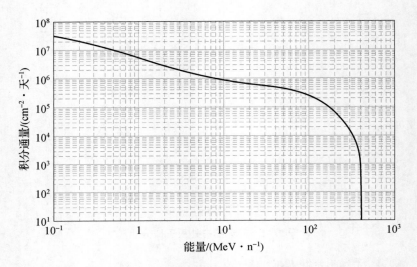

图 2.24 航天器舱内质子积分能谱

对其质子能量和注量进行统计，其中：

（a）质子能量：大于 1 MeV，累积注量：5.0×10^6 cm^{-2}·天$^{-1}$；

（b）质子能量：大于 10 MeV，累积注量：8.4×10^5 cm^{-2}·天$^{-1}$；

（c）质子能量：大于 20 MeV，累积注量：6.4×10^5 cm^{-2}·天$^{-1}$；

（d）质子能量：大于 30 MeV，累积注量：5.6×10^5 cm^{-2}·天$^{-1}$；

（e）质子能量：大于 100 MeV，累积注量：2.3×10^5 cm^{-2}·天$^{-1}$；

（f）质子能量：大于 200 MeV，累积注量：6.3×10^4 cm^{-2}·天$^{-1}$；

（g）质子能量：大于 400 MeV，累积注量：2.9×10^2 cm^{-2}·天$^{-1}$。

2.3.2 探月任务空间辐射环境

1959 年 1 月，苏联发射了第一个月球探测器——月球 1 号，开启了人类深空探测的序幕，随后在 1959—1976 年，又先后发射了 47 个探测器，成功地进行了硬着陆探测、软着陆探测、巡视探测和自动采样返回。美国在此期间发射了 36 个无人月球探测器，并于 1969 年 7 月发射阿波罗－11 号，首次实现了载人登月，此后又进行了 5 次载人登月，拉开了人类深空探测的序幕。我国月球探索工程从 2004 年开始，分为绕、落、回三期。其中：

绕：2004—2007 年（一期）研制和发射我国首颗月球探测卫星，实施绕月探测。

落：2013 年前后（二期）进行首次月球软着陆和自动巡视勘测。

回：2020 年前（三期）进行首次月球样品自动取样返回探测。

目前，我国已经成功发射了嫦娥一号至五号，并成功取回了月壤样品。"嫦娥四号"实现我国首次对月球的空间辐射环境进行测量。其中"嫦娥四号"的月表中子与辐射剂量探测仪是其国际合作载荷之一，由德国基尔大学和中国科学院国家空间科学中心联合研制，用于试验性测量月表的综合粒子辐射剂量和 LET 谱，包括带电粒子、γ 射线和中子；试验性测量月表快中子能谱和热中子通量。利用"嫦娥四号"着陆器月表中子与辐射剂量探测仪和中性原子探测仪探测数据，获得月表高能粒子辐射环境谱、月表中性原子能谱结构和反照率。月表中子与辐射剂量探测仪可对月表的粒子辐射总剂量、中性粒子辐射剂量、粒子辐射 LET 谱、中子、带电粒子（质子、电子、重离子）进行综合测量。实测结果表明，月表粒子辐射剂量率为 132 μGy/h(Si)。其中，中性粒子（中子和 γ 射线）的辐射剂量率为 3.1 μGy/h(Si)，约占总比例的 23%，品质因子为 4.3，粒子辐射剂量当量约为 60 μSv·h。月表的剂量当量是火星表面和空间站内部的 2 倍。证实初级银河宇宙射线撞击月球表面，产生反照质子（最早在美国环月轨道器上被发现，此次在月表得到了实地验证）。这些成果为开展太阳风与月表微观相互作用研究提供重要支撑，促进对月表辐射风险的认知，为未来月球航天员所受月表辐射危害估算及辐射防护设计提供重要参考。"嫦娥四号"测量的月球空间辐射成分和模拟的通量比率如图 2.25 所示。

2.3.3　探火任务空间辐射环境

火星探测过程中主要面临 3 种空间辐射，地球俘获带的电子和质子、银河宇宙射线以及太阳粒子事件。

美国辐射防护与对策国家委员会在 No. 153 报告中给出了人类在低地球轨道

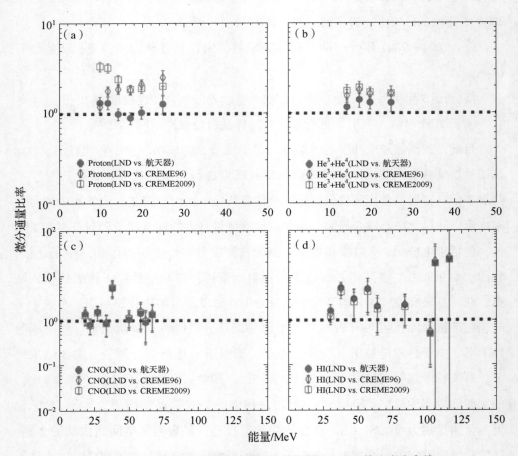

图 2.25　"嫦娥四号"测量值与模拟值的通量比（1.0 的比率为虚线）

（a）质子；（b）He；（c）碳氮氧；（d）重离子（Ne、Na、Mg、Al、Si、S、Ar、Ca、Fe 和 Ni）

（LEO）外使命基于危害评估方法做出的辐射暴露建议。报告中指出，国际空间站上的典型器件和航天员每天遭受的辐射剂量为 0.5 ~ 1.2 mSv，其中约 75% 来自银河宇宙射线，25% 来自通过地球俘获带南大西洋异常区的质子。在深空环境中，人类获得的辐射剂量将比 LEO 高得多。图 2.26 和图 2.27 分别是在 1989 年 9 月太阳粒子事件期间火星表面辐射环境和利用 Marsgram 大气模型得到的在 1977 年太阳活动极小值时和 1990 年太阳活动极大值时火星表面银河宇宙射线环境。图 2.28 是在太阳活动极大值和极小值时不同防护材料在火星表面受到的银河宇宙射线剂量分布。由此可见，火星表面的银河宇宙射线环境危害比太阳粒子事件危害大。太阳活动极小值年时银河宇宙射线的危害较太阳活动极大值年时的危害大。

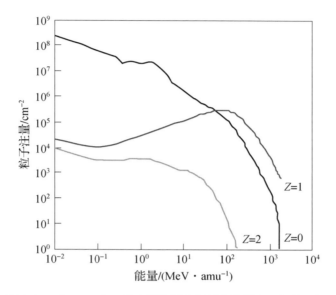

图 2.26　在 1989 年 9 月太阳粒子事件期间火星表面辐射环境

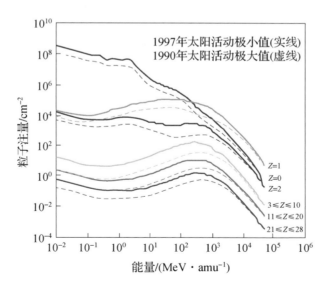

图 2.27　1977 年太阳活动极小值时和 1990 年太阳活动极大值时

火星表面银河宇宙射线环境

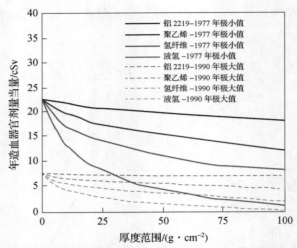

图 2.28　太阳活动极大值和极小值时不同防护材料在火星表面
受到的银河宇宙射线辐射剂量分布（附彩图）

■ 2.4　空间辐射剂量学（孙亮）

2.4.1　概述

空间辐射剂量学是航空航天学科的重要组成部分，它的核心内容是研究宇宙射线能量沉积的剂量与其生物学效应的定量关系。电离辐射的本质是能量的转移和沉积，其诱导的有益和有害生物学效应均来源于辐射能量的沉积。定量辐射能量沉积的指标以及以此为基础的辐射危害评估和定量测量实践所引申出的指标共同构成了当前的辐射剂量学指标体系。

电离辐射是自然环境固有的组成成分，辐射效应是电离辐射引起的受照射物体性质的变化。这种变化有的对人类有益，成为电离辐射应用的基础；有的对人类有害，需要进行放射防护，甚至医疗救治。

为避免空间辐射危害航天员健康，破坏航天仪器，需了解受空间电离辐射对受照物体诱发的真实效应、潜在影响程度的客观指标。空间辐射剂量学是研究空间辐射效应程度预测原理、指标、方法的一门学科，研究内容包括：辐射能量在物质中转移、吸收规律，剂量分布与辐射场的关系，辐射剂量与辐射效应联系以及辐射剂量的测量、计算方法。

　　随着人类航天技术的发展以及太空活动的增加，空间辐射剂量学正变得越来越重要，与航天员的生命安全与航天任务的顺利完成密切相关。空间电离辐射剂量学自 20 世纪 60 年代实现载人飞行以来，历史不过 60 余年，还是一门"年轻"的学科。空间辐射剂量学所面临的最大挑战是空间辐射环境的复杂性，目前虽然具备一定数量的辐射监测仪器，但个人剂量计与实用还有一定的差距。当前，空间辐射剂量的基本概念仍在深化和更新之中，其测量和计算也还在不断发展和完善。

2.4.2　宏观剂量学指标

　　空间辐射剂量学包括宏观剂量学指标和微观剂量学指标。本小节将着重介绍常用的宏观剂量学指标。

　　1. 吸收剂量

　　基本的宏观剂量学指标涉及一段时间内，电离辐射向单位质量物质授予的能量，其基本单位是：J/kg，专门名称：戈瑞（gray），国际代号：Gy。

　　吸收剂量（absorbed dose）$D(T,r)$，定义如下。

$$D(T,r) = \mathrm{d}\bar{\varepsilon}(T,r)/\mathrm{d}m$$

具体为受照物质特定体积内，单位质量物质吸收的辐射能量，与受照物质的形状、大小以及关注的位置相关，其中，$\mathrm{d}\bar{\varepsilon}(T,r)$ 是 T 时间内，电离辐射授予 r 点处质量为 $\mathrm{d}m$ 的物质的平均辐射能量。

　　受照射物质中，每一点处都有特定吸收剂量值。因此，在某一点处考察物质吸收剂量时，所取体积必须充分地小，以便显示因辐射场或物质不均匀所导致的吸收剂量值的变化。同时，该体积又要足够大，以保证在测量的时间尺度内，包含足够多的相互作用过程，以消除因为作用过程的随机性造成统计的不确定性。受照射物质中，吸收剂量越大，其中的辐射效应也越大。

　　2. 器官剂量

　　放射防护量（radiological protection quantity）是 ICRP 为评估照射水平、控制健康危害，对受照人体规定的一类辐射量，简称"防护量"。电离辐射诱发的生物学效应，就其对人体健康的危害程度，可分三等程度，分别为：变化

（change）、损伤（damage）和损害（harm）。"变化"的含义是辐射引发的效应，这种效应可能有害，也可能无害。"损伤"则指某种程度的有害变化，例如，对细胞有害，但未必对整个人体有害。"损害"是指发生有害效应已到临床可见的程度，有害效应表现在受照者自身的称为躯体效应（somatic effects），表现在受照者后裔身上的则称为遗传效应（hereditary effects）。

器官剂量与当量剂量是常用的放射防护量，一个器官、组织 T 范围内的平均吸收剂量 D_T，定义为该器官或组织吸收的总辐射能量与质量的商，单位：Gy。虽然器官剂量描述相应组织吸收辐射能量的情况，但本身还不足以评价辐射照射造成的危害。因为不同品质和能量的辐射具有不同的生物学效能，不同器官、组织的辐射敏感性不相同。因此，为确立放射防护用到的剂量指标与随机性健康危害的定量关系，还需用辐射权重因子 W_R 和组织权重因子 W_T 对平均吸收剂量做进一步修正。

3. 当量剂量

器官、组织 T 的当量剂量（equivalent dose）H_T 是以各自辐射权重因子 W_R 修正后，相关辐射对特定器官、组织 T 的剂量总和。

$$H_T = \sum_R W_R \cdot D_{T,R}$$

式中，$D_{T,R}$ 是器官、组织 T 或其特定靶区范围内由辐射 R 产生的平均吸收剂量；W_R 是入射到人体或滞留于人体的放射性核素发出的第 R 种辐射相应的辐射权重因子（radiation weighting factor），是依据第 R 种辐射的生物学效应，对器官、组织的平均剂量 $D_{T,R}$ 施加修正的一个因子。

在放射生物学，通常使用 RBE 表征辐射生物学效应的差异。特定辐射的 RBE 是相同照射条件下，参考辐射（通常是 X、γ 射线）的吸收剂量，与产生相同程度效应的特定辐射所用吸收剂量的比值。一种辐射的 RBE 值取决于：所观察的生物学效应种类，涉及的组织、细胞类型，剂量和剂量率，剂量的分次给予方案。因此，对于给定类型的辐射，会有许多 RBE 值。在低剂量率、小剂量情况下，RBE 将趋于一个平稳的最大值（RBE$_M$）；此时，RBE$_M$ 已不随剂量、剂量率的变化而改变。不同的效应，有不同的 RBE$_M$ 值。例如，关于随机性效应，裂变中子相对于 ^{60}Co γ 射线的 RBE$_M$ 值，如表 2.7 所示。

表 2.7　关于随机性效应，裂变中子相对于 ^{60}Co γ 射线的 RBE_M 值

效应	RBE_M	效应	RBE_M
肿瘤诱发	15～60	染色体畸变	40～50
肿瘤所致寿命缩短	15～45	哺乳动物遗传效应	10～45
细胞转化	35～70	微核	6～60

放射防护应用的辐射权重因子 W_R 是从一系列随机性效应的 RBE_M 中，凭经验挑选的典型值，即 W_R 值只是低剂量率、小剂量情况下，RBE 随机性效应的粗略代表。对于给定的第 R 种辐射，W_R 已不再与特定组织、特定随机性效应相关。W_R 可用于任何器官和组织，在放射防护所关注的低剂量范围内，W_R 与剂量、剂量率无关，仅用于随机性健康危害的评价。表 2.8 列出了 ICRP 分别在 1991 年和 2007 年给出的辐射权重因子数值。

当量剂量 H_T 的实质就是与特定辐射对器官 T 造成的辐射效应程度相仿的低 LET 辐射需要的吸收剂量。放射防护评价中，当量剂量 H_T 的意义在于：对于特定器官 T，无论对它造成影响的是何种辐射，只要当量剂量 H_T 值相同，该器官蒙受随机性效应的影响程度大致相仿。

值得注意的是，在空间辐射剂量估计中将重带电粒子的辐射权重因子 W_R 简单设为 20 是不合适的。空间辐射环境的粒子类型和能量范围与地面辐射有明显的差异，这就需要采用与 ICRP 通常使用的不同的剂量评估方法。通常使用品质因数作为非限制线性能量传递函数的"剂量当量"（见本小节 2.4.5 部分），而非"当量剂量"。

4. 有效剂量

实际上，受照人体各个器官、组织的当量剂量不一定相同，即使器官、组织的当量剂量相同，但由于不同器官或组织的随机性效应的敏感性有差异，它们给人体带来的随机性健康危害的程度也可能不同。因此，为综合反映受照的各个器官或组织，给人体带来随机性健康危害的总和，提出了有效剂量（effective dose）E。

有效剂量 E 是以各组织权重因子（tissue weighting factor）W_T 计权修正后，人体相关器官、组织当量剂量的总和。

表 2.8 辐射权重因子 W_R

ICRP 1991

辐射类型	能量范围	W_R
光子	所有能量	1
电子、μ子	所有能量	1
中子	>20 keV	5
	10~100 keV	10
	100 keV~2 MeV	20
	2~20 MeV	10
	>20 MeV	5
质子（除反冲质子）	>2 MeV	5
α粒子、裂变碎片、重核	—	20

ICRP 2007

辐射类型	W_R
光子	1
电子、μ子	1
质子、带电的π介子	2
α粒子、裂变碎片、重原子核	20
中子	$W_R = \begin{cases} 2.5 + 18.2 \times \exp\{-[\ln(E_n)]^2/6\}, & E_n < 1\text{ MeV} \\ 5.0 + 17.0 \times \exp\{-[\ln(2En)]^2/6\}, & 1\text{ MeV} \le E_n \le 50\text{ MeV} \\ 2.5 + 3.25 \times \exp\{-[\ln(0.04E_n)]^2/6\}, & E_n > 50\text{ MeV} \end{cases}$

$$E = \sum W_{\mathrm{T}} \cdot H_{\mathrm{T}} = \sum W_{\mathrm{T}} \cdot \sum W_{\mathrm{R}} \cdot D_{\mathrm{T,R}}$$

式中，W_{T} 是与器官、组织 T 相应的组织权重因子，它是依器官、组织随机性效应的辐射敏感性，对器官当量剂量施加修正的一个因子。表 2.9 是 ICRP 1991 年给出的组织权重因子值。有效剂量 E 的单位同当量剂量，取：Sv。

表 2.9　组织权重因子 W_{T}（ICRP 1991）

组织或器官	组织权重因子 W_{T}	合计
性腺	0.20	0.20
肺、胃、结肠、红骨髓	0.12	0.48
食道、膀胱、肝、乳腺、甲状腺、其余组织	0.05	0.30
皮肤、骨表面	0.01	0.02
全身		1.00

有效剂量 E 指的是与全身不均匀照射所致随机性健康危害程度相仿的全身均匀照射的当量剂量。放射防护评价中，有效剂量 E 的意义在于：在放射防护关注的低剂量率、小剂量范围内，无论哪种照射情况（外照射、内照射、全身照射或局部照射），只要有效剂量值相等，人体蒙受的随机性健康危害程度就大致相仿。

5. 品质因子和剂量当量

辐射的品质因子 Q 定义为：依据授予物质能量的带电粒子的生物学效性 RBE，对特定位置上软组织吸收剂量施加修正的一个权重。

按 ICRP（1990）建议，品质因子 Q 与带电粒子在水中的传能线密度 L（keV/μm）有下列数值依赖关系。

$$Q(L) = \begin{cases} 1 & \text{当 } L \leqslant 10 \\ 0.32 \cdot L - 2.21 & \text{当 } 10 < L < 100 \\ 300 \cdot L^{-0.5} & \text{当 } L \geqslant 100 \end{cases}$$

然而对于载人航天飞行过程中遭遇的空间辐射，该计算方法不再适用，具体计算方法详见本节 2.4.4 部分。

组织器官中点 r 处的剂量当量 $H(r)$ 是同一点处软组织吸收剂量 $D(r)$ 与该点处辐射品质因子 $Q(r)$ 的乘积。

$$H(r) = Q(r) \cdot D(r)$$

具体来讲，剂量当量 $H(r)$ 是经同一点处辐射品质因子 $Q(r)$ 计权修正后，受照软组织的吸收剂量。剂量当量的 SI 单位是：J/kg，专门名称亦为 Sv。

6. 周围剂量当量

周围剂量当量 $H^*(d)$ 是对辐射场内所关注的一个点 r 定义的。若设备的方向响应是各向同性的，则在辐射场 r 点处仪器的读数，将反映与 r 点相应的齐向扩展场在 ICRU 球中，对着齐向场方向的半径上，深度 d 处的剂量当量，且两者存在对应的数值关系。

正因如此，ICRU（International Commission Radiological Units，国际辐射单位与测量委员会）定义了用于场所辐射监测的实用量，周围剂量当量 $H^*(d)$。

辐射场 r 点处的周围剂量当量 $H^*(d)$ 是与 r 点实际辐射场相应的齐向扩展场在 ICRU 球中对着齐向场方向的半径上深度 d 处的剂量当量。

周围剂量当量 $H^*(d)$ 的单位亦取 Sv。显然，用于测量 $H^*(d)$ 的仪器，应具有各向同性的方向响应，并且需要用周围剂量当量 $H^*(d)$ 的数值对仪器读数进行校正。

周围剂量当量 $H^*(d)$ 通常用于强贯穿辐射的监测，关注的深度 d 取 10 mm，周围剂量当量便记作 $H^*(10)$。仪器测得的周围剂量当量 $H^*(10)$，常可作为仪器所在位置上，人体有效剂量的合理估计值。

7. 个人剂量当量

周围剂量当量是用于场所监测的实用量，而用于个人辐射监测的实用量是个人剂量当量（personal dose equivalent）$H_p(d)$，它是针对人体定义的一个量，具体是指人体指定一点下深度 d(mm)处软组织的剂量当量，单位为 Sv。

论及个人剂量当量 $H_p(d)$ 的数值时，必须同时说明相关的深度 d，为简化表述，d 应当用 mm 为单位表示出来。从实用量应用的角度，可以把辐射区别为弱贯穿辐射与强贯穿辐射。其分别定义为：在均匀、单向辐射场中，对某一给定的肌体取向，在皮肤敏感层的任何小块区域内所接受的剂量当量与有效剂量当量的比值小于 10 的辐射为强贯穿辐射，大于 10 为弱贯穿辐射。对强贯穿辐射个人剂量当量参考深度取 10 mm，弱贯穿辐射取 0.07 mm，分别记作 $H_p(10)$ 和 $H_p(0.07)$。

放射防护评价中 $H_p(10)$ 可用作有效剂量的估计值；$H_p(0.07)$ 则用作局部皮

肤当量剂量的估计值。罕见情况下，可能用到与 $d = 3$ mm 相应的个人剂量当量 $H_p(3)$，以此作为眼晶体当量剂量的估计值。

2.4.3　微剂量学指标

电离辐射与物质分子或原子的作用过程是由一个个独立的物理事件组成的，受照组织的微观体积内的能量沉积事件并不均匀，每单位质量组织所沉积的平均能量、能量沉积数目的多少、沉积事件的空间分布等特性都能影响生物体的损伤程度。在小体积、小剂量和高 LET 辐射情况下，宏观剂量学指标失去了其直接的科学意义，这是因为缺乏能量沉积是连续的假设条件。因此，要深入探究辐射诱导的生物学效应，离不开对微观能量沉积模式的研究，即研究对象相当于只有几个微米的这样细胞核靶体积内的空间能量沉积分布情况，通过获取每单位长度所沉积的能量径迹结构来表征电离粒子的辐射品质。微剂量学（microdosimetry）以微观体积内能量沉积的统计波动（fluctuation）和歧离（straggling）为基础建立其体系，并提出授予能 ε、线能 y、比能 z、传能线密度 LET 等概念。

1. 微剂量学指标基本概念

在 ICRU 第 60 号报告中，定义了单次相互作用和沉积能的概念，对于授予能、线能和比能的概念进行了更新。单次相互作用（a single interaction）是指入射到电离辐射（粒子）与物质相互作用发生的一次能量转移，此次能量转移的结果是可以使原子激发、电离或者发生核反应。

沉积能 ε_i 定义为单次相互作用中的能量沉积如下式。

$$\varepsilon_i = \varepsilon_{in} - \varepsilon_{out} + Q$$

式中，ε_{in} 表示入射粒子的能量；ε_{out} 表示所有出射粒子的总能量，Q 表示该次相互作用中原子核与所有粒子静止能量的变化。

授予能 ε 的定义为在给定微观体积（也称位点）内所有能量沉积的总和。

$$\varepsilon = \sum_i \varepsilon_i$$

线能 y（lineal energy）定义为在位点中由单次能量沉积事件造成的授予能 ε 与穿过该位点的随机分布的弦长平均值 l 的比值。

$$y = \varepsilon / l$$

　　线能 y 是一个随机量，是指定的位点内存在一个分布，$F(y)$ 表示线能小于等于 y 的概率。

$$F(y) = P(线能 \leqslant y)$$

$f(y)$ 为 $F(y)$ 概率密度函数，也称线能分布（lineal energy distribution）。

$$f(y) = \frac{\mathrm{d}F(y)}{\mathrm{d}y}$$

线能 y 的期望为 $\bar{y}_F$，也称为线能频率均值：

$$\bar{y}_F = \int_0^\infty y f(y) \, \mathrm{d}y$$

　　令 $y\mathrm{d}(y)$ 表示线能为 y 至 $y + \mathrm{d}y$ 时产生的吸收剂量占总吸收剂量的份额，则 $\mathrm{d}(y)$ 表示线能 y 的剂量概率密度。

$$\mathrm{d}(y) = \frac{y f(y)}{\int_0^\infty y f(y) \, \mathrm{d}(y)} = \frac{y f(y)}{\bar{y}_F}$$

$\mathrm{d}(y)$ 的期望 $\bar{y}_D$ 也称线能剂量均值。

$$\bar{y}_D = \int_0^\infty y \mathrm{d}(y) \, \mathrm{d}y = \frac{\int_0^\infty y^2 f(y) \, \mathrm{d}y}{\int_0^\infty y f(y) \, \mathrm{d}y}$$

　　比能 z（specific energy）分为单次事件的比能与多次事件的比能，比能的定义为单次或多次事件中在位点内能量沉积的总和与该位点的质量的比值。

$$z = \frac{\varepsilon}{m}$$

　　单次事件下的比能 z 的期望也称比能频率均值为 $\bar{z}_{1F}$。

$$\bar{z}_{1F} = \int_0^\infty z f(z) \, \mathrm{d}z$$

　　单次事件下的比能剂量均值 $\bar{z}_{1D}$ 如下式。

$$\bar{z}_{1D} = \int_0^\infty z \mathrm{d}(z) \, \mathrm{d}z = \frac{\int_0^\infty z^2 f(z) \, \mathrm{d}z}{\int_0^\infty z f(z) \, \mathrm{d}z}$$

2. 微剂量学指标测量与计算

微剂量学参数计算一直都是非常受关注的话题。微剂量学参数可以通过组织等效正比计数器（tissue – equivalent proportional counter，TEPC）直接测量或者蒙特卡罗径迹结构（Monte Carlo track structure，MCTS）计算程序模拟计算得到。

　　TEPC 的基本原理是法诺定理（Fano's theorem）：给定的介质中，初级辐射和二次辐射的通量是均匀的，与介质的密度和点与点之间的密度变化无关；用低密度的大体积代替了微观的高密度小体积之间的等效关系，以此测量线能、比能等微观参量。其内部填充有以甲烷或者丙烷为主的组织等效气体，以金属丝作为阳极，四周 TEPC 壁作为阴极建立均匀电场，如图 2.29 所示，当发生电离时会产生一个信号，以此进行测量能量沉积事件的分布。

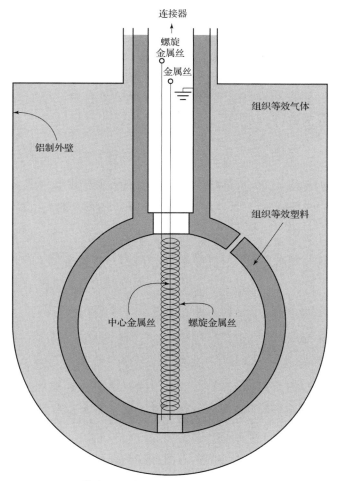

图 2.29　组织等效正比计数器结构示意（引自基于微剂量学及纳剂量学的离子束相对生物学效应研究）

蒙特卡罗方法是当前研究辐射防护、剂量计算问题的常用方法，其本质上是基于概率统计的模拟计算方法。该方法的基本思想是把需要求解的问题转换为随机性的事件，再统计各种可能出现的结果，通过把要求解的问题与计算模型联系起来再进行统计抽样从而获得近似解。该方法也被叫作随机抽样或统计实验法，可以完整地模拟带电粒子与物质相互作用的整个过程，然后对整个过程分析总结计算并得出规律。目前基于蒙卡软件模拟微观体积内能量沉积的研究有很多，通常分为径迹结构（track structure，TS）模型和压缩历史（condensed – history，CH）模型两种方式。TS 模型被认为是纳米尺度输运电子的最新技术，因为它能够模拟能量低至 eV 的单个相互作用过程，与之对应的是 CH 模型，它的目标是解释沿着一小段径迹的大量相互作用（ > 10 ~ 20）的累积效应。微剂量学指标对物理模型、靶尺寸和用户定义的模拟参数都非常敏感。已有文献针对 TS 和 CH 模型进行了系统的比较，研究者可以根据研究目的在模拟中选取合适的物理模型。

2.4.4　航天员剂量评估方法

ICRP 第 123 号出版物《航天员空间辐射照射的评价》在大量重离子生物学效应研究的基础上，提出了新的用于航天员辐射剂量计算的辐射品质因数，因为该因数不仅是 LET 的函数，而且与辐射粒子原子序数、能量和辐射效应类型有关，因此能更真实地反映粒子辐射的生物学效应。在第 132 号出版物中，ICRP 提出了载人航天宇宙辐射放射防护新的指导原则，充分考虑了当前 ICRP 放射防护体系、航空辐射照射的最新数据，以及世界范围内航空辐射照射管理的经验。出版物也叙述了宇宙辐射的起源、如何对旅客和空勤人员形成照射以及适用这种现存辐射照射情况的基本辐射防护原则。

对于太空中航天员，ICRP 建议使用器官或组织中的平均吸收剂量 D_T 和器官或组织的剂量当量 $H_{T,Q}$ 评价其受到的照射情况。在较高剂量下，在可能发生确定性效应的情况下，需要不同的加权吸收剂量，也需要根据辐射场的具体信息和所涉及的不同类型粒子的特定 RBE 值来确定平均 RBE 值。目前载人航天中主要使用的航天员辐射安全评价指标包括个人剂量监测、航天员空间飞行预估及短期飞行剂量限值等，方法可以分为探测测量法与计算评估法。

探测方法主要包括主动探测和被动探测，主动探测器主要包括正比计数器、组织等效电离室和半导体探测器等；被动探测器包括固体核径迹探测器、热释光探测器和剂量胶片等。在航天任务中，航天员的辐射测量通常不会只使用一种辐射探测器，而是多种探测器配合使用，以充分发挥各种探测器的优势。图 2.30 给出了在国际空间站执行不同任务期间，由使用热释光探测器和塑料蚀刻径迹探测器测量的 MATROSHKA 体模的器官和组织中的平均剂量当量率，MTR－1 表示暴露在国际空间站外的任务，MTR－2A 和 MTR－2B 表示在国际空间站内两个不同屏蔽位置的任务。

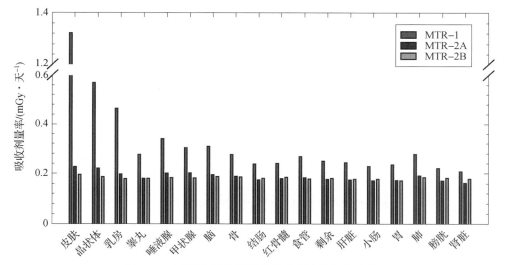

图 2.30　国际空间站测量体模中器官和组织中的
平均吸收剂量率（引自 ICRP 第 123 号报告）

计算评估法又进一步可大体分为解析计算和蒙特卡罗程序模拟计算两大类，解析计算借助于统计物理学中玻尔兹曼输运方程的思想，利用数值的方法确定粒子在材料或者生物组织中的能量沉积过程。程序计算则使用蒙特卡罗方法模拟粒子在这些材料中的运动、碰撞以及能量沉积等过程，精准地得到沉积能量，是辐射剂量评估的"金标准"。

航天员空间辐射剂量的计算大多采用 PHITS、MCNP 和 FLUKA 等蒙特卡罗软件模拟粒子输运，通过源粒子发射的能量、位置和方向，计算射线穿过人体体模质量阻止本领和辐射品质因数，进一步得到各器官的沉积能量、吸收剂量和剂量当量。

在进行剂量估算时，通常借助空间辐射场模型，获得航空航天条件下的空间辐射环境下地球捕获辐射、太阳粒子事件、银河宇宙射线等粒子的谱分布，目前对于航天员的受照情况大部分条件下认为受照是各向同性；将获得的含有源粒子信息的相空间文件导入蒙特卡罗计算软件，集合人体关键器官的数学参数化模型，进行航天员人体的能量沉积和吸收剂量的模拟计算和数据分析，获得空间站条件下人体关键器官的辐射剂量与分布，评价航天员受照的安全状况。已有研究中使用蒙特卡罗程序 GEANT4 计算的银河宇宙辐射下不同器官和组织中的平均吸收剂量率和剂量当量率，如图 2.31 所示，其分别使用了 NUNDO 体模、ICRP 男性/女性体模进行计算，从图中可以看出其结果差距非常小。

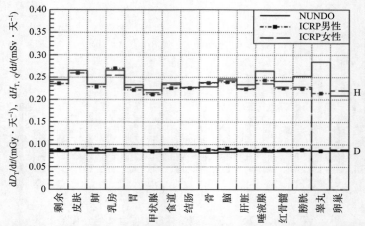

图 2.31　使用 GEANT4 代码和不同体模计算银河宇宙辐射在不同器官和组织中的平均吸收剂量率和剂量当量率（引自 ICRP 第 123 号报告）

通过辐射加权因子 W_R 考虑辐射生物学效应差异的简单概念也不再适用于空间剂量学（例如所有能量的不同种类的重离子的辐射加权因子为 20），品质因数 Q 常用于计算人体器官或组织中的剂量当量，其为粒子能量 E 和原子序数 Z 的函数，不同于在地表的计算方法，其计算公式如下所示。

$$Q_i = (1 - P_{Z,E}) + 6.24 \times \frac{\Sigma_0}{\alpha_\gamma L} \times P_{Z,E}$$

式中，$P_{Z,E} = \left\{ 1 - e^{\left| -Z^{*2}/(k\beta^2) \right|} \right\}^m$，其中 β 为粒子速度与光速之比，Z^* 为有效原子序数；L 为传能线密度；Σ_0、m、k 和 α_γ 为与辐射效应有关的参数，对于实体癌，NASA 推荐值 $m = 3$，$\Sigma_0/\alpha_\gamma = 7\,000/6.24$，$k = 550$。

将粒子通量与人体器官和组织中的平均吸收剂量以及空间中存在的所有类型辐射的相应平均品质因数相关联的转换系数是评估航天员暴露的重要数据库。表2.10 给出了部分质子各向同性暴露的男性和女性参考模型的器官和组织的粒子通量与器官吸收剂量转换系数，其余系数如品质因子、中子通量与器官吸收剂量的转换因数等可查 ICRP 第 123 号报告附录部分。

表 2.10　质子各向同性暴露的男性和女性参考模型的器官和组织的
粒子通量与器官吸收剂量转换系数

能量/MeV	红骨髓 $\left[\dfrac{D_{\mathrm{T}}}{\varPhi} / (\mathrm{pGy} \cdot \mathrm{cm}^2)\right]$		甲状腺 $\left[\dfrac{D_{\mathrm{T}}}{\varPhi} / (\mathrm{pGy} \cdot \mathrm{cm}^2)\right]$	
	男	女	男	女
1	0	0	0	0
2	0	0	0	0
3	0	0	0	0
4	0	0	0	0
5	0	0	0	0
6	0	0	0	0
8	0	0	0	0
10	0.26	0.082 9	0	0.003
15	0.495	0.162	0.002 7	0.018 5
20	1	0.339	0.043 6	0.025
30	5.86	7.44	0.229	0.037 8
40	45.8	48.4	49.3	80.7
50	117	109	269	371
60	172	172	547	629
80	292	311	682	644
100	470	497	642	597
150	863	966	906	967
200	901	917	926	1 000
300	712	711	706	713

能量/MeV	红骨髓$\left[\dfrac{D_{\mathrm{T}}}{\varPhi}\Big/(\mathrm{pGy}\cdot\mathrm{cm}^2)\right]$		甲状腺$\left[\dfrac{D_{\mathrm{T}}}{\varPhi}\Big/(\mathrm{pGy}\cdot\mathrm{cm}^2)\right]$	
	男	女	男	女
400	628	627	616	608
500	592	589	575	573
600	589	586	603	551
800	595	588	576	574

2.4.5　人员剂量（损伤）评估技术的新进展

1. 人体曲面模型的建模技术

目前在剂量估算中，最常用的人体模型仍为体素体模，然而体素体模有着文件过大、计算缓慢、不能进行姿态变形等缺点，目前正逐渐被曲面体模所替代。曲面人体模型是使用曲面围成的封闭空间来描述三维物体，从而替代体素模型中一个个的立方体体素。它除了有着计算快、文件小等优点，还可以根据事故受照人员的体形和受照时的姿势进行调整，计算结果更加符合实际情况，这是空间辐射剂量估计未来发展的方向，更加灵活准确的曲面体模必然会取代传统的体素模型。

2. 细胞模型和DNA模型的建模技术

而从机体层面看，人体细胞是人体结构和生理功能的基本单位，辐射所致的放射生物学效应视细胞中具体能量沉积情况决定，能准确模拟出在微观尺度的能量沉积及能量沉积分布特点是其中研究的重点和难点。探究电离辐射在细胞尺度内能量损失的空间分布是准确评估其所致的放射生物学效应的关键，目前研究逐渐集中在细胞层面，已有针对微剂量计算的细胞模型，从单细胞模型出发评价辐射生物学效应。

而细胞中的DNA是辐射生物学效应中重要的靶分子。近几十年发展起来的纳剂量学及蒙特卡罗方法使研究射线在DNA水平的能量沉积成为可能，目前研究已经能够获取能量沉积位点并提取 DNA 损伤位点，分析粒子在 DNA 模型中能量沉积，进而在 DNA 层面对辐射生物学效应进行研究。

3. 人工智能技术对重要剂量学指标的预测应用

目前随着硬件设备的更新，神经网络、机器学习等人工智能技术正快速发展，已有将辐射剂量学与人工智能相结合的研究出现，可以通过已有数据预测建立模型预测结果，比常用的多变量分析和线性回归的效果更好，且具有自组织、自学习的能力，一定程度上可以方便微剂量学与临床放疗治疗实践中指标的定量。

2.4.6　未来空间辐射剂量学发展的重点方向

空间辐射环境比较复杂，相关研究仍处于不断探索的阶段，特别是对地球空间辐射的主要来源还认识不足，对宇宙射线所引起的剂量沉积还需要长期的工作积累，未来的工作应该集中在以下几个方面。

1. 人体体模的进一步改进

目前在剂量估算中，各种体素模型与曲面模型已经被广泛使用，但中枢神经系统、心脑血管系统、胃肠组织等复杂结构的重建仍有一定困难，下一步工作需要根据中国人种数据集建立模型，完善具体器官与微小组织辐射剂量学研究，从而实现进一步明确航天员敏感器官所遭受的剂量；同时建立不同姿势的人体模型，全面评估不同工作状态下的受照剂量，保证航天员的身体健康。

2. 基于空间电离辐射微剂量学的研究

如 2.4.3 节部分所述，辐射能量沉积过程在本质上可视为一系列离散和随机的事件，这些事件的形态学表现是辐射在物质中的径迹。空间电离辐射引起的损伤效应，不仅取决于粒子宏观的能量沉积，而且取决于粒子径迹能量沉积的微观能量分布。通过微、纳剂量学径迹结构理论研究，辅以实测技术获得相关指标及其分布，以此作为空间电离辐射的微剂量学依据，深入分析辐射诱导的生物学效应机制，对航空航天的辐射防护，空间站生物学实验等场景具有相当重要的应用价值。

3. 外太空条件下不同照射条件的转换系数

外太空条件下辐射粒子有很宽的能谱。如 2.4.2 节部分所述，不同类型、能量的辐射具有不同的生物学效性，通过品质因子体现出来。根据地面辐射计算得到的辐射权重因子，因为磁场、介质等条件的改变，未必适用于太空中空间站辐射环境，需要根据实际情况重新进行评估，以确定太空中空间站条件下包括了极高能量区间在内的辐射粒子权重因子。

参考文献

［1］ Itikawa Y, Mason N. Cross sections for electron collisions with water molecules ［J］. Journal of Physical and Chemical Reference Data, 2005, 34 （1）: 1 – 22.

［2］ Pouget J P, Mather S J. General aspects of the cellular response to low – and high – LET radiation ［J］. European Journal of Nuclear Medicine, 2001, 28 （4）: 541 – 561.

［3］ Kuchitsu K. Structure of free polyatomic molecules: Basic data ［M］. Berlin: Springer Berlin Heidelberg, 1998.

［4］ Kupka T, Ruscic B, Botto R E. Toward Hartree – Fock and density functional complete basis – set – predicted NMR parameters ［J］. The Journal of Physical Chemistry A, 2002, 106 （43）: 10396 – 10407.

［5］ Straub H C, Lindsay B G, Smith K A, et al. Absolute partial cross sections for electron – impact ionization of H_2, N_2 and O_2 from threshold to 1000 eV ［J］. Journal of Geophysical Research Planets, 1998, 108 （10）: 109 – 116.

［6］ 郭宇, 鲍征宇. 水合电子的性质及其检测 ［J］. 环境科学与管理, 2008 （5）: 53 – 56.

［7］ Guan F, Peeler C, Bronk L, et al. Analysis of the track – and dose – averaged LET and LET spectra in proton therapy using the geant4 Monte Carlo code ［J］. Medical Physics, 2015, 42 （11）: 6234 – 6247.

［8］ Matsumoto Y, Matsuura T, Wada M, et al. Enhanced radiobiological effects at the distal end of a clinical proton beam: In vitro study ［J］. Journal of Radiation Research, 2014, 55 （4）: 816 – 822.

［9］ Sorriaux J, Kacperek A, Rossomme S, et al. Evaluation of Gafchromic EBT3 films characteristics in therapy photon, electron and proton beams ［J］. Physica Medica, 2013, 29 (6): 599 – 606.

［10］ Benton E R, Benton E V. Space radiation dosimetry in low – earth orbit and beyond ［J］. Nuclear Instruments & Methods in Physics Research, 2001, 184 (1 – 2): 255 – 294.

［11］ 王同权, 沈永平, 王尚武, 等. 空间辐射环境中的辐射效应 ［J］. 国防科技大学学报, 1999 (4): 36 – 39.

［12］ 高欣, 杨生胜, 牛小乐, 等. 空间辐射环境与测量 ［J］. 真空与低温, 2007, 13 (1): 44 – 50.

［13］ Li W, Hudson M K. Earth's van Allen radiation belts: From discovery to the van allen probes era ［J］. Journal of Geophysical Research. Space Physics, 2019, 124 (11): 8319 – 8351.

［14］ Cane H V. Two components in major solar particle events ［J］. Geophysical Research Letters, 2003, 30 (12): 1 – 4.

［15］ Li G. Mixed particle acceleration at CME – driven shocks and flares ［J］. Geophysical Research Letters, 2005, 32 (2): L02101.

［16］ Reames D V. The two sources of solar energetic particles ［J］. Space Science Reviews, 2013, 175 (1 – 4): 53 – 92.

［17］ 沈自才. 深空辐射环境及其效应的分析与比较 ［J］. 航天器环境工程, 2010, 27 (3): 313 – 320.

［18］ Reitz G, Schnuer K, Shaw K. Editorial – workshop on radiation exposure of civil aviation ［J］. 1993, 48 (1): 3 – 3.

［19］ Durante M, Cucinotta F A. Physical basis of radiation protection in space travel ［J］. Reviews of Modern Physics, 2011, 83 (4): 1245 – 1281.

［20］ Bernabeu J, Casanova I. Geant4 – based radiation hazard assessment for human exploration missions ［J］. Advances in Space Research, 2007, 40 (9): 1368 – 1380.

［21］ Martinez L M, Kingston J. Space radiation analysis: radiation effects and particle interaction outside the Earth's magnetosphere using GRAS and EANT4 [J]. Acta Astronautica, 2012, 72: 156 – 164.

[22] Luo P, Zhang X, Fu S, et al. First measurements of low – energy cosmic rays on the surface of the lunar farside from Chang'E – 4 mission [J]. Sci Adv, 2022, 8 (2): 1760.

[23] Atwell W. Radiation environments for deep – Space missions and exposure estimates [C]. Aiaa Space Conference & Exposition, 2006.

[24] Tripathi R K, Wilson J W, Joshi R P. Mars radiation risk assessment and shielding design for long – term exposure to ionizing space radiation [C]. Aerospace Conference, IEEE, 2006.

[25] Podgorsak E B. Radiation physics for medical physicists [M]. Berlin: Springer, 2006.

[26] Henriksen T. Radiation and health [M]. London: Taylerg &. Francis, 2004.

[27] Saha G. Physics and radiobiology of nuclear medicine [M]. Berlin: Springer, 2000.

[28] Amaldi U, Gerhard Kraft G. Recent applications of Synchrotrons in cancer therapy with carbon ions [J]. Europhysics News, 2005, 36 (4): 114 – 118.

[29] ICRP. ICRP 2007 新建议书 [M]. 北京: 原子能出版社, 2008.

[30] 孙亮, 李士骏. 电离辐射剂量学基础 [M]. 北京: 中国原子能出版社, 2014.

[31] ICRU. ICRU Report No. 60 Fundamental quantities and units for ionizing radiation [R]. ICRU, 1998.

[32] 丰俊东, 骆益宙, 周浩, 等. 空间辐射致中枢神经系统损伤与辐射防护 [J]. 辐射研究与辐射工艺学报, 2020, 38 (6): 10.

[33] 邢星河, 赵亚丽, 鲁维, 等. 基于 ICRU 模型的辐射剂量计算 [J]. 国际航空航天科学, 2020, 8 (4): 125 – 133.

[34] 周立栋, 孙永卫, 蒙志成. 复杂太空环境对航天器的影响 [J]. 飞航导弹, 2017 (7): 5.

[35] 郑文忠, 唐明华, 李从裕, 等. 用于微剂量测量的圆柱型无壁组织等效正比

计数器［J］. 辐射防护, 1986, 6（3）：3 – 11.

[36] 张伟华, 王志强. 组织等效正比计数器的测量原理和方法［J］. 计量研究, 2008, 3（2008）：47 – 56.

[37] 祁章年. 载人航天的辐射防护与检测［M］. 北京：国防工业出版社, 2000.

[38] 黄三玻. 空间中子辐射监测正比计数器模拟与实验［D］. 南京：南京航空航天大学, 2012.

[39] 石苗. 空间站航天员关键器官辐射剂量学研究［D］. 南京：南京航空航天大学, 2013.

[40] 沈自才, 夏彦, 杨艳斌, 等. 航天器空间辐射防护材料与防护结构［J］. 宇航材料工艺, 2020, 50（2）：7.

[41] ICRP. Assessment of radiation exposure of astronauts in space, ICRP Publication 12［R］. Amsterdam：Elsevier, 2013.

[42] Reitz G, Berger T, Matthiae D. Radiation exposure in the moon environment［J］. Planetary & Space Science, 2012, 74（1）：78 – 83.

[43] Matthiae D, Berger T, Reitz G. Organ shielding and doses in low – earth orbit calculated for spherical and anthropomorphic phantoms［J］. Advances in Space Research, 2013, 52（3）：528 – 535.

[44] 戴天缘. 基于微剂量学及纳剂量学的离子束相对生物学效应研究［D］. 北京：中国科学院大学, 2020.

[45] 容超凡, 陈军, 王志强, 等. 空间辐射剂量学浅谈［J］. 辐射防护通讯, 2004, 24（1）：6.

[46] 张斌全, 余庆龙, 梁金宝, 等. 航天员受银河宇宙线辐射的剂量计算［J］. 北京航空航天大学学报, 2015, 41（11）：2044 – 2051.

第 3 章
（屈卫卫） 空间辐射测量方法

空间辐射场是一个复杂的混合辐射场，主要包括空间的带电粒子（银河宇宙射线 GCR、太阳粒子事件 SPE、太阳风等离子体和磁层粒子等）、空间 X 射线、γ 射线和空间中性粒子（太阳中子和大气中子等）。卫星、载人航天器、生物体等在近地轨道、行星际空间执行任务时，高能带电粒子、光子、中子与航天器舱壁材料反应又将产生次级带电粒子和中子，从而在舱内形成一个复杂的混合辐射场，该辐射场随着航天器的运行轨道及飞行姿态而不断变化。

辐射粒子的输运、测量以及对数据的诠释对辐射生物学效应研究具有非常重要的意义。空间辐射测量包括对航天器或者外部环境的评估，航天服内部环境的评估以及通过个人剂量计对航天员脏器或组织受照剂量的测定。为了更准确地评估空间辐射对于人体组织或器官的生物学危害，简单吸收剂量测量是不够的。

对地面从事辐射相关职业人员进行个人剂量监测，以确保其所受辐照量低于法定剂量限值，该剂量限值通常是将辐射风险限制在可接受的水平。一般认为，在远远低于有效剂量限值的情况下，个人当量剂量也可用于评估常规辐射防护中的有效剂量。然而，太空飞行的情况却大不相同。在太空中，特别是在长期飞行任务中，航天员所受的辐射剂量可能远高于地球上职业放射性工作人员的年度剂量限值。因此，获取更精确的剂量和辐照风险信息就显得尤为重要。在规划或实践辐射安全方案时，空间辐射风险评估与航天员受照剂量的测量同等重要。对于任何风险评估，人体的内部剂量信息是必不可少的条件。

■ 3.1　测量方法和测量参数

　　辐射防护中采用的剂量评估方法，通常是针对低剂量范围，限制随机效应发生的可能性并避免人体确定性效应（组织反应）的发生。在地面，特定防护量是指器官或组织中的当量剂量 H_T 和有效剂量 E。由于空间辐射环境情况的特殊性，则用器官或组织中的平均吸收剂量 D_T 和当量剂量 $H_{T,Q}$ 替代。在较高剂量下可能发生确定性效应时，需要考虑不同权重的吸收剂量。在这种情况下，需要基于辐射场成分信息以及所涉及的不同类型粒子的 RBE 值确定平均 RBE 值。此外，生物剂量计也可以发挥重要作用。对航天员进行的生物标志物检测可以确认其他剂量学方法的准确性。

　　近地轨道（LEO）航天器外部的辐射环境包含电子、正电子、中子、质子和所有稳定的原子核（$Z \leqslant 82$）。粒子的能量范围非常宽，既包含能量为几个 eV 的俘获电子、热中子，也包含能量到 1×10^{14} MeV 的 GCR。大多数电子由于其重量轻的物理特性并不能穿透航天器舱壁材料，但可以穿透执行舱外任务的舱外航天服，从而给皮肤和眼晶状体带来伤害。质子、中子和重离子与航天器、航天服、地球大气层以及人体组织的核相互作用会产生次级粒子，从而增加了辐射场的复杂性。辐射测量的方式会随着粒子类型、能量分布和测量位置（航天器内部或外部，舱外航天服内部）的不同而变化。辐射环境可以分为以下几类：

- 俘获带电子；
- 俘获带质子（<10 MeV）不能穿透航天器舱壁或舱外航天服；
- 质子和轻带电粒子（>10 MeV），在航天器的内部和外部；
- GCR 和次级光子，在航天器的内部和外部；
- 次级带电粒子，在航天器内部；
- 中子，在航天器的内部、外部以及月表等星体表面。

外部辐射场的变化会导致每种辐射成分（包括次级辐射）在不同位置对器官和组织吸收剂量和当量剂量变化之外，还会随着航天器内部物质的质量分布以及舱外航天服的构造变化而变化。

　　人体器官和组织中的平均吸收剂量和当量剂量通常无法直接测量，而是采用一些近似的方法进行估算，包括：①基于粒子的种类、能量分布以及相应位置的辐射场粒子注量分布，配合辐射权重因子和器官权重因子获取有效剂量信息；②用航天器外或者航天员所在位置的辐射能量和注量分布，通过粒子的输运计算直接评估所需位置的组织、器官吸收剂量和当量剂量；③测量相关位置的人员吸收剂量或当量剂量，并通过仿真人体模型的计算得到。

空间辐射环境测量的主要目的是提供辐射场的粒子类型、注量、微剂量、吸收剂量以及通过各种探测器测得的积分和微分型当量剂量谱（随时间、传能线密度、能量或方向等）等辐射场数据。从个人监测角度，需要这些数据来确定吸收剂量和当量剂量。航天员佩戴的个人剂量计，其测量的吸收剂量和当量剂量值可以用于估计相邻组织中某个点的吸收剂量 D 和当量剂量 H 值，也可以结合上述物理量，用于深部器官和组织的吸收剂量或当量剂量的估算。空间环境监测提供的辐射场数据可以作为某些计算的输入量，从而估算出组织、器官的剂量，甚至可以直接用于评估航天员的个人风险。可以通过吸收剂量 D、吸收剂量 D 随着传能线密度 L 的分布 D_L，或当量剂量 H 的测量来实现。它还可以通过提供测量值以支撑飞行中剂量记录、剂量管理和任务剂量优化等操作。

空间辐射探测器测量特定的参数，包括：①粒子类型、能量分布以及注量分布；②探测介质内沉积的能量；③其他剂量学量，例如传能线密度 L、线能 y 等。此外，还包括探测器响应的校准数据（例如，某一特定能量和类型的射线在水中的吸收剂量）。

目前进行辐射环境测量的包括主动和被动探测器。主动探测器具有时间分辨能力，可识别辐射场随时间的变化。探测器的报警或预警功能可支撑飞行中剂量管理和优化操作的实施。被动探测器则可在较长时间间隔内提供辐射场积分信息，常见的被动探测器的物理、化学性质十分稳定，体积小且无须供电。对于用于空间辐射测量所需的探测器，必须具备以下条件：①具有确切的响应特性和校准数据；②测量中涉及的物理模型具有准确的描述；③已知的不确定度。选择性放置的主动和被动探测器可以进行辐射监测以及验证通过计算得到的内部环境信息。粒子谱仪可以为剂量探测装置的传输因子和响应函数的反演提供数据，也可以评估计算值和剂量学测量的不确定性。主动和被动探测器都可用于吸收剂量、吸收剂量随着 LET 分布以及当量剂量的测量。

太阳活动周期对空间辐射场瞬时和长期变化起决定性作用，这种变化包含成分、粒子注量、能量及其方向分布，因此，在空间辐射测量中，能量和位置分辨高的探测器必不可少。此外，主动探测器的时间分辨性能可以获取俘获带粒子、太阳质子事件以及银河宇宙线随时间的相对强度变化。

空间环境不同于地球表面的任何环境，尽可能地了解这个环境，有利于人们探索和利用空间世界。空间辐射环境一方面对航天活动提出了严峻挑战，给航天员的身体健康带来严重威胁；另一方面，空间辐射又可以用来为人类社会谋福利，利用空间环境可开展诱变育种、微生物改性或生物制药等。而上述的两个方面，都需要对空间辐射环境进行探测、研究。

空间辐射环境测量的目的是确定个体辐照剂量、监测辐射环境的变化并进行实践的优化。放置在航天器内外的探测器可以测量航天器的初级辐射场，如银河宇宙线、俘获带粒子辐射和太阳质子事件及其初级辐射引起的次级辐射场。这些来自舱外的数据可以修正辐射输运程序的输入量，以确定航天器或空间站内的辐射场信息，从而减少剂量估算的不确定性。为了对舱外辐射环境的瞬时变化进行监测，可采用电离室或其他主动探测器。

■ 3.2　空间辐射探测物理机制

探测空间带电粒子的基本原理是依据带电粒子与物质的相互作用进行间接探测。其基本流程是入射粒子与探测器物质相互作用→电离能量损失→变成电脉冲信号→测量信号幅度和到达时间→从测量值推断入射物理量的值。

3.2.1　带电粒子与物质相互作用

带电粒子入射到航天器材料、探测器材料或者生物体后，其能量也逐步被上述材料吸收。高能带电粒子能够击穿航天器表面的结构材料，进入航天器内部，对内部的仪器设备构成威胁，对航天员健康产生影响，航天器表面的材料也吸收了它的一部分能量。而较低能量的带电粒子不能穿透航天器表面的结构材料。材料吸收能量后，内部原子会出现激发、电离等状态，改变其微观结构，从而使其材料性能发生变化、细胞或组织发生改变。对射线与物质相互作用的讨论，能够加深对辐射探测、放射生物学效应的理解。

1. 作用方式

具有一定能量的带电粒子入射到靶物质中时，带电粒子与其路径上靶物质的原子核或电子会发生库仑相互作用，从而把一部分动能转移给靶物质的电子或原子核而逐步损失能量，最终停止在靶物质中，这个过程称为慢化过程。在慢化过程中，带电粒子在靶物质中的能量损失和角度偏转是入射带电粒子与靶物质中的电子和原子核发生各种相互作用的结果。碰撞过程主要有以下 4 种：一是带电粒子与靶原子的核外电子发生非弹性碰撞；二是带电粒子与靶原子核发生非弹性碰撞；三是带电粒子与靶原子核发生弹性碰撞；四是带电粒子与靶原子的核外电子发生弹性碰撞。

1）带电粒子与靶原子的核外电子的非弹性碰撞

当入射带电粒子从靶原子附近掠过，靶原子的核外电子因受库仑力作用而受到吸引或排斥，从而获得一部分能量。当核外电子获得的能量大于所在轨道的结合能时，就会脱离原子核的束缚而逃脱，成为一个自由电子，同时原子成为正离子，形成靶原子电离，如果电离过程中发射出的电子具有足够高的动能，它还可以与靶原子的其他核外电子发生库仑相互作用而导致电离，称为二次电离，二次电离占总电离的 60%～80%。如果电离过程中被电离的是内层电子，相应的能级会产生空位，这时外层电子向该壳层跃迁，还会发射出相应的特征 X 射线或俄歇电子。

如果核外电子在库仑力相互作用中获得的动能较小，不足以被电离，但有可能从原来较低的能级跃迁到较高的能级，从而使原子处于激发状态，这种过程称为电离。处于激发态的原子是不稳定的，会通过跃迁返回基态，称为退激过程，退激过程中会释放出可见光或紫外光，这就是受激原子的发光现象。

入射带电粒子与原子的核外电子之间的非弹性碰撞所引起的能量损失，是带电粒子穿过物质时损失能量的主要方式，由于该碰撞过程导致靶原子的电离或激发，所以这种能量损失又称为电离损失；从靶物质对入射粒子的阻止作用角度，也可称为电子阻止。

2）带电粒子与靶原子核的非弹性碰撞

当入射带电粒子到达靶原子核的库仑场时，其库仑力会使入射粒子的速度和方向发生变化，伴随着这种运动状态的改变会产生轫致辐射，由此造成的入射粒子的能量损失称为辐射损失。α 粒子及更重的带电粒子由于其质量较大，与靶核碰撞后运动状态改变不大，辐射损失比电离损失要小；β 粒子由于质量较小，与靶核库仑相互作用后其运动状态改变显著，因此辐射损失是质量较小带电粒子能量损失的一种重要方式。

3）带电粒子与靶原子核的弹性碰撞

带电粒子与靶原子核发生库仑相互作用而改变其运动速度和方向，但不辐射光子，也不激发原子核，碰撞前后保持动量守恒和总能量守恒，入射粒子损失能量，造成靶原子核反冲，入射粒子可以多次与靶原子核发生这种弹性碰撞，造成能量损失，同时反冲的靶原子核如果能量较高，也可以与其他原子核碰撞，这种级联碰撞可以造成靶物质的辐射损失，从靶物质对入射粒子的阻止作用角度，这种作用过程也称为核阻止，核阻止作用仅在入射带电粒子能量很低或入射粒子质量很大时，才会出现能量损失的情况。β 粒子由于质量小而与靶核发生弹性碰撞时偏转较大，因此粒子穿透物质时散射现象严重。

4）带电粒子与靶原子核外电子的弹性碰撞

入射粒子与核外电子发生库仑相互作用，碰撞前后的能量和动量守恒，入射粒子将很小的一部分能量转移给靶原子的核外电子，但不足以改变核外电子的能量状况。这种相互作用可以看成入射粒子与整个靶原子的相互作用，只有在能量小于 100 eV 的低能 β 粒子与物质相互作用时，才会发生这种弹性碰撞。

2. 重带电粒子与物质的相互作用

带电粒子穿过物质时，通过各种相互作用逐渐损失能量，直至最后能量全部损失而被物质吸收或穿透物质，这时可以用阻止本领来表示带电粒子在材料中能量的损失。

阻止本领是指带电粒子通过单位路径时的能量损失，用（$-\mathrm{d}E/\mathrm{d}x$）来表示。因此，阻止本领与带电粒子的种类、能量和靶原子的性质有关。

重带电粒子与物质的相互作用，其能量损失主要是与靶原子的核外电子的非弹性碰撞而导致电子被激发或电离的电离损失。而与原子核发生弹性碰撞引起的能量损失只有当入射重带电粒子速度很低时才考虑。通常可以忽略。

单位路程上的能量损失或阻止本领：

一个速度为 v、电荷 ze 的带电粒子穿过由原子序数 Z 的元素组成的纯阻止介质时，由于与介质原子核外电子发生非弹性碰撞，经过单位路程后的能量损失或称阻止本领为（以 MeV/cm 或 MeV/（mg/cm^2）为单位）：

$$-\frac{dE}{dx} = \frac{4\pi z^2 e^4 ZN}{m_0 v^2}\left[\ln\left(\frac{2m_0 v^2}{I}\right) - \ln(1-\beta^2) - \beta^2\right] \tag{3.1}$$

式中，m_0 为电子静止质量；$\beta = v/c$，c 为光速；N 为阻止介质中单位体积的原子数目；I 为介质原子的平均电离电势，代表该原子中各壳层电子的激发和电离能之平均值。以 eV 为单位可近似表示为 $I \approx 9.1Z(1+1.9Z^{-2/3})$。方括号中第二、三两项是相对论修正项，其结果是使 $-dE/dx$ 随带电粒子速度增加而减少到极小值之后，又重新随速度增加而增加。这就是著名的贝特 - 布洛赫（Bethe - Block）公式。

根据式（3.1），可以得到具有实际应用价值的规律。

（1）同种入射粒子在不同阻止介质中，其 $-dE/dx$ 与阻止介质的电子密度 NZ 成正比。高原子序数、高密度的阻止介质对同一带电粒子有更大的阻止本领。

（2）质子、α 粒子等重带电粒子在介质中的阻止本领与其质量无关（这是因为入射粒子质量远大于电子静止质量），而只与其速度相关。在忽略只随速度缓慢变化的方括号的修正项时，$-dE/dx$ 与 $1/v^2$ 成正比。两种不同质量的入射粒子，只要它们的速度相同，所带电荷相同，在同一阻止介质中的阻止本领相同。例如 1 MeV 质子与 2 MeV 氘具有相同的阻止本领。

（3）带电粒子在介质中的阻止本领与其所带电荷数 z 的平方成正比。α 粒子在介质中阻止本领等于相同速度质子阻止本领的 4 倍。说明相同能量质子具有比 α 粒子更强的穿透能力。

利用上面规律，知道带电粒子 $z_1 e$，E_1/m_1 在某种阻止介质中的阻止本领值后，可以方便地推得另一带电粒子 $z_2 e$，E_2/m_2 在同一介质中的阻止本领值。

$$\frac{(-dE/dx)_1}{(-dE/dx)_2} = \frac{z_1^2 \cdot v_2^2}{z_2^2 \cdot v_1^2} = \frac{z_1^2 E_2/m_2}{z_2^2 E_1/m_1} \tag{3.2}$$

如果把从低能到高能的重带电粒子的阻止本领与入射能量 E 的关系，画成图 3.1 所示的曲线，可以看到在不同的粒子能量区域 $-dE/dx$ 的变化情况。在对应于曲线 b 这一能区（每个核子的能量为 0.2~20 MeV），式（3.1）中第一个因子的影响占优势，方括号中第一项缓慢变化，其他两项均较小，可忽略。所以，粗略地讲 $-\mathrm{d}E/\mathrm{d}x \propto 1/E$，即阻止本领随入射粒子能量增加而减小。这种行为可以这样来说明：粒子碰撞时，动量的转移与带电粒子和电子的作用时间有关。带电粒子越慢，掠过电子附近的时间就越长，电子获得的动量也就越大，因此，入射粒子的能量损失率就越大。在这能量区域中，当粒子速度变低时，由于内层电子对 $-\mathrm{d}E/\mathrm{d}x$ 无贡献和入射粒子俘获电子的概率增加，它的有效电荷减少，使得曲线随能量的减小而上升变慢（$-\mathrm{d}E/\mathrm{d}x$ 增加很少），甚至到达一定能量时，$-\mathrm{d}E/\mathrm{d}x$ 反而随能量减少而减小，$-\mathrm{d}E/\mathrm{d}x$ 曲线在靠近 $500I$ 的能量处有一最大值。许多文献中给出这最大值出现在粒子速度为 $v_0 z^{2/3}$ 附近（$v \approx 3v_0 z^{2/3}$），这里 v_0 为玻尔速度。对 α 粒子，最大值出现在 $0.6 \sim 1.0$ MeV。式（3.1）仅适用于在这最大值以上的能区。在对应于图中曲线的 c 这一高能区（每个核子能量大于 20 MeV，$v \to c$），相对论项起作用，使阻止本领缓慢上升，在小于 $3mc^2$ 附近的能量处有一宽的极小值。而在低能区（每个核子能量小于 0.2 MeV），对电离能量损失有贡献的电子数目更少，壳修正量太大；同时，入射粒子俘获电子概率增大，粒子的有效电荷减少，这区域中的 $-\mathrm{d}E/\mathrm{d}x$ 与 v 成正比，曲线很迅速地往原点方向下降。这就是图中曲线的 a 区域。阻止本领公式（3.1）在此能区（包括在靠近曲线的极大值附近）不适用，对于这个能区的阻止本领要用另外的公式来描述。

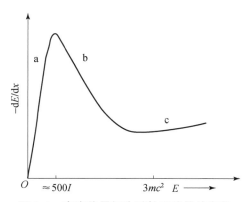

图 3.1　电离能量损失随粒子能量的变化

3. 电子与物质的相互作用

由于电子质量小、速度快，与靶原子作用时，其能量损失与运行轨迹与质子和重离子有所不同，主要为电离能量损失和辐射能量损失。

在低能时，速度为 v 的入射电子与靶原子的核外电子的非弹性碰撞所引起的能量损失率（阻止本领）如式（3.3）。

$$-\frac{\mathrm{d}E}{\mathrm{d}x}=\frac{4\pi e^4}{m_0 v^2}NZ\left[\ln\frac{2m_0 v^2}{I}-1.2329\right] \tag{3.3}$$

入射电子能量较高时，应该考虑相对论效应，修正后的电子阻止本领如式（3.4）。

$$-\mathrm{d}E/\mathrm{d}x=\frac{2\pi e^4 ZN}{m_0 v^2}\left[\ln\frac{m_0 v^2 E}{2I^2(1-\beta^2)}-\ln 2(2\sqrt{1-\beta^2}-1+\beta^2)+(1-\beta^2)+\frac{1}{8}(1-\sqrt{1-\beta^2})^2\right]$$

$$\tag{3.4}$$

式中，E 为入射电子的动能，即总能量和静止能量之差。

带电粒子受到阻止介质原子核的库仑相互作用，会发生速度变化而发射电磁辐射，按照经典电磁理论，单位时间内发射电磁辐射能量正比于其获得的加速度平方 $(Z/m)^2$。由于电子质量比质子等重带电粒子小三个量级以上，如果重带电粒子穿透阻止介质时的辐射能量损失可以忽略的话，电子产生的辐射能量损失是不能不予以考虑的。根据 R. D. Evans 电子在介质中穿透单位路程，辐射能量损失如式（3.5）。

$$(-\mathrm{d}E/\mathrm{d}x)_\mathrm{r}\approx Z^2 N(E+m_0 c^2) \tag{3.5}$$

式中，$m_0 c^2$ 和 E 分别为电子的静止质量能量和动能。可以近似认为，它随电子能量增高而线性增加，与阻止介质的原子序数平方成正比，辐射能量损失与电离能量损失之比如式（3.6）。

$$\frac{(\mathrm{d}E/\mathrm{d}x)_\mathrm{r}}{(\mathrm{d}E/\mathrm{d}x)_\mathrm{e}}\approx\frac{EZ}{700} \tag{3.6}$$

式中，E 的单位为 MeV，可见对于 9 MeV 电子，在阻止介质铅中，两种能量损失机制的贡献变得大致相同，差不多都为 1.45 keV/μm，对于能量大于 9 MeV 的电子，在铅中的辐射能量损失迅速变成主要的能量损失方式。

上面讨论的带电粒子穿过物质时发射电磁辐射的现象，实际只是韧致辐射。现在已经知道，带电粒子穿过介质时会使原子发生暂时极化。当这些原子退极化时也会发射电磁辐射，其波长在可见光范围，这种辐射称为契仑科夫辐射。

3. 2. 2　γ 射线与物质相互作用

γ 射线和 X 射线分别起源于原子核能量变化过程和原子核外电子能量状态变化过程。连同正负电子结合发生的湮没辐射以及运动电子被阻止产生的轫致辐射，一起构成一种重要的核辐射类别——电磁辐射。它们都由具有能量 E 的光子组成，$E = hv = hc/\lambda$，h 为普朗克常量，c 为光速，v 和 λ 分别是电磁辐射波频率和波长。从与物质相互作用的角度看，它们的性质并不因其起源不同而异，而仅仅决定于其组成的光子的能量。

γ 射线与物质相互作用机制显著不同于带电粒子，正如前面所讨论的那样，带电粒子与物质相互作用机制是通过与介质原子核和核外电子的库仑相互作用，在沿其运动路径上经过多次碰撞而逐渐损失其能量。γ 光子则是通过与介质原子或核外电子的单次作用，损失很大一部分能量或完全被吸收。γ 射线与物质相互作用主要有三种机制，即光电效应、康普顿散射和电子 – 正电子对产生，其物理机制如第 2 章所述。尽管还有其他的一些机制，如瑞利（Rayleigh）散射、光核反应等，但在通常情况下它们的截面相对要小得多。

3. 2. 3　中子与物质相互作用

由于不带电荷，中子几乎不能和原子的电子相互作用，因而不能直接使物质电离，需要通过物质相互作用产生的次级粒子使物质电离，中子的能量在物质中转变为质子、α 粒子、重反冲核及 γ 光子等次级粒子的能量。因此，次级粒子的多样化为中子与物质相互作用的特点之一。中子与物质相互作用的另一特点是只与原子核相互作用，而不与壳层电子作用。

中子与原子核作用方式包括弹性碰撞、非弹性碰撞和俘获 3 种方式。在弹性碰撞中，原子核像一个刚性球体而受到撞击，中子则偏离原来的轨道。受撞击的原子核通过电离和激发而损失能量。根据机械碰撞原理，中子在冲击氢原子核时，能量损失最大；而与重物质相撞击，当中子的能量尚未减弱到某一值时，中子将在物质中飞行较大的距离，并进行大量的碰撞。因此，可以采用质量小、含氢原子较多的材料来防护中子。

在非弹性碰撞中，中子的一部分能量损耗在原子核的激发上，因此，非弹性碰撞较弹性碰撞损耗能量多。受到中子非弹性碰撞的受激核直接发射光子，从而转入基态。非弹性碰撞常常在高能中子与核子数较大的物质相互作用时发生。

中子与物质的相互作用可分为散射和吸收。其中散射可分为弹性散射和非弹性散射，吸收可分为辐射俘获和散裂反应。

1. 散射

弹性散射使中子的一部分能量转变为原子核的动能，中子改变原来的运动方向，而二者的总动能不变。当中子能量不高，与一些轻核物质作用时，弹性散射是主要过程，散射的带电粒子能够被探测器记录，从而间接测量中子。在弹性碰撞中，被中子轰击的原子核越轻，中子转移给它的能量越多。

非弹性散射时，中子的一部分能量用于激发原子核，而被激发的原子核放出光子后又回到基态。在非弹性碰撞中，中子的部分能量变为 γ 辐射能，同样能够被探测器探测。

2. 俘获

原子核吸收中子的过程称为俘获。俘获中子后的原子核呈激发态，进而将发射出光子或带电粒子。对于几个重原子，可能发生核裂变。辐射俘获过程是靶核吸收一个中子，形成一个激发的复合核。当该复合核裂变或者跃迁到基态时，能够发射带电粒子或 γ 光子，从而被探测器探测到。

3. 中子探测方法

在中子探测中，由于中子不带电荷，不能直接被探测，探测中子需借助于中子与原子核发生的相互作用。中子的探测方法主要有以下四类：

（1）核反冲。中子与原子碰撞时，将部分动能传递给反冲核。反冲核可以作为带电粒子被记录，但是能量需要大于 100 keV 才能被探测到，这种方法适用于快中子探测。为了使反冲核有较大的动能，常用选氢反冲核。这类探测器主要有含氢正比管、有机闪烁体和核乳胶等。

（2）核反应。中子与原子核发生核反应后，放出能量较高的带电粒子（如 α 粒子、质子）或 γ 射线，通过记录这些带电粒子或 γ 射线，达到对中子的探测。常用的核素有 ^{3}He、^{6}Li、^{10}B、^{155}Gd 等。

（3）核裂变。中子与易裂变物质发生相互作用使重核发生裂变，可以通过记录裂变产物来探测中子。重核的裂变分为无阈裂变和有阈裂变两种，分别用于探测热中子和快中子。通常选用 ^{233}U、^{235}U、^{239}Pu 裂变材料来探测热中子，选用 ^{232}Th、^{238}U 和 ^{237}Np 裂变材料来探测快中子。

（4）中子活化。部分稳定的核被中子辐照后具有放射性，衰变时放出 β、γ 射线，因此就可以通过测定 β、γ 射线来达到探测中子的目的。

从以上的讨论中，我们可以看出，不同类型的粒子与物质发生相互作用的机制不同，对不同粒子的探测则需要不同的辐射探测装置。

4. 中子探测器主要技术特征

1）探测器效率

探测器效率是探测器探测到的粒子数，与在同一时间间隔内入射到探测器上的该种粒子数的比值。在多数中子探测场景下，希望中子探测器具有较高的探测器效率，并且在多个量级的能量范围内，该效率随能量的变化缓慢。但是不同测量场景中，对探测器效率的要求是不一样的。部分监测中子束入射能谱的实验中，要求探测器的中子吸收不能太高；有些中子测量场景下要求准确知道中子探测器的绝对探测效率；但是对大多数实验来说，知道其相对探测效率，或相对探测效率与能量的关联关系就足够了。快中子探测器应当对慢中子不灵敏，反之亦然，以便减少所感兴趣的能区之外的中子所形成的干扰。

20 世纪 50 年代，用于快中子探测和快中子能谱测量而发现并发展起来的液体闪烁体和塑料有机闪烁体，以及相应的实验方法与实验技术，使快中子物理领域发生了巨大变化。这些有机闪烁体，在较宽的能量响应范围（约 10 keV ~ 100 MeV），探测效率可达 1% ~ 10%，能量分辨率达到 3% ~ 30%（> 100 keV）。

2）时间分辨

当中子探测器的输出信号为脉冲时，时间分辨就是表征探测器输出的两个随机信号互不叠加的能力。测量中，该特性通常通过探测器的某一计数率的死时间修正定量描述。现在，很多中子探测场景使用飞行时间（time of flight，TOF）技术和脉冲中子源来获得高能量分辨，因而要求所使用的中子探测器必须具有较好的时间分辨特性。例如，大于 10 MeV 的快中子要求分辨时间不大于 1 ns；能量小于 1 eV 的中子分辨时间为几微秒量级便已经足够。

3）n/γ 甄别

几乎所有中子探测场景都伴随着 γ 射线。其主要来源为天然放射性、中子源本身、散射和慢化中子的辐射俘获。因此，n/γ 甄别性能是中子探测器的基本特性之一，有些场景它会成为某种中子探测器应用的限制因素。具有 n/γ 脉冲信号幅度分辨特性的探测器，如 BF_3 正比计数管、^3He 正比计数管、$^6LiI(Eu)$ 闪烁体、^6Li 玻璃闪烁体以及掺杂 Li 的 CLYC（$Cs_2LiYCl_6 : Ce$）、CLLB（$Cs_2LiLaBr_6(Ce)$）等新型闪烁晶体，借助于简单的脉冲幅度甄别电子学线路便可提供理想的 n/γ 甄别效果。

人们发现，中子闪烁体给出的中子与 γ 信号脉冲的形状不同，因而发展了脉冲形状甄别（pulse shape discrimination，PSD）技术来实现 n/γ 甄别探测。对于能量为 MeV 级的快中子，有机闪烁体探测器对 γ 辐射的抑制倍数可达 1 000 倍，而中子探测器效率损失很小。对于特种的 ^6Li 玻璃闪烁体，脉冲形状甄别技术可将 γ 压低 90% 左右，而中子效率损失仅约 20%。

4）脉冲幅度分辨与能量分辨

对于带有幅度响应的中子探测器，采用脉冲幅度峰分辨率（也称峰分辨率）这一技术参数来表征其特性。峰分辨率是指探测器的中子脉冲幅度谱中的峰半高全宽（full width half maximum，FWHM）与峰幅度的比值，以百分数表示。具有脉冲幅度峰响应的中子探测器系统，对工作参数的漂移具有良好的承受能力，其绝对探测器效率的测定准确度可达 1% 水平。尽管这类探测器的输出信号峰的幅度难以用于确定被探测中子的能量，但是，现今从中子探测器应用的数量与应用广度来看，BF_3 正比计数管、^3He 正比计数管、$^6LiI(Eu)$ 闪烁体以及裂变室等，却是中子探测的最基本与最主要的手段。

当中子探测器的输出脉冲幅度与被测中子的能量之间有一定的对应关联时，探测器的脉冲幅度微分谱中，对应单能入射中子的脉冲幅度峰的峰幅度分辨率，被称为该探测器对于该中子能量的能量分辨率，常以 R 表示。R 是无量纲的量，以百分数或者千分数表示。一般而言，中子能量分辨率较低，约 10%。

5）灵敏度

中子探测器的灵敏度是入射到探测器的单位中子注量率（通量密度）对应的中子探测器计数率，即，中子探测器的灵敏度是计数率与注量率（通量密度）之比，cps/nv。其中，计数率是探测器输出的脉冲计数率，常用 cps 表示，量纲

为 "s^{-1}"。注量率，其物理意义是每秒穿过 1 cm^2 面积的中子数。中子通量密度表示为 $n(cm^{-2} \cdot s^{-1})$，式中，n 为无量纲的数，表示 "中子数目"。历史上，中子通量密度定义为 1 cm^3 的体积内所含的中子数 (n) [中子数/cm^3] 与中子平均速度 (v)(cm/s) 的乘积，并表示为 "nv"，中子通量密度 "nv" 与 $n(cm^{-2} \cdot s^{-1})$ 是等价的。

■ 3.3　常见的空间辐射探测器

单个探测设备通常无法满足所有辐射场成分剂量学量测量的需求。由于不同粒子对总吸收剂量和当量剂量的相对贡献存在较大差异，无法通过单个分量（或几个分量）确定吸收剂量或当量剂量，也无法通过校正因子确定整个辐射场的吸收剂量或当量剂量。因此，在空间辐射测量中，粒子鉴别显得尤其重要。

3.3.1　粒子鉴别

粒子鉴别往往包含两类内容，一类是粒子性质的甄别，即从若干种粒子中选出某一类进行测量，将其余的剔除，例如中子与 γ 射线之间的甄别。另一类是核素的鉴别，即要测出其原子序数 Z 和质量数 A，并测量其能量等信息。前一类比较容易实现，而后一种较为复杂。粒子甄别的依据主要是粒子在介质中产生的电离密度和射程等的差别。例如，α 粒子与电子相比，α 粒子在介质中产生的电离密度大而射程短。为了减小 β、γ 射线的干扰，α 粒子探测器的灵敏体积一般比较薄，使 α 粒子能在其中形成一个幅度较大的信号，而 β、γ 射线只在其中损失很少的能量，因而形成的信号幅度要小很多。例如，用金硅面垒探测器或者 ZnS(Ag) 闪烁体探测器测量 α 粒子时，用提高电子线路中幅度阈值的方式就可以去掉 β、γ 射线的干扰。测量 γ 射线能谱则需要加厚探测器的入射窗，以阻止 β、α 射线进入探测器的灵敏体积。目前，广泛应用于中子、γ 射线甄别的脉冲形状甄别方法是根据中子产生的反冲质子和 γ 射线产生的次级电子在闪烁体中产生的电离密度的差异，形成了不同的脉冲形状，通过对脉冲的形状进行分析来甄别的。鉴别粒子的方法有很多，例如还能利用粒子飞行一段固定距离所需时间（飞行时间）的差别进行甄别等。不同方法的粒子甄别效果不但与粒子的种类有关，而且与粒子的能量和强度有关，需根据具体情况进行设计。至于对核反应产物的鉴别，需要确定它们的 Z 值和 A 值，所以，粒子鉴别方法也就是测定粒子 Z 值和 A 值的方法。常用的方法有：飞行时间法，可以测量粒子的质量；探测器望远镜方法，可以测定粒子的 MZ^2（M 指粒子的质量，Z 指粒子所带的有效电荷）；磁分析方法，可以确定粒子的 Z^2/M；静电分析可以确定粒子的 Z。对于重带电粒子，它们的质量之间的相对差别较小，所携带的有效电荷不一定等于它们的原子序数，因此，鉴别比较困难，一般需要几种方法结合起来才能精确地鉴别。空间环境测量中常用的方法有：脉冲形状甄别方法和探测器望远镜方法。由于飞行距离的限制，飞行时间方法极少使用，此外，磁分析方法需要借助于磁谱仪，磁谱仪由于质量和体积的限制，在空间应用中也极为罕见。

当无法完全区分粒子类型及性质时，为了简化剂量学量，可以通过 LET（或线能）对射线进行分类，包括低 LET 带电粒子（LET < 10 keV/μm）和高 LET 带电粒子（LET ≥ 10 keV/μm）。高 LET 粒子又可分为高能重离子（$Z > 2$）及其产生的次级碎片，大部分高 LET 粒子是由中子和高能质子的强相互作用产生的。通常，针对不同类别的射线进行单独的剂量测量时，应最大限度地减少响应的重叠，避免"重复计算"。探测设备的选择取决于设备对辐射响应特性（粒子类型、能量等剂量学量）、操作特性（直接测量剂量学量、计算模型输入量，所需精度、剂量管理和优化）可靠性、鲁棒性和可用性等实际应用问题。另一个重要的因素是数据解析时间，尤其是对特定任务的持续时间。对于长期任务，可能需要在航天器上配备用于被动探测器的读出专用设备。

3.3.2　主动探测器

主动探测器可以实现实时或近实时地记录和显示数据。通过对注量率或剂量率进行时间的积分，可以获取注量或剂量的测量。大多数主动探测器可设置开关，以便在特定的环境下，如舱外活动期间和太阳质子事件期间进行操作。主动探测器通常需要供电，可以通过电缆与航天器中的电源模块连接，还可以通过电池供电。

在空间飞行器上使用的主动式探测器主要有几种：组织等效正比计数器等气体探测器、半导体探测器、带电粒子望远镜、Bonner 球谱仪、电子探测器以及主动个人剂量计等。随着技术的进步，主动式探测器正在变得越来越实用：①体积不断减小；②功耗不断下降；③微电子学线路不断改进；④数据存储能力不断提高；⑤不断开发出新的长续航电池。

理想的个人剂量监测仪也应该是主动探测器，实现完整的剂量数据和剂量率随时间变化的存储，能够对辐射场的各种成分进行有效、快速的响应，还可以精确地测量组织的吸收剂量率和当量剂量率。目前，大多数主动个人剂量计主要用于光子和 β 射线辐射场测量。通过测量特定覆盖厚度下组织吸收剂量达到个人剂量监测的目的。但是，主动个人剂量计对高 LET 射线响应特性还无法确定。因此，主动个人剂量计只能用来测量航天器辐射场中的低 LET 成分。对于低 LET 连续辐射场，主动个人剂量计的能量和方向响应特征在大多数情况下能够与被动式剂量计相当，达到较高的测量精度。即便如此，全面研究主动个人剂量计对带电粒子和中子的响应特征也是十分有必要的。像素型探测器也可以用作主动个人剂量计，它能够对粒子的能量沉积分布、入射粒子能量以及电荷量进行测量。像素型探测器需要集成芯片读出，读出芯片将每个像素的信号进行处理。与其他设备一样，像素型探测器在使用之前也必须进行校准。

1. 气体探测器

气体探测器是利用核辐射在气体中发生电离效应的核辐射探测器，其工作介质是气体。它是电离室、正比计数器和盖革 – 弥勒（Geiger – Muller，G – M）计数管等探测器的统称。气体探测器的优点，如制备简单、性能可靠、成本低廉、使用方便等性质，使它至今仍被广泛应用于核辐射探测领域。

1）气体探测器基本原理

（1）气体的电离与激发。

高速运动辐射粒子入射到气体介质时，由于与气体分子的碰撞而逐次损失其能量，最后被完全阻止下来。碰撞导致了气体分子的电离或激发，并在粒子通过的径迹上产生大量的电子 – 离子对。电离过程包括入射粒子直接与气体分子碰撞引起的电离，以及由碰撞击出的高速电子（δ电子）所引起的次级电离。前者产生的离子对数为初电离，后者产生的离子对数称为次电离，初电离和次电离的总和称为总电离。此外，粒子在单位路程上产生的离子对数称为比电离。

带电粒子在气体中产生一对电子 – 离子对所需的平均能量 w 称为电离能。

对于不同能量的同类粒子或不同种类粒子在同一种气体中的电离，其电离能都很接近，大多都在 30 eV 左右。电离能的这种特点决定了总电离 N 与入射粒子能量 E_0 成正比关系，见式（3.7）。

$$N = E_0/w \tag{3.7}$$

例如，^{210}Po 的 α 粒子能量为 5.3 MeV，在空气中的射程为 3.8 cm，空气的电离能约为 34 eV，其总电离 $N = E_0/w = 5.3 \times 10^6/34 = 1.56 \times 10^5$（个）。式（3.7）是通过对总电离的测量来确定粒子能量的依据。

同理，总比电离 S 与电离损失 $-(\mathrm{d}E/\mathrm{d}x)$ 的关系如式（3.8）。

$$S = -(\mathrm{d}E/\mathrm{d}x)/w,$$
$$\mathrm{d}E/\mathrm{d}x \propto mz^2 \tag{3.8}$$

式中，m，z 分别为带电粒子的质量数和电荷数。由此可见，比电离与粒子的性质、能量相关，通过对比电离的测量还可以进行粒子的鉴别。

（2）电子、离子的漂移与扩散。

在工作气体中，电离后生成的电子和离子，除了与做热运动的气体分子碰撞而杂乱运动外，还有两种定向的运动：一种是由于外加电场的加速作用沿电场方向进行漂移，另一种是电子和离子因空间分布不均匀而由密度大的区域向密度小的区域扩散。

（3）离子的收集和电压电流曲线。

气体探测器是利用收集辐射粒子在气体中产生的电离电荷来探测辐射的探测器。因此，气体探测器也就是离子的收集器。它通常是由高压电极和收集电极组成的，最常见的是两个同轴的圆柱形电极，两个电极由绝缘物质隔开并密封于容器内。电极间充满工作气体并外加一定的电压。辐射粒子使电极间的气体发生电离效应，生成的电子和正离子在电场作用下漂移，最后被收集到电极上。电子和正离子生成后，由于静电感应，电极上将产生感生电荷，并且随它们的漂移而变化。于是，在输出回路中形成电离电流，电流的强度决定于被收集的电子－离子对数。

在恒定强度的辐射照射下，外加电压与电离电流的关系如图 3.2 所示，图中为 α、β 和 γ 射线在电离室外加电压与电离电流的关系曲线。曲线明显地分为五个区段：在 Ⅰ 区中，由于复合损失随电压升高而减小，电离电流随电压增大而增加。继续增加电压时复合事件逐渐减小，电流趋向饱和。Ⅱ 区称为饱和区或电离室区，在该区域内离子全部被收集，电流强度等于单位时间产生的原（初）电离电荷数。电压超过 $V_{Ⅱ}$ 以后，电流又上升而进入 Ⅲ 区。此时，电场强度足以使被加速电子进一步产生其他电离，离子对数将倍增至原电离的 $10 \sim 1 \times 10^4$ 倍，这种现象称为气体放大。倍增系数称为气体放大系数，它随工作电压的增大而增大，当电压固定时气体放大系数恒定不变。由于电流正比于原电离的电荷数，所以 Ⅲ 区称为正比区。当电压继续增大时，由于气体放大系数过大，空间离子聚集，抵消了部分场强，使气体放大系数相对减小，此称为空间电荷效应。显然，原电离越大这种影响也越大，此时，气体放大系数不再是恒定的，而与原电离相关，所以 Ⅳ 区称为有限正比区。进入 Ⅴ 区后，倍增更加剧烈，电流猛增，形成了自激放电。此时，电流强度不再与原电离有关，图中的 α、β 和 γ 三曲线重叠。原电离对放电只起"点火"的作用，但每次放电后还必须猝熄，才能作为射线探测器，因此，Ⅴ 区称为盖革 – 米勒区（Geiger – Muller，G – M），工作于该区的探测器称为 G – M 计数器。

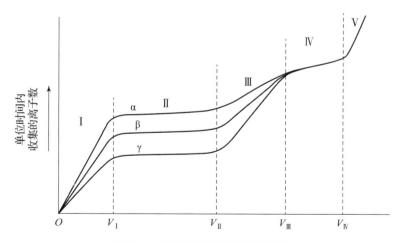

图 3.2　离子收集的电压电流关系

综上可知，电离室、正比计数器和 G – M 计数器的基本结构和组成部分是相似的，只是工作条件不同使性能有差别而适用于不同的场合。

（4）组织等效正比计数器。

组织等效正比计数器（TEPC）是一种低压正比计数器，工作在正比区。依据法诺定理，在给定组成的介质中，受到注量均匀的初级辐射的照射，介质中的次级辐射注量也是均匀的，且与介质的密度以及介质密度从一点到另一点的变化无关。法诺定理成立的条件是辐射与物质相互作用的截面和密度的比值与密度无关，即，带电粒子在介质中穿过单位质量厚度时的作用概率与介质的密度无关。组织等效正比计数器正是依据此定理制作的一种气体探测器。TEPC 探测器壁材料具有较好的组织等效性，专门用于微剂量测量和辐射防护。通过对探测器内填充合适的气体压力以模拟与哺乳动物细胞核相当的体积，即以 cm 尺度的探测器腔室模拟 μm 尺度的人体组织，测定中子或者带电粒子在微观组织介质中的能量转移和沉积。带电粒子经过电离室灵敏区时电离产生的电荷被收集起来，探测器经过校准之后，电信号与腔体中粒子穿过时能量损失正相关。探测器能够逐事件进行数据的采集，便可以得到在一个小单元格上能量沉积的分布。基于已知的外壳材料，通过线能 y 与 LET 相联系，由此表征粒子轨迹上的电离密度和辐射品质。线能 y 是带电粒子在指定体积内穿过时沉积的能量与该体积的平均弦长的比值，$\varepsilon / \bar{l}$，其中，ε 为单个粒子穿过电离室时通过电离沉积的能量，$\bar{l}$ 代表指定体积的平均弦长，是随机射入的带电粒子在 TEPC 腔内的平均路程。为了达到精准测量的目的，还须考虑电离室壁效应以及其他因素对测量结果造成的影响，进行结果的修正。

探测器对光子和中子的响应依赖于相互作用过程中产生的次级带电粒子。产生于壁材料中的次级带电粒子如果能量足够高的话，可穿过探测器腔室，因此，光子和中子响应取决于探测器壁材料。例如，对中子的探测，通常选择 A－150 塑料等组织等效材料。对于入射带电粒子，每个粒子通过探测器腔室都会产生脉冲信号。由于腔室体积的问题，即使单能的入射带电粒子也会得到较宽的线能分布。歧离效应以及壁材料产生的次级带电粒子会使线能 y 的分布更宽。TEPC 可测量的 LET 范围为 0.2～600 keV/μm（对组织）。

$y \cdot f(y)$ 随着 y 的分布，近似于吸收剂量随着 LET 的分布，由此可确定不同结构的探测器测量吸收剂量时的平均品质因子。得到的剂量分布对线能 y 或传能线密度 L 进行积分时，TEPC 可以获得吸收剂量或吸收剂量率。TEPC 获取的数据可以实时显示或存储，这样便于传输到任务控制中心。如果将 TEPC 连接在自动报警系统上，还可在太阳风暴期间警示乘务人员。在实际进行测量之前，需要对

TEPC 进行校准刻度。在常规的微剂量学中，有多种方法可用于 TEPC 的刻度中，如利用单能的 α 粒子进行的单次事件刻度，通过快中子最大反冲质子能量的快中子刻度或者使用软 X 射线进行的刻度。

TEPC 以脉冲模式记录每一个能量沉积事件。阳极丝收集电荷输出脉冲信号，脉冲幅度正比于腔室内的电离事件产生的电荷数。一个低噪声且电荷灵敏的前置放大器将电荷在反馈电容上整合，输出电压信号，电压信号幅度与计数器内产生的电荷数成正比，与电容值成反比。脉冲经过前置放大器后在线性放大器内成型。信号的急剧上升是由于电子在阳极迅速被收集，而缓慢成形部分相对较慢的正离子被阴极收集的贡献。前置放大器应该直接连接到阳极来降低输入电容，确保低电子学噪声。如果前置放大器不能直接连接到阳极，必须用电缆连接时，所用的电缆也要尽量短。脉冲幅度动态范围超过 1×10^5 后，需要将微剂量谱分成两个或者两个以上的区间，采用对数放大器或者将几个不同增益的线性放大器并联使用。

2. 半导体探测器

它的工作原理类似于气体探测器，区别是探测介质是半导体材料。它的主要优点是：

（1）电离辐射在半导体介质中产生一对电子－空穴对平均所需能量大约为在气体中产生一对电子－离子对所需能量的 1/10，即同样能量的带电粒子在半导体中产生的离子对数要比在气体中产生的约多一个量级，因而，电荷数的相对统计涨落就小得多，所以半导体探测器的能量分辨率很高。

（2）带电粒子在半导体中电离，密度要比在一个大气压的气体中形成的高，大约为三个量级，所以当测量高能电子或 γ 射线时，半导体探测器的尺寸要比气体探测器小得多，所以可以制成高空间分辨和快时间响应的探测器。

（3）测量电离辐射的能量时，线性范围比气体探测器更宽。

半导体探测器的主要缺点是：①对辐射损伤较灵敏，受强辐照后性能变差；②常用的锗等半导体探测器，需要在低温条件下工作，甚至要求在低温下保存，在使用上存在不便。即使存在这些缺点，但是半导体探测器由于其极高的能量分辨率等优点仍广泛地应用于各个领域的射线能谱测量。

半导体探测器实际上是一种特殊的 PN 型二极管。根据半导体理论，如在硅晶体中掺入比硅高一价的杂质，如磷，则会使这种有杂质的晶体形成大量参与导电并形成电流的自由电子，这类杂质原子称为施主，这类晶体称为 N 型硅晶体。若在硅晶体中掺入比硅低一价的杂质，如硼，则可以形成大量参与导电并形成电流的空穴，空穴是带正电的载流子，这类杂质原子称为受主，这种由空穴参与导电并形成电流的硅晶体称为 P 型硅晶体。如图 3.3（a）所示，通过特殊的制作工艺，把 P 型晶体和 N 型晶体结合起来，则在结合面两边的一个小区域里，即 PN 结区，N 型晶体一侧由于电子向 P 型晶体扩散而显正电，P 型晶体一侧由于空穴向 N 型晶体扩散而显负电。界面附近呈现的正、负电性统称空间电荷，由于这种空间电荷的存在，在界面两边很小的 PN 结区域里形成静电场和电位差。这很类似于电离室灵敏体积中的情况，两个导电电极之间存在有绝缘层（PN 型中的阻挡层）。当这种探测器受到电离辐射照射时，会产生新的载流子 – 电子和空穴对，如图 3.3（b）所示，在电场作用下，它们很快分离并分别被"拉"到正极和负极，形成脉冲信号。因此有人将半导体探测器称为"固体电离室"。

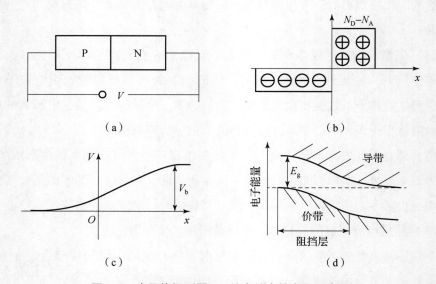

图 3.3　半导体探测器 PN 结合结内静电场示意图

（a）无外置偏压的 PN 结；（b）PN 结的空间电荷分布（N_D 和 N_A 分别表示施主和受主杂质）；

（c）PN 结区的静电场合电位变化（V_b 表示本征位垒）；

（d）载流子在动态平衡状态时的能带示意图（E_g 表示带隙）

为了更好地探测空间中的带电粒子，半导体材料需要具有好的能量分辨率、高的抗辐射性能、快的载流子迁移率以及高的可靠性。高纯锗探测器具有极好的能量分辨率，但是其禁带宽度较窄，一般需要在极低温（－180 ℃）下工作，需要配备额外的冷却系统，无法应用到空间任务中。CdTe 探测器抗辐射性能差，在高剂量下辐射损伤较为严重，导致性能变差，不适用于空间环境探测。CdZnTe 是一种性能优异的室温型探测器，具有较强的抗辐射性能，但是由于电子和空穴的输运特性的差异，所以对电荷收集不完全，产生能谱拖尾等效应，导致能量分辨率变差。Si 半导体探测器具有密度低、漏电流小、体积小以及对带电粒子能量分辨率高等特点，广泛应用于便携式仪器仪表、卫星通信和高能物理实验中。在带电粒子探测等方面，Si 探测器的性能优异。

半导体探测器（厚度为 50～5 000 μm），可以记录带电粒子在探测器灵敏体积内的能量沉积。对于垂直入射并完全穿透探测器灵敏体积的粒子，其能量沉积与探测器厚度之比近似为入射粒子在该材料中的 LET。如果通过探测器的带电粒子来自不同方向，则需要确定其在探测器灵敏体积中的平均路径以获取 LET 分布。因此，单个探测器可以实现带电粒子随 LET 及时间变化的注量分布测量。对上述分布进行积分，可获得探测器材料中质子和较重带电粒子的剂量和剂量率，从而进一步利用转换系数来确定组织、器官中的有效剂量等。

几组半导体探测器组成的望远镜系统，可将辐射响应限制在较小的立体角，既能测量能量沉积又能测量粒子的入射方向。通过对这些数据的整合，可以对探测器材料中的 LET 进行更准确的估计，得到通量随 LET、方向及时间的分布。利用适当的转换系数，还可以用来估算重带电粒子的 D_L（吸收剂量 D 随着传能线密度 L 的分布）。受探测器立体角的限制，这种探测器系统只对来自某一个固定方向的入射粒子有效。

望远镜系统中每个探测器测得的能量损失还可以通过 $\Delta E - E$ 的方法进行粒子的鉴别。达到测量辐射场中每种成分的粒子电荷数、质量数、入射能量进而得到复合辐射场总的能量、注量、时间分布的目的。半导体望远镜系统探测器设置如图 3.4 所示。通过半导体探测器的组合对特定方向粒子的探测，可以更完整地描述航天器内外的复合辐射场信息。

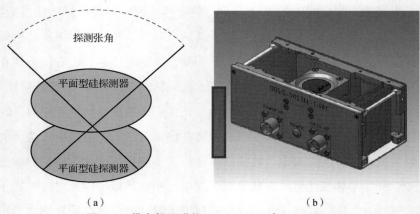

（a）　　　　　　　　　　　（b）

图 3.4　带电粒子谱仪 DOSTEL 示意（DOSTEL

为航天应用设计的专用探测器）（附彩图）

（a）原理；（b）外观

3. 闪烁探测器

核辐射与某些透明物质发生相互作用，会使其发生电离、激发损失能量而发射荧光，闪烁探测器就是利用这一特性来工作的。闪烁探测器由闪烁体、光电倍增管和相应的电子仪器系统三个主要部分组成。闪烁探测器组成的示意如图 3.5所示。

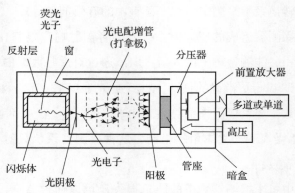

图 3.5　闪烁探测器系统示意

探测器整体封装在避光的壳中，内部最左边是一个对射线灵敏且能产生闪烁光的闪烁体。当射线（例如 γ 射线）进入闪烁体时，在某一位置产生次级电子，它使闪烁体分子发生电离和激发，退激时发出大量光子并且光子向四面八方发射。在闪烁体周围包以反射物质（但有一面要透光），这样能使光子集中向光电倍增管方向射出去。光电倍增管是一个电真空器件，如图 3.6 所示。它由光阴极、若干个打拿极和一个阳极组成。

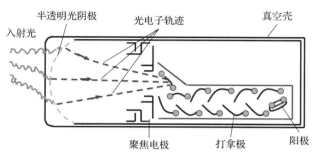

图 3.6　光电倍增管示意图

　　光阴极前有一个玻璃或者石英制成的窗，整个器件外壳为玻璃，各电极由针脚引出。通过高压电源和分压电阻，在阳极—各个打拿极—阴极间建立从高到低的电位分布。当闪烁光子入射到光阴极上时，将发生光电效应产生光电子，这些光电子受极间电场加速和聚焦，打在第一个打拿极上，产生 3~6 个二次电子，这些二次电子在之后各级打拿极上又发生同样的倍增过程，最后在阳极上可接收到 $1 \times 10^4 \sim 1 \times 10^9$ 个电子，所以人们把这种器件称为光电倍增管。大量电子会在阳极负载上建立起电信号，通常为电流脉冲或电压脉冲，然后通过起阻抗匹配作用的射极跟随器，由电缆将信号传输到电子学仪器中去。

　　闪烁体按其化学性质可分为两大类。一类是无机晶体闪烁体。其中一种是含有少量杂质（称为"激活剂"）的无机盐晶体，常用的有碘化钠（铊激活）单晶体，即 NaI(Tl)；碘化铯（铊激活）单晶体，即 CsI(Tl)；硫化锌（银激活）多晶体，即 ZnS(Ag) 等；另一种是玻璃体，如铈激活锂玻璃 $LiO_2 \cdot 2SiO_2(Ce)$；此外，还有不掺杂的纯晶体，如锗酸铋（$Bi_4Ge_3O_{12}$，BGO）、钨酸镉（$CdWO_4$，CWO）和氟化钡（BaF_2）等。另一类是有机闪烁体。它们都是环碳氢化合物，又可分为三种：①有机晶体闪烁体，例如蒽、芪、萘、对联三苯等有机晶体；②有机液体闪烁体，在有机液体溶剂（如甲苯、二甲苯）中溶入少量发光物质（如对联三苯），称为第一发光物质，另外再溶入一些光谱波长转换剂（如 POPOP 化合物），称为第二发光物质，组成有闪烁体性能的液体；③塑料闪烁体，它是在有机液体苯乙烯中加入第一发光物质对联三苯和第二发光物质——

POPOP 后聚合而成的塑料。

4. 复合型探测器系统

在复杂的空间环境中，单一探测器或者某种探测器无法满足测量的需要，因此就需要对多种类型的探测器进行组合，组成复合型探测器系统以满足任务的需要。

阿尔法磁谱仪（Alpha magnetic Spectrometer, AMS）是由美国麻省理工学院设计安装在低地球轨道国际空间站上运行的物理探测器，用于探测太空中的反物质和暗物质。阿尔法磁谱仪携带的探测器包括：穿越辐射探测器（transition radiation detector, TRD），用于鉴别正电子和电子；硅微条探测器，用于带电粒子穿过磁场时运动轨迹的测量，并探测带电粒子的电荷，区分正常物质和反物质；切伦科夫探测器；电磁量热计等。

例如，我国研制的暗物质粒子探测卫星悟空号运行在约 500 km 高度的太阳同步轨道上，是目前国际上观测能段范围最宽、能量分辨率最优的暗物质粒子探测卫星。"悟空"由 4 个探测器组成，分别为塑闪列阵探测器、硅列阵探测器、锗酸铋量能器和中子探测器，其中最核心的部分是 BGO 量能器。自 2015 年 12 月发射以来，已获取了数十亿个粒子事件数据，首次直接测量到电子宇宙射线能谱在约 1.4 TeV 处的拐折，并发现了宇宙线电子在约 1.4 TeV 处存在能谱精细结构等重要的空间天文成果，这些对揭示暗物质粒子存在的证据等科学问题具有重要意义。

我国研制的硬 X 射线调制望远镜卫星慧眼号，运行在 550 km 高度的太阳同步轨道上，是中国首个空间天文望远镜。"慧眼"有效载荷包括高能 X 射线望远镜、中能 X 射线望远镜和低能 X 射线望远镜等。三种望远镜安装在同一个结构上，指向相同，可在不同能段同时观测一个天体。搭载了一台空间环境监测器（space environment monitor, SEM），安装在卫星载荷舱外，监测卫星所处的带电粒子环境，为望远镜的本底估计提供辅助数据。自 2017 年 6 月发射以来，在轨测试期间参与了首个引力波事件电磁对应体观测；已经观测到数十个 γ 暴，发现了大质量 X 射线双星，获取了大量 X 射线源的科学数据并发现了新现象。

我国研制的空间科学（二期）先导专项的首发星——微重力技术实验卫星太极一号是以空间引力波探测所涉及的关键技术验证为任务目标的技术验证星，对空间微重力条件下的超高精度控制和测量技术进行在轨试验验证，迈出了空间引力波探测的第一步，为中国在空间引力波探测领域率先取得突破奠定了基础。

我国研制的引力波暴高能电磁对应体全天监测器，具备全天覆盖、探测能量宽、灵敏度高、定位能力好的特点，全天监测引力波事件的高能电磁对应体和快速射电暴可能的高能辐射，破解宇宙致密天体剧烈并合之谜。单星有效载荷包括 25 个 γ 射线探测器和 8 个荷电粒子探测器。

5. Bonner 球中子能谱仪

中子是由银河宇宙线和高能质子与地球大气层、航天器或航天员发生核相互作用而产生的。这些中子的能谱显现出几个特征峰，这些峰是从入射的银河宇宙线的原子核、航天器材料或航天员组织器官的靶核中通过核反应产生的，如图 3.7 所示。低能端的峰值位于 1 ~ 10 MeV 处，这是由于靶核与银河宇宙线原子核发生相互作用后，通过蒸发产生中子，这个能量的中子具有各向同性的特点。第二个较宽的峰值出现在 100 MeV ~ 1 GeV 处，这是由于通过敲出和级联反应从靶核发射出快中子。在更高的能量下，从银河宇宙线原子核中通过蒸发或敲出以及级联反应能产生更高能量的中子。为了测量由中子相互作用或与高能质子发生的强相互作用产生的高 LET 次级粒子在组织中的吸收剂量和当量剂量，最好使用组织等效性好的探测装置，优异的组织等效性体现在探测介质及壁材料具有与人体组织接近的元素组分。

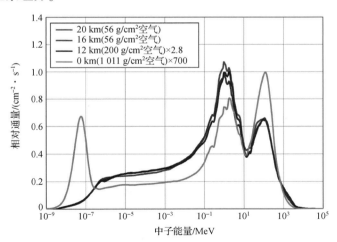

图 3.7　不同轨道的中子的能量通量分布（附彩图）

注：横轴代表中子的能量，纵轴代表中子的通量。不同曲线代表了从地面到大气层不同高度下通过 Bonner 球谱仪在 AIR ER2 任务中测得的中子通量。结果已经与海平面通量进行了归一化。

中子的探测一直是空间辐射测量中的难题之一。虽然中子不是辐射的主要来源，但由于难以屏蔽且辐射权重因子大的特点，有效剂量的测量中中子的贡献不可忽略。据估计，空间辐射总当量剂量中，中子的贡献为 30%～60%。地面上，Bonner 球谱仪是测量中子能谱最常用的探测器之一。

由一组不同大小的 Bonner 球组成的 Bonner 球中子能谱仪非常适合中子注量和中子的能谱分布的测量。地面上，宽能量范围内的快中子常采用慢化的方式，对慢化的中子进行测量。在慢化层中加入重金属，又可以将能量探测范围扩展到更高的能量。Bonner 球谱仪由于质量大且对重带电粒子高度敏感，不适合在航天器中使用。Bonner 球谱仪曾被用于航天飞机（STS）和国际空间站任务中，用来测量能量低于 15 MeV 中子的注量。然而，航天器中也存在能量高于 15 MeV 的高能中子。为了精确监测航天器中中子注量或剂量，必须研发重量轻且对 HZE 粒子敏感性较低的新型探测器。

2001 年 4—11 月，国际空间站上使用日本研制的 Bonner 球谱仪来评估航天器内的中子辐射环境。该仪器包括 6 个直径 2 英寸①的球形 ^{3}He 正比管，其中，3 个 ^{3}He 正比管外包直径分别为 3 cm、5 cm 和 9 cm 的聚乙烯球：1 个 ^{3}He 正比管外包直径 1.5 cm 的聚乙烯球后再包 1mm 厚的钆元素，以消除热中子的影响；1 个 ^{3}He 正比管外包 1 mm 厚的钆；1 个 ^{3}He 正比管为裸管。Bonner 球中子能谱仪的能量测量范围为热中子～15 MeV，测量不确定度约为 15%，通过解谱可以给出中子当量剂量。

6. 电子探测器

电子探测器是一种针对低 LET 射线测量的主动探测器，特别是针对能量低于 1 MeV 的电子。通常，能量低于 1 MeV 的电子在航天器中造成的辐射影响很小，可以不予关注。但是在舱外活动中，几百 keV 以上的电子就可以穿透航天服，因此需要引起关注。在地磁暴期间和之后，由于地磁场的短期扰动，俘获带电子注量率可能会发生几个量级的变化，因此，建议在航天器外部安装一个对电子敏感的主动探测器，作为监测空间辐射环境中电子成分的探测器。电子探测器可采用电离室或固体探测器，基本原理是低能电子在气体介质中的电离作用或在固体介质中产生的电子空穴对。由于电子质量极小，容易发生散射，因此，电子探测器

---

① 1 英寸 = 2.54 cm。

的壁厚相对于低能量的电子来说要足够厚，可以对电子产生强烈衰减，但是相对于可以穿透宇航服的电子来说又要足够薄，以便能够记录穿透宇航服的电子。

7. 主动个人剂量计

主动个人剂量计（active personal dosimeter，APD）可实时显示累积剂量和实时剂量率，可以预设声光报警阈值，可以作为被动剂量计的有效补充，用于日常剂量监测。对于低 LET 连续辐射场，APD 的能量和方向响应特征在大多数情况下能够与被动式剂量计相当，达到较高的测量精度。

在长期的太空任务中，如果不能够使用主动个人剂量计，研发可采用在轨设备读出的被动式剂量计就显得十分重要。目前，核蚀刻径迹探测器的在轨读出设备还不具备可行性，但是用于读出热释光探测器（TLD）和光致发光探测器（OSLD）的在轨读出设备已经投入使用。

3.3.3　被动探测器

被动探测器可用于区域监测和个人剂量监测。单个被动探测器无法实现对空间中全部粒子的能量和注量分布的测量。在仪器或探测器的设计阶段，应针对尽量多的粒子类型达到最佳的性能进行考虑。如：低 LET 带电粒子（LET < 10 keV/μm），包括非电离粒子在探测介质上所产生的粒子；高 LET 带电粒子，包括由中子和质子因强相互作用产生的次级粒子；HZE 粒子。TLD、辐射光致发光（radiophotoluminescence，RPL）玻璃和 OSLD 等被动探测器常用于光子、电子和带电粒子的剂量测量。对于中子剂量测量，塑料核蚀刻径迹探测器（PNTD）适合在中子和重电荷粒子场中进行测量。

在空间辐射环境下，为了将佩戴在人体表面的热释光探测器或核刻蚀径迹探测器获得的当量剂量与人体平均器官吸收剂量或者当量剂量直接联系起来，需建立一套转换系数。然而，由于空间辐射场的复杂性，这项工作变得非常困难。尽管对于银河宇宙线来说这是可行的，但对于俘获带辐射，由于其随时间和位置强烈变化特点，这几乎不可能实现。

在空间应用中，个人剂量测量常常需要结合几种探测器来进行。

1. 荧光探测器

荧光探测器主要包含两类：热释光探测器（主要是 LiF，具有较好的组织等效性) 和光致发光探测器 (主要是 Al_2O_3：C), 用于测量 LET 在 20 keV/μm (组织) 以下的射线剂量。目前使用最多的被动式剂量计是 TLD。TLD 是小的烧结晶片或晶体颗粒, 暴露于辐射后会发光。晶体在被加热时, 原来吸收并储存在晶格缺陷中的电磁辐射或其他电离辐射会以光子的形式释放出来。发射光的强度和材料温度之间的曲线显示出不同的峰值 (发光曲线)。发光曲线的峰值或峰面积正比于吸收剂量乘以某个系数, 这个系数就是为了调整材料中储存的能量与释放的光子数的线性关系。个人剂量测量中常常掺杂不同元素, 实现不同的功能。

TLD 的另一种选择是 RPL 玻璃。RPL 玻璃像 TLD 一样, 入射的电离辐射将能量存储在亚稳态电子能级中。当玻璃在紫外线激光照射下时, 能量以发射光子的形式释放。

OSLD 是相对较新的技术。在 OSLD 中, 储存的能量则通过激光激发并释放出来。针对特定的空间环境, 可以根据每种探测器的特性采用 TLD、RPL 玻璃、OSLD 或类似的剂量计。

在某些特殊情况下需要在轨读取一些被动探测器的剂量, 正常情况下可以在返回地面后进行读取。因此, 发光型剂量计的读数模式需要针对不同场景进行考虑。

目前, TLD、RPL 玻璃和 OSLD 的吸收剂量, 主要利用 ^{137}Cs 或 ^{60}Co 等放射源产生的 γ 射线标准场、在组织或水中的吸收剂量进行校准。对于标准场, 探测器的响应取决于入射粒子沿其径迹的相互作用方式, 因此, 辐射响应与入射粒子的类型相关。TLD、RPL 玻璃和 OSLD 对于 LET < 10 keV/μm 的辐射响应对 LET 的依赖性很小; 但当 LET > 10 keV/μm 时, 随 LET 增大其响应降低, 显现了较强的 LET 依赖, 如图 3.8 所示。

2. 核径迹探测器

为了测量复合辐射场中高 LET 成分, 需要使用 PNTD 或核感光乳剂。带电粒子与探测材料发生相互作用后造成的损伤在适当的化学处理之前或之后, 可以在显微镜下观察到明显的区别。核蚀刻径迹探测器通常对 LET 低于 10 keV/μm (水) 的辐射不敏感 (取决于材料)。使用核蚀刻径迹探测器可测量 LET 高于 10 keV/μm (水) 辐射的吸收剂量 D、D_L (在 L 范围内的平均剂量 D) 和当量剂量 H。通过适当的探测器组合, 如核蚀刻径迹探测器和核感光乳剂组合可以确定带电粒子的类型及其在探测介质中的入射方向, 进而得到探测器所在位置的辐射

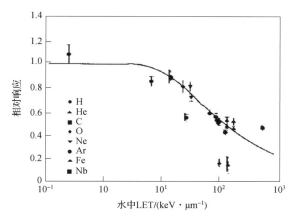

图 3.8　对不同种类粒子 TLD 的相对响应

场信息。对聚烯丙基二甘醇碳酸酯（poly allyl diglycol carbonate，PADC，即 CR－39 探测器）的 LET 响应进行分析，可以得到当 LET 大于 10 keV/μm 的所有带电粒子在组织内小单元内的吸收剂量和当量剂量，如图 3.9 所示。可以通过观察粒子在 PADC 中的射程来区分重带电粒子和中子。采用薄探测器复合技术，或使用薄的 PADC 探测器与电化学或化学蚀刻相结合的方法，可以进一步得到中子的剂量贡献，此外，叠层的 PADC 探测器可用于测定 HZE 粒子的能谱。

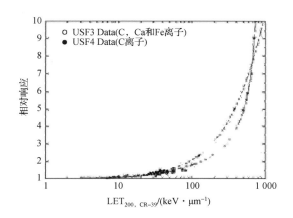

图 3.9　CR－39 核径迹探测器对 LET 的相对响应

3. 过热液滴探测器

过热液滴探测器是由弹性聚合物包裹着许多微小的热态液滴制成的。其原理为：当带电粒子或者中子穿过液滴或在液滴附近时，在液滴或聚合物中产生的核反应产物或反冲核在液滴中发生能量沉积，如果沉积的能量大于气泡胚胎的临界能，气泡胚胎将自发地长大，使过热液体气化，在液滴位置生成肉眼可见的气泡，气泡数目是中子或者带电粒子能量沉积也就是剂量的量度，并且在液滴发生液－气相变的过程中伴随着声音脉冲，而这种声音脉冲可以通过专用的设备检测出来。过热液滴探测器对中子和重带电粒子均有反应，但需要准确校准。

4. 复合探测器系统

测量低 LET 成分的探测器与测量高 LET 成分的探测器的组合可以测量空间中复杂的复合辐射场的当量剂量。对于被动探测器测得的剂量学量，如使用 TLD（或 OSLD）和 PNTD 等方式，航天员身体表面的邻近组织的当量剂量可由式（3.9）确定。

$$H = D_{\mathrm{TLD}} - \int_{L > 10 \ \mathrm{keV}/\mu\mathrm{m}} \eta_{\mathrm{TLD}}(L) D_{L,\mathrm{PNTD}} \mathrm{d}L + \int_{L > 10 \ \mathrm{keV}/\mu\mathrm{m}} Q(L) D_{L,\mathrm{PNTD}} \mathrm{d}L \quad (3.9)$$

式中，D_{TLD} 为 TLD 测得的总吸收剂量（OSLD 同理）；$D_{L,\mathrm{PNTD}}$ 代表在高 LET 范围内（$L > 10 \ \mathrm{keV}/\mu\mathrm{m}$）由 PNTD 测得的吸收剂量随传能线密度 L 的分布；修正项考虑了在 $L > 10 \ \mathrm{keV}/\mu\mathrm{m}$ 时，TLD 的非零响应，$\eta_{\mathrm{TLD}}(L)$ 代表了其在该范围内的相对剂量响应。该修正保证了中间 LET 分量不会被考虑两次（见图 3.10）。因此，低 LET 和高 LET 探测器系统响应对 LET 的依赖性需进行研究，并在响应重叠的范围内进行确认，以避免重复考虑。目前，结合了 TLD 和 PNTD 的探测器系统已被广泛应用于空间任务。此外，将 TEPC 或粒子谱仪与被动方式的剂量测量装置进行结合，能够测量能量沉积，并获得能量沉积随 y 或 L 变化的分布。

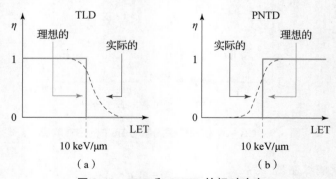

图 3.10　TLD 和 PNTD 的相对响应

（a）TLD；（b）PNTD

■ 3.4　探测器特性和校准

在实验室中进行探测仪器的表征和校准时，必须明确相关的实验条件，如标准辐射源的特性、辐照设施和所使用的转换系数等。如果条件允许，可以在执行任务之前和之后分别进行校准，并将校准结果进行对比，研究长期稳定性。依据的校准参考文件涵盖：第一步，针对一组标准场（辐射能量和角度）需要确定一系列校准因子（或校准系数）；第二步，将这些系数应用到计算过程中，将仪器测得结果转换到所需物理量。

所有仪器在使用前均应经过多次测试。尤其是对在太空中执行任务的仪器，这种仪器通常无法更换，前期测试就显得尤为重要。测试过程中任何异常部分都应详细地进行研究，并查明异常的原因。充分的测试是指确定仪器的性能特征，这包括探测量程、影响因素（如不同类型的粒子）、整个系统的可靠性等。

经过充分验证、测试的仪器，在经过校准程序（确定一组参考条件的单个校准因子或校准系数）时要确保绝对测量的可追溯性。仪器在标准场下校准的结果应确保实验的可重复性。太空任务中需采用无放射源的程序进行校准。此外，探测仪器还应具有可追溯的归一化/校准因子。对于可重复使用的剂量计，应定期进行检查，并在必要时进行调整。

探测器的响应特性可以通过模拟计算或实验测量两种方式来确定。通过蒙特卡罗（Monte Carlo，MC）或其他模拟手段，基于粒子的注量分布及其能量分布可以得到仪器的响应。仪器的能量响应可通过模拟的方式，获得空间辐射场相关的粒子及其能量范围，同样还可以通过模拟获得仪器的角度响应。模拟得到的仪器响应必须在标准辐射场中进行检验。在单个剂量计响应特性的模拟中，应将剂量计放置于仿真体模或标准的替代物上进行照射，以检验模拟结果。如果探测系统由两个或两个以上的探测器组成，最终的结果应充分考虑每个通道的校准系数或响应。

主动及被动探测器对光子、质子、重离子和中子进行测量时，它们应包含：能量至少从 10 MeV 到 1 GeV 的质子，10 MeV/n 到 1GeV/n 的 α 粒子；50 MeV/n 到 1 GeV/n 的重离子，如 C、Si、Fe 等；0.5 ~ 10 MeV 的电子；单能或准单能且能量在 1~400 MeV 的中子；加上 GCR 射线与屏蔽材料相互作用产生的辐射场。所使用的辐射场必须具有良好的特性，并且可以追溯到国家计量院相关标准，或者通过溯源的方式（例如准单能中子场）能够与标准相联系，或者作为国际比对计划的一部分。

对于光子、β 和中子射线，有许多国际标准可以借鉴，涵盖了地面上大多数辐射防护领域的辐射场。而空间辐射探测校准所需要的条件较为复杂。地面上不存在含有高能粒子和大量重离子组成的特定的混合辐射标准场。高能离子加速器可以提供重离子和高能中子辐射场，例如：德国的 GSI，日本的 HIMAC、TIARA、CYRIC 和 RCNP，美国 BNL 的空间辐射实验室，瑞典的 TSL，捷克的 NPI，南非的 iThemba，法国的 NFS，以及瑞士的 CERN。在靶外围设置其他材料时，产生的大量次级粒子可以重现空间中辐射场的成分，用于各种探测器系统的测试。然而，获取这种辐射场的精确参数也是一个非常大的挑战，这就需要对入射的初级粒子及次级粒子的注量率、能量分布和其他散射成分进行精确的测量和计算。使用重离子加速器提供特定种类及注量率的束流可以确定特定探测器对某种重离子的响应。

探测器系统（单个探测器或多个探测器的组合）的剂量学特性与其校准过程密切相关。仪器的响应特性与很多因素有关，如粒子类型、能量分布、射线入射角度等因素的依赖关系等。用于特定粒子探测的仪器也可能对其他类型的粒子产生响应，这就需要在仪器校准时特别注意。

在现代测量仪器中，软件在数据获取过程中的作用越来越重要。相应软件的最终版本应该在校准开始之前完成，计量校准程序间接涵盖了对软件的验证。软件的任何变化都可能使校准结果失效，需要重新进行校准。

参考文献

[1] Marmier P, Sheldon E. Physics of nuclei and particles [M]. Near York：Academic Press Inc, 1969.

[2] ICRU Report 36. International commission on radiation units and measurements

［R］. Bethesda, MD, 1983.

［3］ Menzel H G, Paretzke H G, Booz J. Implementation of dose equivalent meters based on microdosimetric techniques in radiation protection ［J］. Radiat. Prot. Dosim, 1989, 29 （1 –2）: 7.

［4］ Schmitz T, Waker A J, Kliauga P, et al. Design, construction and use of tissue – equivalent proportional counters—EURADOS report ［J］. Radiat. Prot. Dosim, 1995, 61 （4）: 2 –8.

［5］ Reitz G, Beaujean R, Benton E, et al. Space radiation measurements onboard ISS – the DOSMAP experiment ［J］. Radiat. Prot. Dosim, 2005, 116: 374 – 379.

［6］ Beaujean R, Kopp J, Reitz G. Active dosimetry on recent space flights ［J］. Radiat. Prot. Dosim. , 1999, 85: 223 –226.

［7］ Goldhagen P, Clem J M, Wilson J W. The energy spectrum of cosmic ray induced neutrons measured on an airplane over a wide range of altitude and latitude ［J］. Radiat. Prot. Dosim. , 2004, 110: 387 –392.

［8］ Wiegel B, Alevra A V. NEMUS – the PTB neutron multisphere spectrometer: Bonner spheres and more ［J］. Nucl. Instrum. Meth. A. , 2002, 476: 36 –41.

［9］ Matsumoto H, Goka T, Koga K, et al. Real – time measurement of low – energy – range neutron spectra on board the space shuttle STS – 89 （S/MM – 8） ［J］. Radiat. Meas. , 2001, 33: 321 –333.

［10］ Koshiishi H, Matsumoto H, Chishiki A, et al. Evaluation of the neutron radiation environment inside the International Space Station based on the Bonner Ball Neutron Detector experiment ［J］. Radiat. Meas. , 2007, 42: 1510 – 1520.

［11］ Evans H D R, Bühler P, Hajdas W, et al. Results from the ESA SREM monitors and comparison with existing radiation belt models ［J］. Adv. Space Res. , 2008, 42: 1527 –1537.

［12］ Benton E R, Frank A L, Benton E V. Efficiency of ^{7}LiF for doses deposited by high – LET particles ［J］. Radiat. Meas. , 2000, 32: 211 –214.

［13］ Gunther W, Leugner D, Becker E, et al. Energy spectrum of 50 – 250 MeV/nucleon iron nuclei inside the MIR space craft ［J］. Radiat. Meas. , 2002, 35：511 –514.

［14］ Keegan R. LET spectrum generation and proton induced secondary contribution to total dose measured in low – Earth orbit ［D］. Dublin：University College, 1996.

［15］ 汲长松. 核辐射探测器及其实验技术手册 ［M］. 北京：原子能出版社, 1990.

［16］ 复旦大学. 原子核物理实验方法 ［M］. 3 版. 北京：原子能出版社, 1997.

［17］ 汪晓莲, 李澄, 邵明, 等. 粒子探测技术 ［M］. 合肥：中国科学技术大学出版社, 2009.

［18］ ［德］格鲁彭, ［俄］施瓦兹. 粒子探测器 ［M］. 朱永生, 盛华义, 译. 合肥：中国科学技术大学出版社, 2015.

［19］ 沈自才. 空间辐射环境工程 ［M］. 北京：中国宇航出版社, 2013.

第 4 章
空间辐射生物学效应

■ 4.1 对生物大分子的影响 （叶才勇，吴婉仪）

4.1.1 概述

　　航天员进入太空后需要面临各种各样的空间环境胁迫，如来自太阳和银河宇宙射线的辐射环境胁迫，包括少量低 LET 的 X 射线，以及大部分的高 LET 射线（如质子、α粒子和重离子等）。此外，还有非辐射环境胁迫，如低磁场、微重力和昼夜节律等，这些胁迫因子都会通过直接或间接的方式，影响脂质、蛋白质和核酸等生物大分子的生物学功能。

　　电离辐射可直接损伤生物大分子，也可以通过生成自由基，间接导致生物大分子的损伤，而自由基产生被认为是电离辐射导致细胞损伤的主要因素。在电离辐射的高能量作用下，共用电子对发生均裂使两个原子（或者基团）各保留一个配对电子，就形成自由基，而自由基最大的特性为化学不稳定性和高反应性。电离辐射可以直接作用于生物大分子，引起电离和激发事件，从而产生自由基，也可通过作用于生物大分子周围的介质生成水解自由基，这些水解自由基再攻击生物大分子，从而形成生物大分子自由基。生物大分子自由基生成后会迅速引起化学反应，由自由基不配对的电子相互配对或将不配对的电子转移给另一个分子，造成分子化学键破坏，导致生物分子受损。自由基反应是一个连锁过程，新生成的自由基，继续和原反应物起反应，从而诱发对生物大分子的持续性损伤。

空间辐射环境极其复杂，其中的粒子辐射除了通过电离产生自由基，在粒子入射径迹上还伴随能量和质量的沉积，诱导 DNA 团簇损伤，这种损伤更难被细胞修复，诱发更严重的基因组不稳定、更高比率的微核产生和基因突变等，从而导致细胞死亡或恶性转变。

4.1.2　辐射与自由基的产生

电离辐射诱导多种形式的自由基产生，包括以氧、碳、氮和硫等为中心的自由基，它们都可以直接损伤生物大分子。γ 射线作用于细胞内水分子将迅速生成活性氧自由基（reactive oxygen species，ROS），包括羟基自由基（$\cdot OH$）、电离水（H_2O^+）、氢自由基（$H\cdot$）和水合电子（e_{aq}^-）等。在电离辐射水解产物中，$\cdot OH$ 是最有害的，对核酸分子的破坏性尤其大。在皮秒时间内，超氧化物（$O_2^-\cdot$）与过氧化氢（H_2O_2）形成电离辐射的次级活性氧产物，发生化学级联反应，产生对细胞有害的分子。例如，细胞内的金属亚铁离子和亚铜离子将 $O_2^-\cdot$ 和 H_2O_2 转化为额外的 $\cdot OH$，同时 $O_2^-\cdot$ 也可以和内源性一氧化氮（$\cdot NO$）结合形成过氧亚硝酸盐阴离子（$ONOO^-$），该物质的不断累积，与过氧亚硝酸（$ONOOH$）、二氧化氮（NO_2）、三氧化二氮（N_2O_3）等组成活性氮自由基（reactive nitrogen species，RNS）。在许多情况下，反应产物与生物分子的反应比其前体物质更强，因此 ROS 和 RNS 的额外生成对细胞尤其有害。

电离辐射对细胞损伤具有时空效应，从时间尺度看，可以分为物理反应阶段、物理－化学阶段、化学阶段和生物学效应阶段。首先，在 $1\times10^{-14}\sim1\times10^{-12}$ s 内，辐射直接导致 S—H、O—H、N—H 和 C—H 键的断裂，比如水的电离产物所引起的广泛生物分子损伤，从 1 ps（1×10^{-12} s）开始，硫醇被消耗和更多键（如 C—C 和 C—N）断裂；然后，在电离辐射下暴露 1 ms，新生 $\cdot OH$、$H\cdot$、e_{aq}^- 的反应已大部分完成，并启动 DNA 损伤修复过程；然而，尽管一些电离辐射产物的活性减少，但 RNS/ROS 在细胞内的形成增加成为照射后 10 s 左右的主要事件；通过早期发生的快速生化过程的累积作用，细胞损伤逐渐表现出来，包括细胞周期阻滞、S 期基因组复制减缓、蛋白信号通路激活以及膜组分破裂等，这一过程大约发生在数分钟到数小时之间。

4.1.3　自由基与细胞内氧化还原系统

细胞暴露于电离辐射产生的 ROS/RNS，依赖于细胞线粒体存在。由初级电离事件产生的 ROS，通过激活细胞内源 ROS 发生系统，如还原型烟酰胺腺嘌呤二核苷酸磷酸（nicotinamide adenine dinucleotide phosphate，NADPH）、NADPH 氧化酶和线粒体电子传递链（mitochondrial electron transport chain，ETC），进一步扩大了自由基的产生。低剂量电离辐射，通过诱导线粒体内的 ROS 产生，导致细胞辐射敏感性增加，抑制细胞存活。经全身辐照后的大鼠，细胞色素氧化酶（cytochrome oxidase）与 NADH – 细胞色素 c 还原酶（NADH – cytochrome c reductase）活性增强，抗氧化能力降低，并促进线粒体内的生物脂质过氧化。辐照后的 A549 细胞，诱导线粒体 ROS 的产生和线粒体膜电位增强，并促进呼吸过程和 ATP 产生。同样地，使用 10 Gy 照射大鼠脑微血管内皮细胞，引起 NADPH 氧化酶的表达增加，如果抑制 NADPH 氧化酶，将导致 IR 诱导的 ROS 降低。

电离辐射诱导细胞产生 ROS，是否导致细胞的生存能力改变，与细胞内部氧化还原能力有关。在正常的细胞环境下，细胞内抗氧化剂如谷胱甘肽（glutathione，GSH）、抗坏血酸（维生素 C）、辅酶 Q 和维生素 E 等，对维持细胞内氧化还原状态至关重要，它们通过作用于水电离产物、部分氧化的生物分子和过氧亚硝酸盐，从而保持 ROS 水平和促氧化机制。水电离产生的物质如 $O_2^- \cdot$，通过超氧化物歧化酶（superoxide dismutase，SOD）生成 H_2O_2 和 O_2。同时，生成的 H_2O_2 可被过氧化氢酶（catalase）、抗氧化蛋白（peroxiredoxins，Prx）和谷胱甘肽过氧化物酶（glutathione peroxidase，GPx）等分解为 H_2O 和 O_2。细胞暴露于电离辐射的瞬间，低分子量抗氧化剂供应将受到限制，导致 GSH 水平的快速减少。为了应对电离辐射引发的氧化爆发，细胞转录因子被激活，上调 ROS 解毒酶的表达，包括过氧化氢酶、SOD、GPx、谷胱甘肽 S – 转移酶（glutathione S – transferase，GST）和血红素加氧酶Ⅰ等。此外，在 10 Gy 电离辐射暴露下，可诱导哺乳动物 Prx 亚型的增加，进一步增强细胞防御机制。持续低剂量电离辐射或者大剂量急性电离辐射，都容易破坏细胞氧化还原平衡，最终导致细胞抗氧化系统崩溃，这一事件的标志是氧化还原酶的失活、GSH/谷胱甘肽二硫化物比率降低，以及低分子量抗氧化剂减少，这种氧化还原不平衡的后果表现为核酸、脂质、蛋白质和其他生物分子新的修饰。

1. 电离辐射对核酸的影响

电离辐射与细胞核的相互作用一直被认为是辐射遗传毒性效应的主要发生机制。早在 20 世纪 70 年代，Munro 等研究发现：与靶向电离辐射细胞核相比，当有选择性地靶向细胞质时，杀死细胞需要更高剂量的电离辐射，暗示细胞对靶向细胞核的辐射更为敏感，因为该事件会导致基因突变和基因组不稳定，甚至直接诱导细胞死亡。电离辐射引起的核酸损伤已被广泛报道，是电离辐射产生有害影响的主要原因。电离辐射单独造成的 DNA 损伤事件包括碱基和核糖损伤、碱基交联、单链和双链断裂（SSB/DSB）等。

电离辐射对脱氧核糖的损伤是导致链断裂的主要事件，在 ·OH 攻击和核酸酶的共同作用下，沿着 DNA 骨架以高频随机方式发生断裂。DSB 起源于附近核糖位点的两个 ·OH 自由基的协同反应，通过随后相近的单链断裂产生 DNA 双链断裂。碱基和脱氧核糖均是 ·OH 介导的损伤靶点。对于嘌呤碱基，·OH 可插入 C4、C5 和 C8 等位置，产生自由基加成反应，导致多种产物的形成，最常见的是 8 – 羟基嘌呤（8 – hydroxypurines），如 8 – oxodG，它是氧化 DNA 损伤的标志。即使在电离辐射处理后 24 周，小鼠肾脏中仍可以观察到 8 – oxodG 水平升高，说明电离辐射诱导体内持续性氧化 DNA 损伤。此外，嘧啶烯烃也易受到 ·OH 加成的影响，特别是在 C5 和 C6 位点，可在 O_2 存在下生成嘧啶二醇。

电离辐射诱导的核酸碱基损伤包括氧化修饰的碱基和非碱基位点，这种损伤不会立即导致链断裂。·OH 和 e_{aq}^- 都与碱基发生反应，加入不饱和键并从甲基和氨基中抽取 ·H，这些自由基的产物结构多样，并作为氧化剂或还原剂参与许多二次反应。最终，这些产物与 O_2 发生反应，从而产生过氧自由基和氢过氧化物等。在没有不饱和键的情况下，脱氧核糖通过 ·OH⁻ 介导的氢抽取进行修饰。虽然在所有核糖核苷酸的碳原子中，都会发生氢的抽取，但 C4 处的自由基形成占主导地位。核糖核苷酸的碳原子处的氢抽取是可修复损伤和不可修复 DNA 链断裂的起始事件。在二价金属离子（Cu^{2+}、Fe^{2+}）和细胞还原剂（GSH 等）的存在下，通过 Haber – Weiss 反应生成 ·OH 和 H_2O_2，显著增加电离辐射相关 DNA

损伤。此外，水合电子（e_{aq}^-）和预水合电子也可促进 DNA 链断裂，并在电离辐射对 DNA 损伤的累积效应中起着重要作用，相比之下，$O_2^-\cdot$ 与 DNA 的反应性明显低于其他水辐解产物。

细胞对电离辐射通过 ROS/RNS 诱导 DNA 损伤的直接反应是激活细胞周期检查点，这是一个复杂的调控网络，包含感受器、传感器和效应蛋白，通过启动细胞保护反应即 DNA 损伤反应（DNA damage response，DDR）来响应 DNA 损伤信号。DNA 修复的细胞机制是多步骤的复杂网络调控系统，主要包含电离辐射诱导的 DNA 损伤、电离辐射诱导的蛋白质修饰和染色质重塑之间的相互作用，这些相互作用最终汇聚到修复核酸损伤或启动细胞死亡途径的信号通路上。感受器和传感器蛋白识别 DNA 损伤位点，启动并放大信号级联反应。以 DSB 为例，DNA 损伤后，通过多种信号级联反应，激活 DNA 损伤识别通路，包括 PARP1 介导的多聚 ADP 核糖（poly – ADP – ribose，PAR）修饰，这一反应主要由 PARP 家族蛋白，如 PARP1 和 PARP3 等以 NAD$^+$ 为底物，介导 PARP1 自身和组蛋白的 PAR 修饰，从而募集 ALC1、CHD4 和 SMARCA5 等染色体重塑复合物，在 DSB 位点，局部改变染色体构象，使得更多 DNA 损伤修复蛋白和核酸酶能接触到断裂端；另外，也可以通过 ATM/ATR/DNA – PKcs 等激酶，介导组蛋白、MDC1 和 Chk1/2 等的磷酸化，从而募集 KU70/86、BRCA1、PARPB2、BRCA2 和 Rad51 等与 DNA 同源末端重接和非同源末端重接修复蛋白；此外，也会通过募集 E3 泛素化连接酶 RNF8 和 RNF168 到 DSB 位点，介导组蛋白泛素化修饰，而这种磷酸化和泛素化的修饰，可以覆盖 DSB 左右各 2 兆碱基对的范围。除了以上的 PAR 修饰、磷酸化修饰和泛素化修饰外，还包括 SUMO 化修饰、乙酰化修饰和 NEDD 修饰等。ATM/ATR 磷酸化并激活 Chk1/2，通过 Cdc25 抑制 Cdk1/2 的激酶活性，从而抑制细胞周期进行。此外，ATM/ATR/DNA – PKcs 等激酶也能磷酸化并稳定 p53 蛋白，p53 转录上调 p21 的表达，进一步抑制 Cdk1/2 的活性，进而抑制细胞周期进行。如果 DNA 损伤超过一定的水平，就会持续激活 p53 – p21 信号通路，诱导细胞衰老。而对于 p53 突变或者缺失的细胞，因为不能诱导有效的细胞周期阻滞，带有 DNA 损伤的细胞，继续进入细胞周期，导致有丝分裂灾变的发生。

电离辐射除直接或者通过自由基作用于 DNA，同时也可以抑制 DNA 的合成，这种抑制与合成 DNA 所需的 4 种脱氧核苷酸合成抑制、DNA 多聚酶活力降低、DNA 模板损伤和复制子减少有关；同时电离辐射还会导致 DNA 分解代谢增强。

和 DNA 辐射损伤类似，辐照也会直接或者通过自由基作用于 RNA，导致 RNA 受损。由于 RNA 是单链形式，不像 DNA 有组蛋白保护，同时缺乏 RNA 损伤修复系统，因此辐射更容易导致 RNA 断裂和修饰改变，从而影响核糖体的合成，以及蛋白质的翻译，但是由于细胞内的 RNA 持续被更新，所以辐射导致 RNA 的损伤，对细胞的效应相对较小。

2. 电离辐射对脂质分子的影响

辐射产生的 ROS 的另一个生物靶分子是细胞的脂质分子，包括细胞膜、细胞核膜、内质网膜、高尔基体膜和线粒体膜等脂质结构。细胞膜的脂质成分约为 5 nm 厚，暴露于含水细胞环境。尽管辐射能够直接损伤脂质，但脂质双层模拟物表明，水电离辐射分解产物引起的间接损伤是电离辐射对整体脂质修饰的更大贡献因素。辐射诱导脂质过氧化，特别是多不饱和脂肪酸（polyunsaturated fatty acid，PUFA）的过氧化，导致膜渗透性增加，离子梯度和其他跨膜生物事件被中断，并改变脂膜相关蛋白的活性。靶向于细胞膜的电离辐射研究显示，5 ~ 10 Gy 的辐射暴露可通过增加神经酰胺水平诱导细胞凋亡，甚至在没有细胞核的细胞中也观察到了类似的结果，揭示了另一种独立于核酸损伤的细胞电离辐射损伤途径。

不饱和脂肪酸对分子氧不反应，但在许多自由基介导的环境中容易发生氧化。PUFA（如亚油酸和花生四烯酸）的过氧化导致二烯氢过氧化物的生成、顺式烯烃的异构化和/或降解形成小分子活性羰基，如丙二醛（malondialdehyde，MDA）、丙烯醛和 4 - 羟基 - 2 - 壬醛（4 - hydroxy - 2 - nonenal，4 - HNE）。烯烃异构化是氢从 PUFA 双烯丙基位点被·OH、含硫自由基（RS·）或其他自由基捕获而引发的，生成碳中心的 PUFA 自由基。随后的氧捕获导致顺 - 反异构化，并在扩散控制反应中形成过氧自由基。顺 - 反异构化也可以通过直接向 PUFA 烯烃中插入 RS·发生。RS·自由基的排出伴随着异构化，这一过程甚至在有氧的情况下也能检测到。通过形成脂质过氧化氢（lipid hydroperoxide，LOOH）和 PUFA 碎片，产生 MDA、HNE 和丙烯醛，过氧自由基被终止。PUFA 过氧化的活性醛产物在细胞内持续约 2 min，为蛋白质、核酸和其他生物分子的修饰提供了充足的时间。体内实验表明，暴露于 8 Gy 全身 RS·的大鼠，其肾脏、肺和肝脏中的反应性醛 MDA 水平增加。

影响 LOOH 命运的主要因素是脂质过氧化程度，与细胞氧化还原状态直接相关。中等水平的 LOOH 激活细胞氧化应激反应，当过量时，将导致细胞凋亡；高水平且广泛的 LOOH，将导致细胞膜和细胞内物质的整体损伤，触发膜溶解和细胞坏死。在化学上，LOOH 的降解通过单电子或双电子还原途径进行。LOOH 的单电子还原通过铁离子介导的需氧还原发生，并提供环氧烯丙基过氧自由基（OLOO·），随后的自由基反应将导致额外的脂质损伤，通过硒过氧化物酶如 GPxs、硫氧还原蛋白还原酶（thioredoxin reductase，TrxR）、磷脂氢过氧化物谷胱甘肽过氧化物酶（phospholipid hydroperoxide glutathione peroxidase，PHGPx）以及硒非依赖性 GSTa 对 LOOH 进行解毒。这些酶将 LOOH 还原为 LOH 和 H_2O，但 TrxR 除外，TrxR 利用 NADPH 作为电子供体。LOOH 还原酶除了辅因子差异外，均使用类似的机制，主要在大小和底物特异性方面有所不同。例如，尽管 GPx 和 PHGPx 都能解毒 H_2O_2，但 GPx 酶的靶标是极性 LOOH，如脂肪酸氢过氧化物；而 PHGPx 减少磷脂氢过氧化物、胆固醇氢过氧化物和其他极性较低的氢过氧化物。已知载脂蛋白 A－Ⅰ（Apolipoprotein A－Ⅰ，apoAⅠ）和载脂蛋白 B－Ⅱ（Apolipoprotein A－Ⅱ，apoAⅡ）通过氧化相应硫氧化物的临界 Met 残基来降低胆固醇酯氢过氧化物。总的来说，抗 LOOH 细胞毒性的酶解在很大程度上依赖于还原剂 GSH 和 NADPH，伴随酶活性位点的半胱氨酸、硒代半胱氨酸和蛋氨酸残基减少。尽管此类修饰的时机和最易受辐射损伤的脂质种类尚不清楚，由于解毒酶的氧化和失活，电离辐射引起的细胞氧化还原代谢的强烈破坏足以导致细胞和组织中 LOOH 防御机制的失效。LOOH 在电离辐射后持续存在，实验显示，在电离辐射暴露（10 Gy）后 2 周的小鼠海马体内，仍然可以检测到 LOOH 的存在。

鞘脂代谢是响应电离辐射而改变的关键通路之一。鞘脂神经酰胺是酸性鞘磷脂酶（acid sphingomyelinase，ASMase）和中性鞘磷脂酶催化的鞘磷脂水解产物，与细胞电离辐射损伤密切相关。细胞暴露于电离辐射导致 ASMase 从溶酶体重新定位到细胞质膜，鞘磷脂在质膜上水解生成大量神经酰胺。已知在 Cys629 和 Ser508 位点的突变和 PTMs 都可以调节质膜上 ASMase 的活性和定位，显示电离辐射诱导的蛋白质修饰、脂质微结构域重排和 DNA 损伤修复之间的复杂相互作用。此外，DNA损伤激活神经酰胺从头合成酶——神经酰胺合酶，从而导致细胞内神经酰胺水平显著升高，以响应电离辐射。这种由膜脂筏内的鞘磷脂原位产生的大量神经酰胺改变了膜的性质，主要是因为含有神经酰胺的脂筏结合并形成大型富含神经酰胺的膜环境，这些脂质环境不仅含有膜受体和蛋白质，而且富含核酶（如DNA-PK），在辐照时重新定位。特别是在头颈癌中，脂筏微结构域和相关信号传导的动力学被证明是对电离辐射产生反应和针对表皮生长因子受体（epidermal growth factor receptor，EGFR）的靶向治疗反应的基础。膜筏也与低剂量电离辐射旁效应相关，靶向电离辐射处理一个细胞的细胞质，将导致周围细胞微核率增加。这一结果与细胞核无关，而是与·NO信号和膜筏形成有关。

电离辐射可以直接作用于脂质分子，但是主要通过自由基诱导脂质过氧化，而铁死亡是由脂质过氧化引起的铁依赖性细胞死亡，因此铁死亡被认为是放射治疗的细胞死亡方式之一。辐射至少可通过三种机制诱导铁死亡：首先辐射诱导脂质过氧化，如ROS介导产生PUFA·，在携带不稳定自由基的碳和氧分子作用下，形成PUFA-OO·，再通过芬顿反应，吸收H·，从而形成过氧化氢脂质PUFA-OOH；其次辐射激活ATM-p53通路，抑制膜蛋白SLC7A11的表达，降低半胱氨酸从细胞外到细胞内的转运，抑制还原系统的发生；最后，辐射还可降低GSH，进一步抑制细胞还原能力。辐照通过以上三种机制，抑制细胞还原能力，同时促进脂质过氧化，从而导致铁死亡的发生。此外，电离辐射还会改变脂质的组成。如邓玉林等发现用$15Gy^{12}C^{6+}$处理大鼠全脑，DAG、TAG、LPE、SM和FAHFA显著下调，而PE、PC和LPC却呈上升趋势。

3. 自由基对蛋白质的影响

在过去几十年中，电离辐射对细胞损伤的研究除经典的DNA损伤事件外，还包括蛋白质靶点的阐明。目前已知存在超过35种类型的氧化蛋白质修饰，包括直接氨基酸氧化（例如Cys和Met）、蛋白质骨架的氧化裂解、氨基酸侧链和羰基化等。此外，蛋白质氧化还与许多疾病状态的进展有关，包括糖尿病、炎症、败血症、阿尔茨海默病、多发性硬化症、帕金森病和许多癌症等。电离辐射产生的·OH可对蛋白质骨架进行切割，同时还能和20种标准氨基酸和硒代半胱氨酸发生反应，反应速率达到半胱氨酸、蛋氨酸和芳香族氨基酸的扩散限制率。包括·OH在内的自由基被认为优先与蛋白质酰胺主链反应，而不是与氨基酸侧链反应，容易提取氢原子并形成以碳为中心的自由基。与基于 DNA 的自由基类似，蛋白质碳自由基随后以扩散控制的形式与 O_2 发生反应，当浓度足够时，可能被其他自由基猝灭。通过与 O_2 反应形成的过氧基，可以促进额外氧化产物的形成，导致蛋白质骨架断裂。类似地，—OH 也可以从脂族氨基酸侧链的所有碳中提取氢原子，在缺氧条件下，脂族氨基酸自由基被半胱氨酸硫醇修复，从而生成硫基自由基。芳香族氨基酸的反应更容易发生，主要反应途径是芳香环上的·OH 加成。对于 Tyr 上的·OH 加成和随后的氢提取产生苯氧基自由基，在没有还原剂的情况下形成 Tyr 二聚体，参与蛋白质内和蛋白质间连接的形成。硝基酪氨酸作为响应与 ROS/RNS（例如过氧亚硝酸盐）的反应而生成，并与 e_{aq}^- 反应。电离辐射暴露（8 Gy）后 2 h 内，小鼠海马体中的硝基酪氨酸水平升高。色氨酸是 RNS 引发形成区域异构硝基和羟基衍生物的另一靶标。

除了电离辐射产生的氧化外，水的电离辐射分解是活性细胞内还原剂 e_{aq}^- 和 H· 的主要来源。虽然与氧化对应物相比，关于还原性应激的研究仍非常不足，但细胞氧化还原平衡的破坏与多种病理异常有关，最显著的是心血管系统。还原剂 e^- 和 H· 容易以含硫氨基酸为目标，以扩散控制速率发生反应。蛋氨酸作为 H· 的主要目标，插入硫以生成硫烷基自由基。随后的脱硫作用形成碳中心自由基，其可由氢原子供体终止并形成 α－氨基丁酸（aminobutyric acid，Aba）或由分子氧终止以生成高丝氨酸。含蛋氨酸的多肽暴露于 e_{aq}^- 将通过脱氨基机制导致多肽断裂。e_{aq}^- 与还原性半胱氨酸反应生成氢硫离子（HS^-）和相应的烷基（R·）；与半胱氨酸/蛋白质二硫化物（RSSR）的反应提供了硫自由基（RS·）和硫酸根离子（RS^-）。相反，H· 的反应性以自由基抽取为标志：与还原性半胱氨酸的反应通过氢抽取生成 RS· 或通过均裂形成 R· 和硫化氢（H_2S）。胱氨酸与 H· 的反应诱导二硫键裂解，根据裂解位点形成 RS· + RSH 或 RSS· + RH，含硫自由基也通过·OH 抽离硫醇氢生成。生化上，硫自由基是氨基酸转化和形成额外氧化还原关键自由基的途径。硫自由基可被硫酸根离子有效捕获，产生二硫基阴离子，并将 O_2 还原为 O_2^-。

辐射除了通过自由基，间接作用于蛋白质外，也可通过其他信号通路，改变蛋白质的表达。基于蛋白质组学的分析显示，电离辐射能引起蛋白质表达谱的变化。电离辐射诱导小鼠肝脏蛋白质组表达改变，显示电离辐射激活了抗氧化剂和炎症反应。电离辐射（1 Gy）处理小鼠的不同组织，如脑、肺、脾和肠等，蛋白质组学分析显示，转醛醇酶 1（transaldolase 1）和磷酸甘油酸激酶 1（phosphoglycerate kinase 1）是电离辐射暴露后，脑和肠的潜在组织特异性生物标志物。

4.1.4　研究展望

目前，空间辐射对生物大分子的影响研究，数据有限，主要是基于传统的辐射生物学自由基理论，作用于脂质分子、蛋白质和核酸等生物大分子。正常情况下，机体中的自由基处于平衡状态，适当的自由基在体内发挥重要的作用，如体内的一些分解代谢需要自由基的催化，自由基可作为信号分子参与信号传递，白血球通过释放自由基杀死微生物等。而过多的自由基则会破坏细胞膜、加速细胞衰老，攻击 DNA，导致基因突变等，从而诱发机体衰老、引发感染、血管病变、糖尿病、关节炎、阿尔茨海默病、老年性痴呆、白内障和癌症发生等，因此研究辐射对生物大分子的影响，具有重要的现实意义。

空间辐射具有特殊性，尤其是高能重离子可以透过细胞，在其粒子径迹上形成的能量和质量沉积，对生物大分子产生更严重的破坏。第一，空间辐射环境下的高能粒子，可直接物理作用于其粒子径迹上的生物大分子，导致蛋白质和核酸的直接断裂。第二，这些高能粒子可靶向生物分子或介质，诱导生成自由基，从而作用于蛋白质、脂质和核酸等生物大分子。第三，粒子辐射还具有质量沉积的特点，在诱导产生自由基和导致物理性损伤的同时，粒子会留在细胞中，对细胞产生额外的效应。比如铁、硅等离子处理细胞，能诱导 DNA 团簇损伤，这种复合性损伤难以被修复，在细胞内长期存在；而相同剂量 X 射线处理的细胞，其诱导的 DNA 损伤，很快被修复。因此，研究空间辐射的物理 – 化学反应机制，评估其能量和质量沉积，以及不同损伤机制的交互作用对细胞的影响，是空间辐射急需解决的问题。

随着近几年科学技术的发展，如基于激光和重离子等微束装置的研发，可以让人们在地面模拟空间辐射环境，实现亚细胞水平的损伤。通过亚细胞损伤装置、高效灵敏的荧光探针与荧光显微镜、共聚焦和单双光子共聚焦的联合使用，可以实现实时、快速地捕捉细胞对不同辐射品质和不同辐射剂量的损伤应答。此外，还有一些比较前沿的实验方法，如染色体可及性分析、第三代长度长测序、高效色谱与质谱联用等，可以系统、高效地分析空间辐射对核酸、脂质分子和蛋白质组分和修饰的影响，揭示空间辐射对生物大分子的作用机制。

■ 4.2　空间辐射对细胞周期及命运的影响（俞家华，李明）

4.2.1　概述

细胞是生命的最小功能单元，研究空间辐射对细胞的作用特点和过程，是了解空间辐射整体效应的重要基础。如前所述，空间辐射会导致细胞核 DNA 的损伤，DNA 是电离辐射关键的靶分子，DNA 损伤反应是电离辐射细胞效应的基础。此外，细胞质中的一些细胞器如线粒体、溶酶体等的结构和功能变化在辐射所致细胞效应中也发挥了至关重要的作用。

空间的辐射环境与地面截然不同，空间辐射环境富含质子和重离子等高 LET 辐射。高 LET 辐射产生的生物学效应较低 LET 辐射更为严重。此外，空间多种环境因素诸如微重力、低磁场、昼夜节律变化等会与空间辐射产生复合作用，加重空间辐射的生物学效应。本节将主要阐述空间辐射对细胞周期及细胞命运的影响。

4.2.2　空间辐射对细胞周期的影响

1. 细胞周期的概念与调控机制

细胞从一次分裂结束到下次分裂结束所经历的规律性变化过程称为一个细胞周期（cell cycle）。细胞周期可分为分裂间期（interphase）与有丝分裂期（mitosis）。分裂间期占据细胞周期 95% 以上的时间，可以进一步分为 DNA 合成前期（G1 期）、DNA 合成期（S 期）与 DNA 合成后期（G2 期）。有丝分裂期又称为 M 期。G1 期是细胞周期进入增殖分裂的第一个重要阶段，在受到细胞外生长和分裂的信号刺激下，合成大量的 RNA 与蛋白，物质转运与代谢活跃，细胞体积显著增大。S 期的主要特征是 DNA 复制，合成染色质蛋白，并完成染色质结构的组装。G2 期是做好进入 M 期的准备，合成与细胞分裂结构和功能相关的蛋白。M 期通过分裂将染色体遗传物质平均分配到两个子代细胞中，形成两个独立的细胞。

细胞周期需要高度的精准性，以保证细胞遗传物质的高保真复制与精确的分配。在细胞周期进程中如受到影响或干扰，为了防止子代细胞遗传物质出现异常，需要暂停细胞周期，对细胞周期的关键事件和出现的异常进行监测，只有当这些事件完成和异常排除，保证细胞周期每个环节的必要条件满足后才进入下个环节，这种监测中断细胞周期的调节机制称为细胞周期检查点（check point）。按照细胞周期进程，检查点可分为 G1/S 期检查点、S 期 DNA 复制检查点、G2/M期检查点和 M 期检查点。G1/S 期与 G2/M 期检查点是为了防止损伤的DNA 进行复制或传递给子代细胞。S 期检查点是由 DNA 复制叉启动的蛋白激酶级联反应调控的，只有当 DNA 复制完成后才能通过。M 期检查点是为了防止纺锤体装配错误或结构异常的细胞进行分裂。

细胞周期检查点在维持基因组稳定性和染色体数目稳定方面具有重要的作用，其调控涉及由众多蛋白质分子组成的复杂信号传导网络。其中由感受分子捕获异常信号，转导分子实施信号传导，最终效应分子进行细胞周期负性调控。细胞周期蛋白（cyclin）与细胞周期蛋白依赖性激酶（cyclin – dependent kinase，Cdk）是重要的细胞周期调控效应分子。不同 cyclin 成员在细胞周期中不同时相交替表达和降解，通过选择性与 Cdk 结合激活其激酶活性，推进细胞周期进程。细胞周期还受到 Cdk 激酶抑制物的负向调节，如 p21 为 Cdk 激酶抑制物的成员之一，电离辐射损伤激活 p53 后可上调 p21 表达水平，从而抑制细胞周期进程。

电离辐射处理细胞后会发生各个细胞周期时相的阻滞，其机制是 DNA 损伤激活 ATM 和 ATR，进一步激活下游的 CHK1 和 CHK2，然后通过多种机制抑制Cdk 活性，发挥阻滞细胞周期的作用。在细胞周期阻滞的同时，细胞进行 DNA损伤修复，如果修复完成，细胞周期阻滞解除，如损伤无法修复，细胞周期将终止并启动细胞死亡机制。

2. 不同细胞周期时相的放射敏感性

对于低 LET 辐射来说，细胞周期四个时相的放射敏感性是不同的，同步化细胞实验表明 G2/M 期放射敏感性最高，其次为 G1 期，S 期较不敏感，如果 S 期较长，则早 S 期比晚 S 期敏感。对于高 LET 辐射，这种细胞周期时相依赖性的放射敏感性差异不明显,而且 LET 越大,这种差异就越小。

3. 空间辐射诱导的细胞周期阻滞

研究人员很早就观察到高 LET 辐射与低 LET 辐射一样可以引起细胞周期阻滞,当用 3 Gy 铁离子(1.01 GeV/n)照射大鼠角质细胞 24 h 后,60% 的细胞被阻滞在 G2/M 期,而未照射对照组处于 G2/M 期的细胞比例为 10%;但基因芯片数据表明,促进 G2/M 期进程的基因表达却是升高的,包括 Cyclin B1、Cyclin F、Cdc25b 和 Plk1,这可能与细胞试图突破 G2/M 期阻滞有关。一般来说,在相同剂量下,高 LET 辐射诱导细胞周期阻滞的效应明显高于低 LET 辐射,表现为 G2/M 期细胞比例增高、G2/M 期阻滞时间延长,原因是高 LET 辐射照射可使细胞产生更多更复杂的 DNA 损伤,更多的细胞需要更多的时间来进行修复过程,这与高 LET 辐射具有较高的 RBE 是一致的。

航天员在微重力环境下容易发生骨质丢失,有研究选取了前成骨细胞进行 10 Gy X 射线(0.3 ~ 3 keV/μm)、5.5 Gy ^{13}C(35 keV/μm)、3.8 Gy ^{22}Ne(92 keV/μm)与 1.9 Gy ^{64}Ni(150 keV/μm)的照射,这些剂量不同 LET 不同的辐射均可使细胞存活分数下降到 1%。照射后 8 h 收获细胞进行流式细胞术分析,结果表明不同射线照射均可诱导显著的 G2/M 期阻滞,G2/M 期细胞比例分别为 62%、47%、81% 和 78%,提示 LET 越高更易诱导细胞周期阻滞。24 h 后不同 LET 辐射诱导的 G2/M 期阻滞都得到了缓解。此外,不同 LET 辐射均可上调 p21 的表达,但这种上调效应与 LET 呈负相关,即 LET 越低,上调 p21 表达越明显。

虽然不同 LET 辐射处理均会导致细胞周期阻滞,但引起的细胞周期调控基因表达却有所不同,有研究采用 γ 射线(0.2 keV/μm)、1 GeV/n ^{28}Si(40 keV/μm)与 1 GeV/n ^{56}Fe(150 keV/μm)照射人支气管上皮细胞,24 h 提取 RNA 进行高通量测序分析表达谱的变化,发现不同 LET 辐射诱导的基因表达差异具有特异性,这部分特异性差异基因与细胞周期调控功能密切相关。

上述研究表明空间辐射可有效诱导细胞周期阻滞,但高 LET 辐射可上调促细胞周期进程效应蛋白的表达,有学者认为这会使未完成 DNA 修复的细胞重新进入细胞周期,从而引发基因组不稳定性,但目前尚未阐明这种现象的内在机制。

4. 微重力与空间辐射对细胞周期的联合作用

细胞在微重力环境下培养会发生部分细胞周期分布的改变，如微重力可诱导大鼠嗜铬细胞瘤 PC12 细胞部分发生 G1 期阻滞、鼠血管平滑肌细胞和人乳腺癌细胞部分发生 G2 期阻滞。有研究表明微重力可使人成纤维细胞 p21 蛋白的表达降低，所以微重力环境下可能影响辐射诱导的细胞周期阻滞效应。

在重力存在的条件下，碳离子照射细胞会发生细胞周期阻滞，但在微重力环境下，这种阻滞效应明显减弱。基因表达分析显示与正常重力相比，微重力环境下碳离子照射会降低细胞周期阻滞效应蛋白（ABL1、CDKN1A）的表达，并增加促细胞周期效应蛋白（CCNB1、CCND1、KPNA2、MCM4、MKI67、STMN1）的表达，这可能使细胞在没有完成修复 DNA 的情况下重新进入细胞周期，所以微重力与空间辐射联合作用增加了基因组不稳定性与染色体畸变水平。

4.2.3 空间辐射对细胞命运的影响

如前所述，空间辐射会诱导 DNA 损伤，DNA 损伤后细胞发生细胞周期阻滞以促进损伤 DNA 的修复。当 DNA 损伤无法正确修复时，细胞一般会经历三种命运：细胞生长停滞，处于静默状态，即细胞衰老（cell senescence）；细胞死亡（cell death）；肿瘤发生（carcinogenesis）。其中，细胞死亡是电离辐射确定性效应发生的根本原因，但不同来源组织细胞、不同剂量照射，细胞死亡的方式和发生机制会有所不同。电离辐射诱发哺乳动物细胞死亡的方式有多种，包括坏死、凋亡、自噬和有丝分裂灾变等，其中研究最为透彻的是细胞凋亡。

1. 细胞衰老和细胞死亡方式简介

1）细胞衰老

细胞衰老（cell senescence）通常用来描述已退出细胞周期的受损正常细胞的不可逆增殖停滞状态。细胞衰老分为复制性衰老和应激性衰老。复制性衰老是第一个被描述的细胞衰老亚型。早在 1961 年，Hayflick 和 Moorehead 在体外培养人类成纤维细胞时观察到体外培养的正常细胞分裂次数是有限的，在大约 50 次分裂后，大多数细胞会进入不可逆的生长停滞状态，即为复制性衰老。此外，一些压力应激因素也会诱发细胞衰老，如 DNA 损伤、氧化应激、辐射、癌基因激活、代谢变化、炎症等。

衰老的细胞会表现出很多细胞形态和分子上的变化，但这些变化并不具有特异性，这是因为衰老细胞分子特征的改变受到触发衰老的刺激因素和细胞类型的影响。尽管缺乏特异性，但经过大量的研究还是找到了一些最常见的细胞衰老的特征。首先，衰老细胞会出现永久性的细胞周期阻滞，这是由 $p16^{INK4A}$ 和 $p53$ - $p21$ - RB 通路调控的。$p16^{INK4A}$ 通过抑制 CDK4 和 CDK6 介导永久细胞周期阻滞，导致 RB 低磷酸化，并阻止细胞进入 S 期。$p16^{INK4A}$ 的水平上升是一个典型的细胞衰老标记。其次，一方面衰老细胞会向周围不断分泌大量促炎生长因子、细胞因子、趋化分子和基质重构相关的蛋白酶来破坏正常的组织功能，这一标志性的特征被称为衰老相关分泌表型（senescence - associated secretory phenotype，SASP），通常会加重组织炎症和稳态失衡。另一方面，慢性的低度炎症又会促进衰老进程，进一步破坏组织结构和功能导致衰老相关疾病发生发展。衰老细胞的另一个重要特征是细胞凋亡抵抗，而使其不能被及时清除。此外，细胞衰老还与细胞代谢的变化有关，复制衰老的细胞代谢变化特征一般表现为从氧化磷酸化到糖酵解的转变，这一转变包括了溶酶体衰老相关的半乳糖苷酶（Senescence - Associated β - galactosidase，SA - β - gal）的上调。

2) 细胞凋亡

细胞凋亡（apoptosis）是指为维持内环境稳定，由基因控制的细胞自主性、程序性的死亡，它涉及一系列基因的激活、表达和调控，具有生理性和选择性。细胞凋亡具有典型的细胞形态学特征，如核固缩、染色质凝集、凋亡小体形成等。早在 1842 年，德国科学家 Carl 在研究蟾蜍蝌蚪的发育中，就观察到并首次描述了细胞凋亡的概念，他将其命名为程序性细胞死亡。2002 年，诺贝尔生理学或医学奖授予英国科学家悉尼·布雷内、美国科学家罗伯特·霍维茨和英国科学家约翰·苏尔斯顿，以表彰他们为研究细胞凋亡过程中的基因调节所做出的重大贡献。

细胞凋亡过程受到复杂的细胞信号转导调控。关于细胞凋亡信号途径，一般分为两个途径：内源性凋亡途径和外源性凋亡途径。①内源性凋亡途径，又称为线粒体/细胞色素 C 介导的凋亡途径。线粒体不仅是细胞呼吸链和氧化磷酸化的场所，而且是细胞凋亡的调控中心。凋亡蛋白 Bax 促使细胞色素 C 从线粒体释放到细胞质中。释放到细胞质的细胞色素 C 在 dATP 存在的条件下能与凋亡蛋白酶活化因子 1（apoptotic protease activating factor - 1，APAF - 1）结合，使其形成多聚体，并促使半胱氨酸–天冬氨酸蛋白酶前体（Pro – Caspase）9 与其结合形成凋亡小体，之后激活半胱氨酸蛋白酶（Caspase）9，同样，激活后的 Caspase 9 能进一步激活其他的 Caspase，如 Caspase 3 等，从而诱导细胞凋亡。②外源性凋亡通路，又称为死亡受体通路，是由胞外肿瘤坏死因子（tumor necrosis factor，TNF）超家族的死亡配体如 TNF – α、FasL 和 TRAIL 等引发的，这些配体和相关的细胞表面死亡受体（分别是 TNFR、Fas、DR4）结合，使受体三聚化并激活，三聚化的死亡受体通过其死亡结构域募集衔接蛋白如 TRADD 和 FADD。衔接蛋白通过死亡效应域与 Pro – Caspase 8 形成复合物，称为死亡诱导信号复合物。Pro – Caspase 8 具有极弱的催化活性，但是死亡诱导复合物促使 Pro – Caspase 8 在一个极小的空间富集，局部浓度升高可促进其自身切割并活化，活化的 Caspase 8 释放到胞质中启动 Caspase 级联反应，激活下游的效应 Caspase，导致细胞凋亡。另外，活化的 Caspase 8 还能切割胞质中的 Bid，断裂成为 tBid，tBid 转移到线粒体中，诱导细胞色素 C 从线粒体释放到细胞质，从而将死亡受体通路和线粒体通路联系起来，有效地扩大了凋亡信号。

3）细胞坏死

细胞坏死（necrosis）是极端的物理、化学因素或严重的病理性刺激引起的细胞损伤和死亡，是非正常死亡。长期以来细胞坏死被认为是因病理而产生的被动死亡，但近期的研究表明，细胞坏死可能是细胞"程序性死亡"的另一种形式，具有引发包括炎症反应在内的重要生理功能。当细胞凋亡不能正常发生而细胞必须死亡时，坏死可作为凋亡的"补充方式"发生。

细胞坏死所具有的生物学特征包括细胞膜通透性增高，致使细胞肿胀，细胞器特别是线粒体变形或肿大，坏死早期细胞核无明显形态学变化，最后细胞破裂。坏死细胞释放的内含物会警醒先天免疫系统，诱发局部炎症反应。

4）细胞自噬

细胞自噬（autophagy）是指一些需要降解的蛋白或者细胞器被双层膜结构的自噬小泡包裹，被运送至溶酶体降解并得以循环利用的过程。细胞自噬最典型的特征是自噬体的形成。在某种意义上，自噬是真核细胞维持稳态、实现更新的一种重要的进化保守机制，其主要功能之一是在细胞受到某种应激因素胁迫的情况下保持细胞的存活。但是，越来越多的研究显示，当细胞面临无可挽救的损伤时，细胞自噬也会导致细胞死亡。

目前根据发生过程，自噬分为巨自噬、微自噬、分子伴侣介导的自噬三类。通常说的自噬泛指巨自噬。巨自噬的基本过程如下：细胞接收自噬诱导信号后，在细胞质的某处形成一个类似"脂质体"样的膜结构（目前膜结构的来源还有争议，大部分表现为双层膜，有时多层或单层），包裹部分胞质和细胞内需降解的细胞器、蛋白质等形成自噬体，自噬体随后与溶酶体融合形成自噬溶酶体，其内包裹的物质被溶酶体内水解酶分解代谢，形成小分子物质（如氨基酸、核苷酸等）被细胞重新利用。

在细胞自噬调控过程中，mTOR 激酶发挥着极其重要的作用，Ⅰ型 PI3K/Akt 和 MAPK/ERK 信号通路能够激活 mTOR 从而抑制自噬，AMPK 和 p53 信号通路则通过负调控 mTOR 从而促进自噬。

5）有丝分裂灾变

有丝分裂灾变（mitotic catastrophe）又称有丝分裂细胞死亡或细胞裂亡，通常指由异常有丝分裂引发并在有丝分裂过程或随后的间期中发生的细胞死亡现象。在大多数肿瘤细胞中，细胞有丝分裂灾变至少是与细胞凋亡同等重要的，并在某些情况下是唯一的细胞死亡形式。多核化或微核化是细胞有丝分裂灾变最重要的形态学特征。此外，发生有丝分裂灾变的细胞还表现为 G2/M 期阻滞，细胞体积变大，中心体过度复制，胞质分裂失败，DNA 出现多倍化等特征。

6）铁死亡

铁死亡（ferroptosis）在 2012 年首次被提出，是一种由脂质过氧化引起的铁依赖性细胞死亡，是新发现的一种调节性细胞死亡形式。铁死亡的最终结局是压倒性的脂质过氧化，导致细胞完全衰竭。尽管铁死亡表现出以前通常称为氧化应激诱导的细胞死亡的许多特征，但有许多方面足以将其区分为一种独特的细胞死亡形式，例如铁死亡在形态和功能上与一般氧化应激不同。ACSL4 和 LPCAT3 等许多铁死亡相关的分子成分已经被确定，它们产生容易过氧化的膜脂，以及为细胞提供谷氨酸－胱氨酸逆向转运蛋白系统 xCT 来保证细胞所必需的半胱氨酸。铁死亡诱导剂包括 GPX4 抑制剂（RSL3、ML210、ML162、FIN56、FINO2）、谷胱甘肽合成中断剂（丁硫氨酸亚砜亚胺）、xCT 系统抑制剂（埃斯汀、索拉非尼、柳氮磺吡啶、谷氨酸盐）、铁。铁死亡的内源性抑制剂包括谷胱甘肽、泛醌、维生素 E 和硒。

7）细胞焦亡

细胞焦亡（pyroptosis）是程序性细胞死亡的一种炎症形式，涉及炎症小体对 Caspase 1 的激活，Caspase 1 通过蛋白水解将 Pro－IL－1β 和 Pro－IL－18 分别加工成成熟的炎性细胞因子 IL－1β 和 IL－18。GSDMD 是细胞焦亡的关键执行者，在被 Caspase 1 切割后其 N 端片段组装成质膜孔，从而允许释放生物活性IL－1β、IL－18 以及其他细胞内容物。细胞焦亡表现出质膜起泡的形态，因此通常被认为是单核细胞特异性的细胞凋亡形式。然而，最近发现的 GSDMD 及其成孔活性已将细胞焦亡重新定义为细胞死亡的一种坏死形式。

2. 空间辐射诱导的细胞死亡

高能质子是太空中最丰富的辐射粒子，在长期任务中可能对航天员造成严重的健康风险。为了研究高能质子对体内放射敏感器官的损伤，研究人员给予 6 周龄 BALB/c 雄性小鼠 0.1、1 和 2 Gy 全身质子辐射（250 MeV）。结果显示，即使是 0.1 Gy 的最低剂量也能导致隐窝细胞凋亡细胞数目的显著增加，凋亡细胞的百分比呈剂量依赖性增加。对参与凋亡过程的 84 个基因的基因表达分析表明，高剂量质子辐射可能是通过直接损伤 DNA 导致小肠细胞凋亡，而低剂量质子辐射可能通过不同的应激反应机制触发细胞凋亡。另有研究人员进一步比较了 6 MV X 射线和 230 MeV 质子照射引起的肠道损伤之间的差异，结果显示：与 X 射线照射比较，质子照射促进更多的隐窝细胞凋亡。多数研究支持质子辐射较 X 射线照射可诱导更多细胞凋亡的观点。但也有例外，如有研究人员比较了 X 射线照射和质子照射诱导各种细胞死亡方式的差异，结果显示：衰老和有丝分裂灾变是单次 4 Gy X 射线照射或质子照射诱导的主要细胞死亡类型。与 X 射线照射相比，质子辐射倾向于通过这两种方式杀死更多的细胞。质子辐射也可以诱导细胞坏死和凋亡，但质子照射与 X 射线照射后细胞坏死或凋亡的程度没有显著差异。

尽管空间环境中高能质子丰度最高，而重离子含量只有 1% 左右，但重离子的辐射效应更为严重，可造成不可逆转的病变，因此重离子辐射的生物学效应也是空间辐射生物学研究的重点。多项研究证明重离子辐射可诱导不同类型的细胞发生凋亡。碳离子辐照对斑马鱼睾丸生精细胞凋亡的诱导高于 X 射线，线粒体凋亡途径在碳离子辐照后的生精细胞凋亡中起关键作用。除此之外，研究人员发现高 LET 碳离子照射可以在肝癌细胞中诱导内质网应激、细胞自噬和铁死亡。在整体水平上，研究人员将 C3H 小鼠暴露于 ^{137}Cs γ 射线、质子（模拟 1972 年 SPE 的急性、低剂量暴露）、^{56}Fe 离子（600 MeV/n）或 ^{28}Si 离子（350 MeV/n），2 年后评估空间辐射对肺的影响。结果显示，与 γ 射线照射相比，所有空间辐射类型（质子、^{56}Fe 和 ^{28}Si）更显著地诱导细胞凋亡、自噬标志物的升高，降低抗衰老蛋白 Sirt－1 的水平。

3. 微重力与空间辐射对细胞死亡的联合作用

微重力是空间环境中一个主要的、不可避免的非辐射环境因素。多项研究观察了微重力与辐射对细胞损伤的联合作用。研究结果表明，模拟微重力与 X 射线照射共同导致人支气管上皮细胞 Beas－2B 细胞存活率下降、增殖抑制、细胞凋亡和 DNA 双链断裂增加。模拟微重力和电离辐射对人支气管上皮细胞的细胞死亡具有累加效应。另有研究显示，与对照组相比，单独接受质子照射或模拟微重力处理的小鼠视网膜血管内皮细胞凋亡细胞数量增加，联合处理组增加最明显，表明质子辐射和模拟微重力具有协同效应。此外，模拟微重力降低了重离子（碳离子）辐射诱导的细胞存活率，增加了人的 B 淋巴母细胞的细胞凋亡，诱导了雄性小鼠睾丸生精细胞凋亡和精子 DNA 损伤。转录组学揭示了微重力和太空辐射对特定分子途径产生的相反效应：与微重力不同，太空辐射刺激了内皮激活途径（如缺氧和炎症）、DNA 修复和细胞凋亡，抑制自噬通路并促进衰老样表型。相反，与太空辐射不同，微重力激活了代射途径和促增殖表型。

4.2.4　总结与展望

阐明空间辐射对细胞周期和命运的调控作用对于认识其健康风险具有重要意义，目前的研究均表明空间辐射在细胞水平上比低 LET 辐射具有更显著的生物学效应，其调控机制也不尽相同。值得注意的是，该领域研究还面临一定的局限性。首先，研究主要在地面采用不同类型的高 LET 辐射来模拟空间辐射，没有考虑空间辐射中多种不同辐射的联合作用；其次，照射的剂量普遍较高，对于长时间低剂量率照射的细胞效应没有系统的研究报道；最后，空间辐射对细胞周期和命运的作用是如何影响组织器官的损伤、恶性肿瘤的诱发尚不明确。未来理想的实验条件是在真实的空间辐射环境下系统分析细胞周期与细胞死亡的变化，并通过现代生物技术手段来揭示内在的调控机制，为更好地防护空间辐射提供实验与理论基础。

■ 4.3　辐射的复合效应（洪梅）

4.3.1　概述

空间是一个多因素的复合环境，除了电离辐射，深空探测所面临的其他风险因素还包括微重力、弱磁场、不同于地球环境的昼夜节律、空间紫外线、极端温度和环境噪声等，此外，航天员长期处于密闭隔离的环境也可能会影响他们的应激能力，增加其所面临的健康危险。

4.3.2　混合辐射效应

空间是一个混合辐照场，如 GCR 中的射线主要来自质子、氦核和高能重离子，SPE 主要为高能质子，由不同类型辐射所造成的混合辐射效应可能与单一辐射产生的效应不同，因此在研究空间电离辐射效应时，将研究体系同时或序贯暴露于低 LET 和高 LET 的混合射线可更好地模拟空间辐射环境。研究发现，细胞遭受低剂量质子辐照后，1 h 内再次遭受铁离子辐照时，细胞的癌性转化率显著高于分别进行这两种辐照后转化率的简单叠加。先暴露于 2 Gy 的质子（1 GeV/n），在 2 或 30 min 后，接着用 0.75 Gy 的铁离子（1 GeV/n）照射会比单独用质子或铁离子照射产生更多的染色体畸变。这些结果表明质子辐照和铁离子辐照可能存在协同效应。同时暴露于 X 射线和 α 粒子会增加肺上皮细胞的细胞毒性和微核形成率，也会使外周血单核细胞产生的复杂类型畸变的频率高于预期。通过测量微核的形成，发现同时暴露于 α 粒子和 X 射线对外周血淋巴细胞具有协同效应。

大脑特别是海马体也可能受到混合辐射的影响而产生变化。在一项对雄性 C57BL6/J 小鼠进行辐照处理的实验中发现，相对于 ^{56}Fe（600 MeV/n，0.5 Gy）的单独处理，单独的质子（150 MeV，0.1 Gy）或两者的联合处理（先是质子，24 h 后铁离子处理）会在照射后 3 个月造成小鼠新物体识别能力受损，但在单独铁离子的处理中没有观察到这个现象。小鼠新物体识别能力受损可能与炎症反应相关。接受混合辐射的小鼠巨噬细胞衍生趋化因子（macrophage derived chemokine，MDC）和嗜酸性粒细胞趋化因子水平较低，两者具有一定的相关性。此外，MDC 的水平与齿状回中新生活化小胶质细胞的百分比相关。研究者们在最近的研究中利用三种离子即质子（1 GeV，60%）、^{16}O（250 MeV/n，20%）和 ^{28}Si（263 MeV/n，20%）进行了 0、25、50、200 cGy 的序贯照射，探讨其对不同性别 B6D2F1 小鼠的行为和认知表现的影响。该研究发现 50 cGy 照射的雄性小鼠活动水平高于无照射小鼠，该剂量还导致小鼠抑郁行为增加。虽然 25 cGy 的照射对小鼠物体识别和新物体探索能力不产生影响，但 50 或 200 cGy 的照射影响了小鼠的物体识别能力。照射后的雄性小鼠中脑源性神经营养因子（brain - derived neurotrophic factor，BDNF）的皮层水平降低，而照射后的雌性小鼠中小胶质细胞活化标志物 CD68 水平上升，表明照射后的反应存在性别差异。此外，序贯照射对肠道微生物如产丁酸菌和毛螺旋菌的多样性和组成也产生了影响。

但是，也有研究发现，先用 1 GeV/n 的 ^{56}Fe 离子再用 250 MeV 质子照射的大鼠中，乳腺癌的风险低于其叠加值。通过对与心脏重塑、炎症浸润和细胞死亡相关标志蛋白的检测，发现当机体先暴露于低剂量的质子辐（0.1 Gy），24 h 后再进行铁离子照射，则其对心脏产生的影响可以得到完全抑制，似表明低剂量质子的预先处理可以帮助心脏更好地应对后续重离子辐射的胁迫。这些结果显示低剂量辐射也可能对遗传毒性具有保护作用。这种保护作用可能是通过活性氧的解毒、激活 DNA 修复、诱导细胞凋亡、细胞分化和刺激免疫反应而实现的。还有研究发现，先用 6 MeV 中子后用 240 kV 的 X 射线照射淋巴细胞，两者在微核形成上并不存在协同作用；在人外周血淋巴细胞中也没有发现高 LET 和低 LET 辐射在诱导染色体畸变上具有协同作用。

细胞因子是导致辐射生物学效应的重要因子，对其进行分析表明其变化具有辐射品质依赖性，因此对混合辐射的不同响应可能与所使用粒子的种类和不同组合有关。例如，在仅接受 ^{56}Fe 辐射的动物中，IL - 4 浓度会降低，但在 ^{56}Fe 和质子联合处理时，该细胞因子没有变化；此外，IL - 12、p70、IL - 6 和 TNF - α 水平仅在联合接受这两种辐射时升高，任何一种粒子的单独处理对这些细胞因子都没有影响。

空间环境中同时/先后遭受到不同类型的辐射是一个高概率事件，明确混合辐射效应对更好地评估空间辐射的风险非常关键。目前在美国布鲁克海文国家实验室（Brookhaven National Laboratory，BNL）的 NASA 空间辐射实验室（NASA Space Radiation Laboratory，NSRL）可同时提供五离子（$^1H^{1+}$、$^4He^{2+}$、$^{16}O^{8+}$、$^{28}Si^{14+}$ 和 $^{56}Fe^{26+}$，能量为 250～1 000 MeV/n 范围，对其比例设计大致接近 GCR）的简化 GCR 模拟系统以及七离子（$^1H^{1+}$、$^4He^{2+}$、$^{12}C^{6+}$、$^{16}O^{8+}$、$^{28}Si^{14+}$、$^{48}Ti^{22+}$ 和 $^{56}Fe^{26+}$ 等具有 33 种离子的能量组合，根据 GCR 中的 LET 分布和相对通量进行设计，能量达 1 000 MeV/n，总剂量为 0.5 Gy）的 GCR 模拟系统，可更好地模拟 GCR，对混合辐射效应进行更深入系统的研究。

4.3.3　辐射与微重力的联合效应

微重力是空间环境中另一个主要的、不可避免的环境因素，对骨骼、心血管、视觉系统、免疫系统等均有影响。微重力状态能显著改变细胞的形态结构、增殖与凋亡、胞内信号通路以及表现在个体水平的免疫功能紊乱。为了深入系统地研究辐射和微重力的相互作用，模拟空间条件的地面实验是必不可少的。目前所使用的体外实验微重力模拟装置包括旋转壁式回转器（clinostat）和随机定位仪（random positioning machine，RPM），在整体水平上使用的主要是后肢卸荷系统（hind limb unloading，HLU）和部分负重系统（partial weight-bearing，PWB）等。近年来，有多个关于模拟微重力和辐射联合效应的研究报道，主要关注两者联合作用对骨形成和功能、视觉系统、神经系统、心血管循环、免疫系统以及生殖系统等的影响，这方面的研究主要采用的是低 LET 的质子，也有一些使用重离子作为辐射处理。

有关模拟微重力和辐射联合效应对骨形成和功能的影响有较多的报道，在动物实验中所使用的主要为 HLU。1 Gy 的质子照射联合 HLU 可降低雌性 C57BL/6 小鼠的股骨和胫骨骨强度和力学性能。雌性 BALB/cByJ 小鼠在部分失重（1/6 g，用于模拟月球重力）情况下暴露于低剂量的高 LET 硅离子时（0.17 Gy 单次辐射、0.5 Gy 单次辐射以及分次辐射），两者的联合作用对维持骨量具有负面影响，减少了骨形成并增加了骨吸收，且骨形成受损可能与 Wnt 信号通路受到抑制有关。关于模拟微重力和辐射联合处理对骨骼健康长期影响的研究较少。但已有的研究发现，14 天 HLU 处理的雄性 C57BL/6J 小鼠接受 0.5 Gy ^{56}Fe 照射后，在第 28 天重新行走时表现出椎骨小梁形态的持续缺陷，表明两者联合作用对骨骼恢复会产生负面影响。根据目前动物模型的研究结果，模拟微重力和电离辐射联合作用对骨质流失的作用可能是叠加的，且不同的骨科参数对联合作用具有不同的敏感性。需要指出的是，除了出生后骨骼生长的时间和持续时间不同外，人类和啮齿类动物的附肢骨骼在解剖结构和姿态负荷方面也存在显著差异，因此根据啮齿动物模型所获得的结果，对类似条件下人体骨质的流失进行预测需要多方面综合考虑，两者可能并非为一一对应关系。

在过去十年间，超过 30% 执行长期国际空间站任务的航天员出现了一种或多种被称为航天飞行相关神经眼科综合征（spaceflight associated neuro – ocular syndrome，SANS）的眼部障碍。SANS 以病理生理学症状为特征，包括视盘水肿、眼球扁平、脉络膜和视网膜皱襞、远视屈光不正移位和神经纤维层梗塞等。NASA 的双胞胎研究也发现了脉络膜和总视网膜厚度的变化。由于太空飞行而导致的视觉功能退化不但会影响飞行期间任务的执行，也可能影响航天员长期的生活质量。微重力和辐射都可能导致眼部损伤，但目前两者联合作用破坏视网膜结构，造成功能性损伤的报道较少。已有的报道表明，模拟微重力和辐射的联合作用显著影响视网膜内皮细胞的存活。

在太空飞行中，航天员感知或应对环境变化能力的下降与航天员心理健康的变化一样，都可能造成灾难性后果。航天员成功完成深空任务（例如计划在火星上执行的任务）的能力高度依赖于功能健全的中枢神经系统（central nervous system，CNS），因此是目前空间环境危害研究的重点领域。地基动物实验表明辐射会损害多种认知过程，影响多重认知任务中的表现，相关机制研究揭示了在所研究的多数大脑区域中，辐射造成了神经生理过程和树突状结构中的多重变化。但辐射与模拟微重力联合作用对 CNS 造成何种影响仍不太确定。有研究表明，低剂量 γ 辐射和 HLU 模拟微重力联合处理并无加剧 HLU 引起的小鼠行为变化。在一项对于模拟微重力和辐照（γ 射线）对大鼠的行为、认知能力以及大脑关键结构中单胺和乙酰胆碱代谢的综合影响研究中发现，无论是单独辐照或与模拟微重力联合作用，均导致大鼠的趋触性降低。相较于仅进行模拟微重力处理的大鼠，辐照组和联合处理组的海马体中乙酰胆碱浓度显著增加。模拟微重力以及联合处理会造成由工作记忆故障而非空间记忆故障引起的学习问题，而单胺代谢分析表明，5－羟色胺能系统受联合处理的影响最大。但也有研究报道提出微重力和辐射间可能存在一定的拮抗效应。例如，大鼠纹状体中 5－羟色胺（5－hydroxytryptamine，5－HT）的代谢物 5－羟吲哚乙酸（5－hydroxylindoleacetic acid，5－HIAA）的含量在 HLU 模拟微重力作用下有所增加，但经微重力处理结合 γ 射线（3 Gy）照射则可使 5－HIAA 的含量正常化。一项近期的研究表明，模拟微重力和辐射的联合作用影响了大鼠前额叶脑皮层、海马体和纹状体中 5－羟色胺和多巴胺（dopamine，DA）的转化率，降低了单独的模拟微重力或辐射处理所导致的不良影响，如运动活动受损、长期的背景关联记忆力下降、定向和探索行为受抑制等，该作用可能与前额叶脑皮层中的 5－HT 受体 5－HT2a 和海马体中的 DA 受体 D2 有关。NASA 2019 年的一份实施策略指南中指出，目前航天员神经系统所面临的最主要航天危险为空间辐射、微重力以及密闭和隔离环境，因此制订了整合的研究计划以更有效准确地对这三者间的加和或潜在的协同效应进行风险评估，明确各因素共同作用对神经系统的影响及阐明相关机制，从而设计有效的防护措施，制定指标评估暴露于这些联合作用的可接受限度，在保证航天员安全的情况下有效地完成深空探测任务。

血管内皮细胞是辐射敏感细胞，已有报道表明模拟空间的辐射如 ^{56}Fe 离子会损害主动脉内皮依赖性血管舒张并增加主动脉的僵硬度。重离子辐射造成血管内皮受损，使屏障功能减弱，动脉粥样硬化斑块加速发展。在载脂蛋白 E 缺陷小鼠中，^{56}Fe 离子加速了目标区域主动脉动脉粥样硬化的形成。但是目前对辐射和微重力联合作用于心血管的信息还比较缺乏，已有的研究初步表明两者对机体产生的是协同效应。例如，利用 1 Gy（剂量率 10 cGy/min）的铁离子束和 HLU 联合处理雄性 C57BL/6 小鼠，发现两者联合可通过一氧化氮合酶（nitric oxide synthase，NOS）信号通路进一步损害腓肠动脉内皮依赖性血管舒张功能，对内皮型一氧化氮合酶（endothelial nitric oxide synthase，eNOS）、黄嘌呤氧化酶（xanthine oxidase，XO）和 SOD－超氧化物歧化酶 1（superoxide dismutase 1，SOD－1）蛋白水平产生负面影响。

辐射和模拟微重力的联合作用还可能影响免疫功能和生殖系统。与单独的 HLU 作用相比，2 Gy 质子辐射联合 HLU 可显著降低 6～8 周龄雌性 ICR 小鼠脾脏

T 淋巴细胞和细胞毒性 T 淋巴细胞的数量，抑制 T 淋巴细胞活化，显著降低其增殖能力。碳离子辐射和 HLU 的联合作用促进了生精细胞中 p53、Bax 和 PCNA（proliferating cell nuclear antigen）的表达，增加了细胞凋亡，同时降低了小鼠精子的数量和存活率，增加了精子的 DNA 损伤。当辐射剂量达到 0.8 Gy 及以上时，其与微重力的结合可显著上调 Bax/Bcl – xL 的比值。生殖细胞在联合作用下损伤的加重可能是由线粒体凋亡通路引起的细胞凋亡增加所致。虽然研究表明模拟微重力和辐射的联合作用对男性生殖系统有较显著的不良作用，其对女性生殖系统的影响仍不太清楚。

虽然对生物系统而言，模拟微重力和辐射的联合作用基本产生的是负面影响，但在细胞水平上对联合作用后果的研究报道则并不一致。两者的联合作用是否影响染色体畸变（chromosome aberration，CA）、DNA 损伤修复、细胞凋亡等可能与不同的细胞种类及生长条件有关。例如，有报道称 RWV 模拟的微重力对 X 射线或质子束（0~6 Gy）诱导的人淋巴细胞染色体畸变并无影响；但是暴露于辐射（1.5 Gy X 射线或 0.5 Gy 碳离子束）和 clinostat 模拟的微重力（24 h）条件增加了人成纤维细胞或人淋巴母 TK6 细胞的染色体畸变。模拟微重力降低了暴露于 5 Gy γ 射线的人淋巴细胞的 DNA 损伤修复效率；但将 5 Gy 或 10 Gy X 射线照射的人成纤细胞送入太空，在 STS – 65 任务的哥伦比亚号航天飞机上接受真实空间微重力处理后，发现其 DNA 损伤修复效率与地面正常重力下处理的细胞相比并无显著差别。RWV 模拟的微重力显著降低了人淋巴母 TK6 细胞在 γ 射线辐照后诱导的细胞凋亡水平并增强了基因组 DNA 损伤，使 hprt 突变频率和微核形成增加；而对于人 B 淋巴母细胞 HMy2. CIR 的研究则发现，RWV 模拟的微重力加剧了碳离子辐射诱导的细胞凋亡。

由于微重力和辐射均可能影响 DNA 的完整性、胞内信号转导通路、包括分化和增殖在内多个细胞过程的基因表达水平，以及导致炎症反应所必需的不同成分，因此两者存在的协同作用可能是通过这些因素所介导的。例如，酪氨酸蛋白激酶（protein tyrosine kinase，PTK）、蛋白激酶 C（protein kinase C，PKC）和丝裂原活化蛋白激酶（mitogen – activated protein kinase，MAPK）等各种激酶在响应微重力时发挥重要作用，而辐射也可以诱导免疫细胞中不同激酶的激活。炎症的一个关键步骤是将白细胞从血流转运到组织中，涉及白细胞和内皮细胞之间的动态相互作用，由几个细胞黏附分子（cell adhesion molecule，CAM）家族所介导。研究发现，X射线可增加选择素家族成员如E-选择素以及免疫球蛋白超家族成员如细胞间黏附分子-1（intercellular adhesin molecule-1，ICAM-1）的水平，而微重力也会增加血管细胞黏附分子（vascular adhesion molecule，VCAM）和ICAM-1的水平，两者的共同作用很可能促进白细胞黏附及因此而产生的炎症。此外，microRNA也可能在两者的联合中发挥作用，不同因素的组合可能对microRNA的表达产生差异性的影响。例如，一个对模拟太空飞行处理的外周血淋巴细胞中microRNA转录谱的分析表明，模拟微重力会下调放射敏感性的microRNA以调控辐射暴露的影响，其中包括成骨干细胞分化（miRNA-144）、iPSC生成（miRNA-200a）和胚胎干细胞分化（miRNA-7）等过程的重要启动子。人淋巴母细胞TK6在单因素处理下，其microRNA并无差异性表达，但当模拟微重力和辐射联合处理时，促进癌细胞干性和致瘤性的miRNA-15b和miRNA-221都发生了差异性的表达。

4.3.4 其他

除了联合辐射和微重力的作用外，在长期深空探测过程中，航天员还会处于长期隔离和受限状态。动物实验已观察到隔离会减少啮齿动物海马体和前额叶皮层神经可塑性的标志物，上调脑结构中神经炎症和细胞丢失标志物的水平，增加氧化应激，提高海马体中促炎性肿瘤坏死因子-α（tumor necrosis factor alpha，TNF-α）的水平。由于辐射或模拟微重力也会造成这些损伤，因此隔离因素有可能与其产生协同作用，进一步影响神经系统的正常功能。虽然关于联合因素作用的研究仍较为有限，但目前普遍认为多种压力源同时存在会产生一系列不良的相互关联行为和生物学效应，对航天员的各项操作产生不利影响。

4.3.5 辐射复合效应的研究展望

虽然关于空间单因素对机体的影响及相应机制的研究已获得了一定的成果，但局限于实验条件，关于联合因素作用的报道仍颇为缺乏。例如，在目前的地基研究中，样品的电离辐射和模拟微重力的处理是序贯进行的，与真实的空间环境中两者同时作用于机体的现象存在较大差异，因此所获得的结果对揭示和阐明空间真实观察到的生物学效应作用有限。联合辐射实验多也为序贯进行，而且所使用的离子种类有限。但随着技术的进步，一些实验室如美国布鲁克海文国家实验室的 NASA 空间辐射实验室已可同时提供五离子的简化 GCR 模拟系统以及七离子的 GCR 模拟系统，可更好地模拟 GCR 射线，获得更准确的联合辐射生物学效应信息。设置好的研究模型以及验证方式对研究这些胁迫的协同作用非常重要，利用已获得的对单个胁迫响应的研究数据，也可使用有效的计算机模型来评估可能造成的危害程度及其对操作性能所产生的影响。

■ 4.4　辐射旁效应（马宏）

辐射诱导旁效应（radiation – induced bystander effect，RIBE）也称辐射旁效应，指没有直接遭受辐照损伤的细胞能够接收直接受辐照的细胞所产生的信号，从而改变细胞内在的生长代谢过程，表现出与直接受辐照细胞相似的生物学效应。旁效应是人类在接触辐射后机体出现长期不良影响的重要因素之一，例如在航天任务中很多航天员在完成太空飞行任务后，身体会受到不同程度的辐射损伤，尤其是脑部细胞受损。而神经胶质细胞作为支持细胞广泛分布于中枢和周围神经系统，其辐射损伤影响到整个大脑甚至机体的功能，旁效应更是辐射造成长期神经影响的重要因素。

4.4.1　辐射旁效应概述

近年来，旁效应作为科学家们关注的热点，尤其在太空安全中提出辐射旁效应，也显示出这一效应的重要性。一般来讲，辐射对于生物的损伤体现在两方面，即直接效应与间接效应，我们通常最容易观察到的染色体断裂、细胞死亡等属于直接效应，但与此同时，众多的间接效应表现也不容忽视，诸如基因组不稳定性、断裂因子、遗传效应、旁效应等。

自 1992 年首次提出电离辐射旁效应概念至今已有近 30 年的历史，大量研究证明，电离辐射不仅通过直接照射导致的能量传递引起细胞损伤，其产生的损伤信号还能被受照细胞分泌到培养基或培养环境，导致未受照射细胞产生类似的损伤效应。目前辐射生物学界达成一个普遍共识，即生物体对电离辐射的应激反应并不单单是某个独立细胞对辐射的累积损伤反应，而是群体中多细胞之间互相作用的结果。毫无疑问，这种认识增加了对机体辐射反应复杂性的理解。科研人员利用切尔诺贝利核事故幸存者的血清培养未受到辐照的细胞，观察到正常细胞染色体损伤，并且这一影响长达 20 年之久。同样，这一损伤效应也发生在长期飞行后的航天员当中，虽然他们仅仅接受了较低剂量的射线，但当他们返回地球之后，会出现影响周期极长的中枢神经系统功能退行性变化。

4.4.2 辐射旁效应的主要研究成果

1. 旁效应是辐射间接作用的一种生物学效应

电离辐射的直接作用主要指放射线直接作用于具有活性的生物大分子上，如核酸、蛋白质等，并使其发生电离、激发，产生分子结构性和功能性的变化，从而引起代谢障碍。已有研究表明，辐射能够引起 DNA 分子的断裂、解聚，同时还能引起部分酶的活性下降或活性丧失等。而辐射导致的旁效应则表现为对辐射信号的信息传递，传递方式包含物理、化学、生物在内的多种方式。旁效应的类型包括 DNA 损伤、基因组稳定性降低和基因突变等。这些旁效应能够对机体自身稳态、细胞增殖、细胞凋亡及细胞分化产生影响。

具体来说，在旁效应的诱导过程中，有两种独立且又相互联系的作用方式：第一种是由细胞间隙连接蛋白（connexin，Cx）介导的，间隙连接蛋白能够将信号从受辐照的细胞传输到旁细胞中引起旁效应；第二种是由可溶性细胞信号分子介导的，主要有组织蛋白酶 B（cathepsin B，CTSB）、转化生长因子 – b（transforming growth factor – b，TGF – b）、TNF – α、白介素 – 6（interleukin – 6，IL – 6）、白介素 – 8（interleukin – 8，IL – 8）以及活性氧和氮氧化物等，通过激活胞内信号转导，产生旁效应。一般而言，细胞受到辐射后，邻近细胞主要以间隙连接通信介导辐射旁效应，远端细胞辐射旁效应的产生主要是由可溶性细胞信号分子介导的。科学家总结了相关的研究报道，提出损伤信号从受照细胞传导到非受照细胞的过程中，细胞间隙介导的辐射旁效应要依赖于细胞之间的连接，与受照细胞和旁效应细胞之间实现信号转导的能力相一致。目前，胞间通信参与的旁效应已被多个实验证实。在一项研究中，将受照细胞与非受照细胞以不同密度共同培养，发现只有在细胞直接接触的情况下旁效应细胞的增殖速度才会增加。

然而有趣的是，在其中功能性胞间通信信号和受照细胞释放于细胞外的可溶因子都发挥作用。这可能证实了早先提出的膜信号通路理论。另一项研究则讨论了细胞间接触在旁效应诱导细胞死亡和凋亡中的重要作用，指出信号传递通过直接的细胞接触，特别是经过细胞间隙比通过培养基介质传递更加有效。

1）间隙连接细胞间通信

间隙连接是一种细胞间的连接方式，是相邻细胞进行物质交换和信息传递的膜通道结构，由相邻细胞膜上的间隙连接蛋白连接而成。两细胞间的营养物质、代谢产物、信号分子等（相对分子质量≤1 kD）能够通过间隙连接进行相互交换。细胞间隙连接通信（gap junctional intercellular communication，GJIC）对细胞正常增殖和分化以及细胞代谢功能起到重要调节作用。

细胞间隙连接通信在暴露于低剂量 α 粒子的单层融合培养细胞旁效应中发挥了重要的调节作用。细胞间隙连接是一种特殊的质膜结构，包含一个连接相邻细胞的低阻通道。在可兴奋的组织中，它允许电耦合；在其他组织中，它允许参与新陈代谢、生长控制和胚胎发生的小分子通过。间隙连接从结构上来看是由跨越两个质膜的完整细胞间通道组成，该通道的每一半分别由两个参与细胞中的一个所提供，因此由两个半通道或连接蛋白联合形成完整通道。连接蛋白是一个广泛的蛋白质家族，由亚基组装形成多聚体。不同的连接蛋白在不同的组织中表达，其选择性与通信分子的大小和电荷有关。研究表明，由不同连接蛋白组成的通道对离子和特定荧光染料具有不同的电导率和渗透速率，渗透速率取决于间隙连接通道连接蛋白的组成。已经证明间隙连接可以是有选择性的，如细胞质第二信使（cAMP 和 cGMP 等）可以由部分基于孔径的不同连接蛋白来区分。此外，虽然某些连接蛋白可能有利于阳离子，但其他连接蛋白对于电荷是相对非选择性的。通常这些孔道允许通过的最大分子量为 1 000~1 500 D，允许离子、小分子代谢物和第二信使在细胞间直接交流。例如重要的第二信使钙离子，能够产生旁效应信号，并且在旁效应共培养实验中发挥作用，这种钙离子信号释放进入旁效应细胞的方式就是通过 GJIC。

间隙连接蛋白是构成细胞间隙连接通信的基本结构和功能蛋白。间隙连接蛋白 43（connexin43，Cx43）作为数量最为丰富、分布最为广泛的间隙连接蛋白，在细胞间隙连接通信中发挥着重要作用。Hei 等发现，Cx43 基因启动子区存在

AP-1（激活蛋白）和 NF-κB 转录因子结合位点。直接受照细胞释放的细胞因子，如：TNF-α、TGF-β1、IL-1b、IL-8 激活旁效应细胞中的 NF-κB，诱导环氧合酶-2（COX-2）和一氧化氮合酶（iNOS）基因表达，同时诱导 Cx43 的表达。

此外，多项研究结果显示，低剂量 α 粒子暴露细胞的 GJIC 与氧化代谢相关。Mancuso 等的研究发现，致癌辐射损伤通过 GJIC 传递至未受照的小脑组织，这一过程涉及 ATP 的释放和 Cx43 表达量的上调。Autsavapromporn 等的研究也证实，氧化应激与 GJIC 存在协同作用，并且提出二者在调节受 α 粒子或 γ 射线照射的人体成纤维细胞辐射损伤修复过程中发挥重要作用。另外，当使用间隙连接抑制剂处理细胞或在 Cx43 基因缺陷的细胞中，电离辐射诱导的旁效应被削弱。Mancuso 等研究发现，小鼠全身辐照后在受屏蔽的小脑中 γH2AX 发生率和凋亡均增加，但使用细胞间通信连接阻止剂 TPA 处理后发现小脑中 γH2AX 发生率和凋亡情况与未处理组相比均呈现出减少趋势。以上实验表明，辐射旁效应的产生依赖于 GJIC，又不完全由间隙连接通道介导，还可能通过其他机制（如旁分泌）诱导产生。

2）可溶性物质

另一种旁效应信号传递途径是受照细胞释放可溶性因子通过培养介质转移至旁效应细胞。研究发现，参与旁效应信号传导的分子有很多种，这也受到细胞的类型和细胞生理状态的影响。这些可溶性因子包括脂质过氧化物、次黄嘌呤及细胞因子类，如 IL-6、IL-8、TGF-β1、TNF-α、ROS 及 RNS 等。

（1）ROS 和 RNS。

ROS 和 RNS 是多种细胞自然程序（如细胞凋亡、细胞生长、细胞信号转导、免疫反应和炎症反应）中的关键分子。由于氧化代谢失调和慢性炎症反应，受照细胞及旁效应细胞中活性自由基的水平升高，从而影响致癌过程。Gollapalle 等的研究发现，受照数周后，非靶组织中产生高水平的氧化应激，并诱导聚集的 DNA 损伤。而使用抗氧化剂处理细胞后，旁效应细胞中的 DNA 损伤减少。线粒体是自由基的主要产生者，研究发现，在线粒体缺陷型细胞或线粒体 DNA 突变型细胞中，辐射旁效应被削弱，表明线粒体在辐射旁效应中发挥着重要作用。

大量的证据表明，ROS 通过一系列级联反应参与细胞外及细胞内旁效应的诱导。ROS 可以直接由受照细胞的辐射分解产物产生，或者间接经由炎症过程产生，通过被动扩散、主动运输或间隙连接转移至临近旁效应细胞。大多数 ROS 的半衰期很短，仅能诱导距离 DNA 链几纳米内的损伤。而过氧化氢具有相对更长的半衰期，能自由地穿过细胞膜，长距离迁移，导致远位 DNA 损伤。高浓度的 ROS 通过细胞氧化应激反应诱导细胞凋亡甚至坏死。另外，羟基自由基和部分单线态氧分子能与 DNA、蛋白质和脂类发生反应，使其功能发生改变。另有证据显示，质膜结合的 NADPH 氧化酶诱导胞内 ROS 含量的增加。另一方面，在旁效应细胞中，COX－2 通过对应的细胞因子受体的活化，调节前列腺素 E2 的合成，并伴随产生大量活性氧，释放至细胞外环境，与邻近细胞相互作用，增强辐射旁效应。

亦有研究发现，当 SD 大鼠肺下部受到 ^{60}Co γ 射线辐照时，在被屏蔽而没有受到辐射的肺上部检测到 DNA 损伤，即形成微核。尤其是当 70% 肺下部受到照射时，这种肺上部的损伤更加明显。进一步研究发现，当用超氧化物歧化酶（SOD）或者一氧化氮合成酶抑制剂（L－NAME）处理后，在受屏蔽的肺上部中产生的 DNA 损伤会被抑制。这暗示着 ROS 和 NO 的生成导致间接 DNA 损伤并且诱发同一器官邻近部位的旁效应现象。用 Eukarion－189（类似于 SOD 过氧化氢酶）处理后发现肺部辐照区和非辐照区 DNA 损伤效应均表现出减轻。这一事实也说明在肺部非辐照区产生的 DNA 损伤可能是由于辐射诱发炎症反应导致慢性 ROS 释放所致的。

RNS，尤其是 NO，作为一个重要的信号分子，参与多条信号转导通路。NO 是一种小的亲脂分子，能够自由扩散到细胞内。NO 具有可渗透性、高反应活性和分子质量小的特点，是体内常见的生物信号和调节因子，可以降低细胞内谷胱甘肽水平产生氧化应激，与过氧化基团反应，而慢性炎症能够产生高浓度 NO。同 ROS 一样，它由受辐射的细胞释放，并被传递给未受辐射的旁观者细胞。靶细胞中产生的 NO 可诱导某些 NO 依赖性的蛋白发生翻译后修饰，使其功能改变从而传递细胞信号，最终导致旁效应细胞中 DNA 损伤和基因组不稳定。实验表明，NO 可引起野生型（Wt）p53 胶质母细胞瘤细胞中 p53 和 HSP72 的表达增加，这是对氧化应激的一种反应，无论是与辐照突变型 p53 细胞的条件培养液共培养，还是暴露于辐照突变型 p53 细胞的条件培养液中，NO 都能引起野生型 p53 胶质母细胞瘤细胞中 p53 和 HSP72 的表达增加。

进一步的研究显示，加入特定的 NO 清除剂时，旁效应被抑制。而使用钙离子阻滞剂后，旁效应消失，表明钙离子能够调节 NO 诱导的旁效应，抑制 NO 合成酶导致钙离子通道被抑制，NO 参与诱导辐射旁效应。Dickey 等的研究也发现，使用 NO 清除剂和 NO 合成酶抑制剂处理细胞都会导致旁效应细胞中 DNA 双链断裂水平降低。另一项研究发现，射线诱导的 NO 的合成可以调节受照的人唾液下腺（human salivary gland，HSG）细胞对未受照淋巴瘤细胞的效应，这种调节过程依赖于 HSG 细胞接受的照射剂量和传线能密度。另有研究表明，NO 参与淋巴瘤细胞、恶性胶质瘤细胞培养基介导的辐射旁效应，并且可能诱导邻近细胞早期 DNA 损伤。对未受照野生型 p53 的胶质细胞瘤细胞的研究表明，无论其与受照的突变型 p53 细胞共培养或暴露于条件培养基，作为氧化应激的应答，NO 均可诱导野生型细胞中 p53 和热休克蛋白 72（hsp72）的表达。这一结果表明，NO 可以诱导并调节旁效应，并且 NO 由受照细胞转移至旁效应细胞过程中不需要直接的细胞间接触（如间隙连接等）。

（2）丝裂原活化蛋白激酶。

丝裂原活化蛋白激酶（MAPK）是一组能被不同的细胞外刺激激活的丝氨酸 - 苏氨酸蛋白激酶，参与细胞因子、趋化因子和有丝分裂原等分子经由受体的信号传递。在 MAPK 信号通路中，ROS、NO 和 COX - 2 是 MAPK 信号通路的初始调节因子，通过 JNK（c - jun n - terminal kinase）、细胞外调节蛋白激酶（extracellular regulated protein kinases，ERK）调节下游 Bax、Bak 的表达，从而调控细胞周期、增殖和凋亡。JNK/MAPK、ERK/MAPK 信号通路是辐射旁效应中调控细胞增殖与凋亡的关键通路。

ERK 是将信号从表面受体传递至细胞核的关键。磷酸化激活的 ERK1/2 由胞质转移到核内，进而介导 NF - κB、Ap - 1 等转录因子的活化。研究发现，受照细胞中加入 PD98059（一种特异性的 MAPK 激酶的抑制剂）后，旁效应的诱导被削弱，表明 MAPK 信号通路参与旁效应的诱导。以上结果表明，TGF - β、IGF、IL - 1、IL - 8 等配体结合到与其相互作用的受体，通过激活 MEK（MARK/ERK 激酶）1/2、MKK（MARK 激酶）3/6 或 p38 信号通路，进而诱导 COX - 2 的表达。研究表明，TNF－α 也能够通过 AP－1 转录因子激活 MAPK 通路，进一步上调 COX－2 及 iNOS 的表达，刺激 NO 的生成。

（3）细胞因子。

氧化应激在电离辐射诱导的旁效应中的参与可以被细胞因子进一步间接地加强，具体地说，细胞因子，如 TNF－α、IBL－1b 和 IL－33 是由受辐射的细胞释放的，通过膜受体结合到旁效应细胞，直接激活转录因子 NF－κB。NF－κB 负责 iNOS 和 COX－2 基因的表达，其中 COX－2 参与 ROS 的产生，而 iNOS 控制 NO 的合成。

另外，IL－6 与其旁效应细胞表面上的受体结合，可以激活 JAK2 信号转导分子和信号传导及转录激活因子－3（signal transducers and activators of transcription，STAT－3）通路。反过来，STAT－3 的激活导致活化的 NF－κB 在细胞核中长时间滞留，调控旁效应细胞中 COX－2 基因的表达和最终 ROS 的含量。

TGF－β1 由射线诱导或经由 NO 诱导产生，它可以增加 ROS 的合成和微核形成，且 TGF－β1 抑制剂能够减轻辐射旁效应。具体而言，受照细胞分泌的 TGF－β1 参与旁效应诱导的 NAD（P）H 氧化酶活化，导致胞内 ROS 含量增加。TGF－β1 和 IL－8 也可以激活 MAPK 通路，使旁效应细胞产生自由基。另外，Shao 等的研究证实 TGF－β1 是辐射诱导的 NO 的下游产物，且 NO 与 TGF－β1 两种信号分子相互依存。当部分靶细胞受照时，NO 及其下游产物 TGF－β1 由靶细胞释放。一旦 TGF－β1 与未照射细胞相互作用，即可通过依赖于 Ca^{2+} 的途径诱导胞内第二旁效应信号 NO 生成，并进一步诱导邻近细胞微核形成。另外的研究显示，受照后旁效应细胞中 TGF－β1 及 TGF－β 受体的表达水平均升高。综上可见，TGF－β1 通过刺激 ROS 的合成或通过依赖于 Ca^{2+} 的途径诱导 NO 的合成参与辐射旁效应。

另有研究发现在鼠肺部直接辐照区和旁效应区域中 DNA 损伤、巨噬细胞激活和炎症因子的表达均呈现出一种上下波动的周期表达模式。当肺部直接辐照区域生成更多的 DNA 微核时，辐照区及非辐照区的细胞因子（包括 IL－1a、IL－1、IL－6、TNF－α 和 TGF－β）的 RNA 表达水平以及巨噬细胞激活数量均增加到相似的水平。

（4）胞外 DNA。

胞外 DNA 是一种独立于细胞的游离 DNA，广泛存在于体液中。Ermakov 等提出濒临死亡的受照细胞释放受损 DNA 片段至胞外，并作为全身性应激信号参与辐射旁效应的进展。对于受照细胞，在氧化应激条件下，胞内 DNA 的氧化水平和细胞死亡率增加，诱导细胞凋亡并释放出受损的、氧化的胞外 DNA 至培养基。随后，拥有应激信号功能的氧化的胞外 DNA 与受体相互作用，导致旁效应细胞的表面或内部发生次级氧化应激。旁效应细胞中氧化的胞外 DNA 的受体可能是 Toll 样受体家族的跨膜蛋白 TLR9，DNA-TLR9 复合物形成之后，通过下游信号通路激活促炎转录因子 IRF3 和 NF-κB，诱导 ROS 的合成，而 NO 的生成量减少，同时 DNA 单链和双链断裂数瞬时增加。在旁效应细胞中，氧化应激导致基因组和线粒体的氧化损伤，并且激活 DNA 损伤应答途径。然而，部分旁效应细胞由于触发细胞级联凋亡而趋向死亡，这又导致氧化的胞外 DNA 释放并作为应激信号进一步促进旁效应的传播，一些触发细胞级联凋亡而趋向死亡的旁效应细胞会再次通过释放氧化的胞外 DNA、IL-6、IL-8 和 TNF-α 等作为应激信号参与诱发二次体内旁效应。值得注意的是，未受照细胞释放的胞外 DNA 不能作为氧化应激信号，也不能诱导细胞的 ROS 合成。

研究发现 HeLa 细胞存在 X 射线诱导的旁效应，并且 ROS 是 NO 的上游信号。另有研究显示受辐照细胞能够分泌细胞因子。这些细胞因子能够诱使没有受到辐射的细胞中 ROS 水平增加。通过研究 γ 射线辐射癌细胞发现死亡信号转导通路中的某些分子（如 Fas、TRAIL 及 TNF-α 等）也同样参与旁效应信号传导。除此之外，Tartier 等研究发现缺少线粒体 DNA 的 HeLa 细胞旁效应现象完全受到抑制，提示在体外有多种生物分子参与旁效应信号传导。

（5）组织蛋白酶。

组织蛋白酶（cathepsin B，CTSB）为木瓜蛋白酶类半胱氨酸蛋白酶，主要存在于细胞溶酶体内，在弱酸环境下容易被活化，是溶酶体内的蛋白水解酶，参与多种生理功能，包括前体蛋白的激活，抗原提呈以及细胞分化、再生与凋亡。在辐射诱导线虫的辐射旁效应机制研究中发现，组织蛋白酶 B 是主要的辐射旁效应因子，可诱导多种典型的辐射旁效应，包括抑制细胞凋亡和促进细胞增殖以及致死性和应激反应的增加。通过特异性阻断组织蛋白酶 B，可显著降低旁效应所产生的损伤。

可见，细胞间通信的作用，无论是直接通过 GJIC 还是间接通过自分泌和旁分泌因子，可能都具有高度的组织特异性，因此结合体外和体内模型的研究在未来需要给予更多的关注。

2. 外泌体作为辐射旁效应的重要传导方式

外泌体产生于细胞内的胞内体，源自细胞的内吞系统，质膜向内突出产生小囊泡，包容了部分细胞浆，从而形成了单层膜包被的腔内多囊泡胞内体。与质膜直接向胞外突出并释放内容物的微泡形成截然相反。但二者的分泌均不涉及信号肽参与的经典机制。多囊泡胞内体上的单层膜与细胞质膜相融合并将其腔内的多个小囊泡以及其他内容物释放至细胞外，便形成了外泌体。外泌体大小相对均一，直径为 30~100 nm，具圆球状双层膜结构。据研究报道，外泌体可以被大多数不同类型的细胞分泌释放，并且广泛存在于包括血液、尿液、唾液、羊水等在内的多种体液中。

外泌体具有脂质双分子层并富含鞘磷脂及胆固醇，这二者之间能够形成使膜更加稳定的氢键。除此之外还存在一定量的神经节苷脂（ganglioside GM3），该种物质能够作为一种稳定剂与胆固醇及鞘磷脂形成网状结构，弱化脂质体的吸收能力，同时增加其硬度，保持外泌体在血液中的独立性以及其结构不被破坏。这一结构特性也导致了外泌体中所包含的重要信息能够完好无损地进入其他细胞。

研究指出，外泌体原本是用来将废弃的蛋白质等其他细胞不再需要的生物分子排出细胞，但外泌体的排出对自身影响较小，却对周围临近细胞产生了重要的生物学影响。近几年的研究表明，外泌体充当了重要的细胞间信息传送介质。外泌体中不仅包含了具有各种功能的蛋白质，诸如酶蛋白、跨膜蛋白、细胞骨架蛋白以及其他蛋白质功能分子，也包含了参与很多生命活动的 RNA 分子，其中的 microRNA 若进入了细胞内则会在一定程度上抑制某些基因的表达来改变细胞内的生化反应通路，从而介导了旁效应的产生。而且 RNA 在外界极容易被 RNA 酶降解，但由于外泌体自身的囊泡结构，可以保护被包在其中的 RNA，这也使外泌体能够成为 RNA 信息分子的良好载体。

相比于其他诸如胞间连丝等细胞间交流方式，外泌体的交流距离被极大地放大，它可以进行远距离的细胞通信。在疾病发生中，外泌体可能会导致肿瘤细胞的快速大范围转移，使得癌症治疗的复发率较高且很难预知治疗效果。

外泌体的存在使得细胞间基因交流变得更加容易，也让许多生物学现象更加复杂，但同时我们对于许多疾病的发病原因有了更加清晰的线索。因此，外泌体的深入研究还有很长的路要走。

4.4.3　电离辐射旁效应的研究手段

研究结果发现，小于1%的细胞核被α粒子直接击中，但发生姊妹染色体交换的细胞比例达到30%，由此发现了电离辐射诱导的旁效应，建立了研究旁效应的标准体系。目前培养基转移实验和微束辐照这两种方法成了研究辐射旁效应的主流方法。

1. 培养基转移实验

培养基转移实验是指用一定剂量的射线辐照细胞后，经过一定时间的培养后收集培养基，使用滤膜或离心的方式去掉培养基中的细胞，再使用该培养基继续培养未受辐照的细胞以观察其生物学效应，如图4.1所示。这种实验方法避免了由于细胞间直接接触而带来的影响，仅仅将注意力集中在细胞受辐照后向培养基中释放的信号分子在电离辐射旁效应的作用。并且培养基转移实验操作简单、对仪器依赖性低、易于开展，被全世界各地研究人员广泛采用。

2. 微束辐照

微束辐照依赖于近年来辐射装置的技术升级，可以使射线束斑缩小至微米级。常用的微束有粒子微束和超软X射线微束。由于微束装置的独特优势，无论是贴壁细胞还是悬浮细胞，无论是细胞核还是细胞质都可定点定量辐照。微束辐照可为电离辐射旁效应提供直接证据，是近年来研究电离辐射旁效应的最有效方法之一。

目前国际上活跃的所有微束无一例外地开展了一系列细胞和组织模型中的旁效应研究。最近的发展更是从2D细胞培养模型研究转向更复杂的3D系统，利用微束在空间和时间传递方面的独特性将产生重大影响。

1）细胞模型研究

首次报道的微束旁效应研究表明，在用^{3}He进行局部照射后，单独照射的原

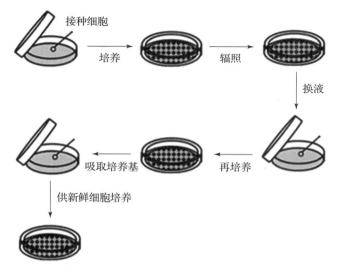

图 4.1　培养基转移实验

代人成纤维细胞可以诱导微核形成增加和细胞凋亡的旁效应。其后的研究发现，微束照射仓鼠成纤维细胞诱导了包括突变和转化在内的旁效应，而且原代人成纤维细胞仅用单个氦离子照射单个细胞后即可观察到这种效应。

虽然辐射旁效应早期的研究主要关注轻离子，但最近的工作已扩展到具有较高 LET 的较重离子的研究，如用单个 ^{40}Ar（约 1 260 keV/μm）或 ^{20}Ne（约 380 keV/μm）离子观察到微核的诱导形成。其他研究评估了碳离子微束照射后的反应，表明 LET 对旁效应细胞中 CDKN1A（p21）介导的细胞周期没有显著影响，但旁效应的细胞存活率与对照组存在显著时间差异。

总的来说，带电粒子微束对阐明旁效应的机制做出了重大贡献。例如，利用微束独特的靶向能力，已表明即使只有细胞质受到照射，抗辐射神经胶质瘤细胞中也会诱导产生旁效应，证明旁效应的触发可能不需要辐射对细胞 DNA 的直接损伤，其产生的活性氧或活性氮也可以在旁细胞中诱导 DNA 损伤。此外，关于微束诱导旁效应的机制研究表明，除了 TGF-β 细胞因子相关信号外，钙信号转导过程也发挥了关键的调节作用。现有大量证据表明，旁细胞内损伤的累积可能会导致细胞周期 S 期阻滞。

尽管与带电粒子研究相比，X 射线微束应用方式更为有限，但其也已应用于旁效应的研究。迄今为止，已经报道了两种 X 射线微束方法。一种方法是使用基于同步加速器的 X 射线，它被限制在一个小狭缝或孔径内，以产生 5.3 或 12.5 keV X 射线的局部辐射。另一种方法是使用特征软 X 射线和聚焦方法，然后使用为带电粒子微束开发的相同方法精确照射细胞群中的单个细胞。已在仓鼠成纤维细胞中报道了 X 射线微束对于克隆形成的影响。

研究者还开发了能够输送局部剂量为相对低能（80 keV）的电子微束。然而，至今还没有关于局部电子照射后旁效应的研究报告。

2）组织模型研究

微束研究已从细胞培养模型扩展到更复杂的组织模型和体内系统，如最早使用的人类和猪的输尿管模型。输尿管高度组织化，有 4 ~ 5 层尿道上皮，从管腔处完全分化的尿道上皮细胞延伸到邻近固有层或支持组织的基底细胞。输尿管的部分被分离并放置在微束培养皿上，尿道上皮最接近培养皿表面。使用带电粒子微束，可以局部照射输尿管的一小部分，这样只有 4 ~ 8 个尿道上皮细胞成为目标。然后培养组织以允许尿道上皮细胞的外植体生长，记录微核或细胞凋亡时，观察到明显的旁效应。此外还检测到终末分化的尿道上皮细胞数量显著增加。因此，在这个模型中，组织的主要反应是干预细胞分裂。这表明在完整组织中，旁效应可能是保护性反应，防止额外损伤的传播。这些发现也引发了关于分离细胞培养系统与体内多细胞组织环境相关性的持续争论。

其他组织模型中关于微束的研究也有报道。如在皮肤重建模型的工作中，使用微束方法进行局部照射并测量旁效应信号的范围。在对完整的 3D 皮肤重建进行局部照射后，再以距照射区域不同距离的切片进行组织学分析，结果在距最初照射区域 1 mm 远的地方检测到微核化和凋亡的旁细胞。Hu 等发现，旁效应信号传递距离受细胞内 TGF - β 信号转导通路的反馈调节。另有研究在模拟肺部氡暴露的模型中观察到类似的长期影响。

4.4.4　总结与展望

辐射不但会引起多种直接效应，也会对未受辐照的细胞或组织产生间接的旁效应，从而进一步扩大辐射效应。此外，不同射线类型会引发不同的旁效应。虽然目前对旁效应的机制已有一定的报道，但仍不够深入，迫切需要更系统的研究对其潜在的分子机制进行探讨和发掘。另外，旁效应及其发生机理在辐射防护和肿瘤放疗方面的应用也是值得关注的问题。

参考文献

［1］ Cheeseman K H, Slater T F. An introduction to free radical biochemistry ［J］. British medical bulletin, 1993, 49 （3）: 481 –493.

［2］ Muron T R. The relative radiosensitivity of the nucleus and cytoplasm of Chinese hamster fibroblasts ［J］. Radiat Res. , 1970, 42 （3）: 451 –470.

［3］ Srinivas U S, Tan B W Q, Vellayappan B A, et al. ROS and the DNA damage response in cancer ［J］. Redox Biol. , 2019, 25: 101084.

［4］ Lei G, Mao C, Yan Y, et al. Ferroptosis, radiotherapy, and combination therapeutic strategies ［J］. Protein Cell. , 2021 , 12 （11）: 836 –857.

［5］ Lieber M R. The mechanism of double – strand DNA break repair by the nonhomologous DNA end joining pathway ［J］. Annu Rev Biochem. , 2010, 79: 181 –211.

［6］ Clouaire T, Rocher V, Lashgari A, et al. Comprehensivemapping of histone modifications at DNA double – strand breaks deciphers repair pathway chromatin signatures ［J］. Mol Cell. , 2018, 72 （2）: 250 –262.

［7］ Giovanni M, Ciro C, Michele M, et al. Free radical properties, source and targets, antioxidant consumption and health ［J］. Oxygen, 2022, 2 （2）: 48 –78.

［8］ Dröge W. Free radicals in the physiological control of cell function ［J］. Physiol Rev. , 2002, 82 （1）: 47 –95.

［9］ Di Meo S, Reed T T, Venditti P, et al. Role of ROS and RNS sources in physiological and pathological conditions ［J］. Oxid Med Cell Longev. , 2016: 1245049.

［10］ Do Q, Zhang R, Hooper G, et al. Differential contributions of distinct free radical peroxidation mechanisms to the induction of ferroptosis ［J］. JACS Au. , 2023, 3 （4）: 1100 –1117.

［11］ Li B, Han C, Liu Y, et al. Effect of heavy ion $^{12}C^{6+}$ radiation on lipid constitution in the rat brain ［J］. Molecules, 2020, 25 (16): 3762.

［12］ Murphy M P, Bayir H, Belousov V, et al. Guidelines for measuring reactive oxygen species and oxidative damage in cells and in vivo ［J］. Nat Metab. , 2022, 4 (6): 651 –662.

［13］ Ikeda H, Muratani M, Hidema J, et al. Expression profile of cell cycle – related genes in human fibroblasts exposed simultaneously to radiation and simulated microgravity ［J］. Int J Mol Sci. , 2019, 20 (19): 4791.

［14］ Hu Y, Hellweg C E, Baumstark – Khan C, et al. Cell cycle delay in murine pre – osteoblasts is more pronounced after exposure to high – LET compared to low – LET radiation ［J］. Radiat Environ Biophys. , 2014, 53 (1): 73 –81.

［15］ Zheng X, Liu B, Liu X, et al. PERK regulates the sensitivity of hepatocellular carcinoma cells to high – LET carbon ions via either apoptosis or ferroptosis ［J］. J Cancer. , 2022, 13 (2): 669 –680.

［16］ Christofidou – Solomidou M, Pietrofesa RA, Arguiri E, et al. Space radiation – associated lung injury in a murine model ［J］. Am J Physiol Lung Cell Mol Physiol. , 2015, 308 (5): L416 – L428.

［17］ Alwood J S, Yumoto K, Mojarrab R, et al. Heavy ion irradiation and unloading effects on mouse lumbar vertebral microarchitecture, mechanical properties and tissue stresses ［J］. Bone. , 2010, 47 (2): 248 –255.

［18］ Bellone J A, Gifford P S, Nishiyama N C, et al. Long – term effects of simulated microgravity and/or chronic exposure to low – dose gamma radiation on behavior and blood – brain barrier integrity ［J］. NPJ Microgravity. , 2016, 2: 16019.

［19］ Canova S, Fiorasi F, Mognato M, et al. "Modeled microgravity" affects cell response to ionizing radiation and increases genomic damage ［J］. Radiat. Res. , 2005, 163 (2): 191 –199.

［20］ Fu H, Su F, Zhu J, et al. Effect of simulated microgravity and ionizing radiation on expression profiles of miRNA, lncRNA, and mRNA in human lymphoblastoid cells ［J］. Life Sci Space Res (Amst) . , 2020, 24: 1 –8.

［21］ Garrett – Bakelman F E，Darsgu M，Green S J，et al. The NASA twins study：A multidimensional analysis of a year – long human spaceflight ［J］. Science.，2019，364：6436.

［22］ Ghosh P，Behnke B J，Stabley J N，et al. Effects of high – LET radiation exposure and hindlimb unloading on skeletal muscle resistance artery vasomotor properties and cancellous bone microarchitecture in mice ［J］. Radiat Res.，2016，185（3）：257 – 266.

［23］ Girardi C，De Pittà C，Casara S，et al. Analysis of miRNA and mRNA expression profiles highlights alterations in ionizing radiation response of human lymphocytes under modeled microgravity ［J］. PLoS One.，2012，7（2）：e31293.

［24］ Gong W G，Wang Y J，Zhou H，et al. Citalopram ameliorates synaptic plasticity deficits in different cognition – associated brain regions induced by social isolation in middle – aged rats ［J］. Mol Neurobiol.，2017，54（3）：1927 – 1938.

［25］ Grabham P，Sharma P，Bigelow A，et al. Two distinct types of the inhibition of vasculogenesis by different species of charged particles ［J］. Vasc Cell.，2013，5（1）：16.

［26］ Hada M，Ikeda H，Rhone J，et al. Increased chromosome aberrations in cells exposed simultaneously to simulated microgravity and radiation ［J］. Int J Mol Sci.，2018，20（1）：43.

［27］ Horneck G，Klaus D M，Mancinelli R L. Space microbiology ［J］. Microbiol. Mol Biol Rev.，2010，74（1）：121 – 156.

［28］ Horneck G，Rettberg P，Baumstark – Khan C，et al. DNA repair in microgravity：studies on bacteria and mammalian cells in the experiments REPAIR and KINETICS ［J］. J Biotechnol.，1996，47（2 – 3）：99 – 112.

［29］ Kokhan V S，Matveeva M I，Bazyan A S，et al. Combined effects of antiorthostatic suspension and ionizing radiation on the behaviour and neurotransmitters changes in different brain structures of rats ［J］. Behav Brain Res.，2017，320：473 – 483.

[30] Kokhan V S, Lebedeva – Georgievskaya K B, Kudrin V S, et al. An investigation of the single and combined effects of hypogravity and ionizing radiation on brain monoamine metabolism and rats' behavior [J]. Life Sci Space Res. , 2019, 20：12 – 19.

[31] Lloyd S A, Bandstra E R, Willey J S, et al. Effect of proton irradiation followed by hindlimb unloading on bone in mature mice：a model of long – duration spaceflight [J]. Bone. , 2012, 51 (4)：756 –764.

[32] Lu T, Zhang Y, Kidane Y, et al. Cellular responses and gene expression profile changes due to bleomycin – induced DNA damage in human fibroblasts in space [J]. PLoS One. , 2017, 12 (3)：e0170358.

[33] Macias B R, Lima F, Swift J M, et al. Simulating the lunar environment：Partial weightbearing and high – LET radiation – induce bone loss and increase sclerostin – positive osteocytes [J]. Radiat. Res. , 2016, 186 (3)：254 –263.

[34] Manti L, Durante M, Cirrone G, et al. Modelled Microgravity does not modify the yield of chromosome aberrations induced by high – energy protons in human lymphocytes [J]. Int J Radiat Biol. , 2005, 81 (2)：147 –155.

[35] Mao X W, Boerma M, Rodriguez D, et al. Combined effects of low – dose proton radiation and simulated microgravity on the mouse retina and the hematopoietic system [J]. Radiat Res. , 2019, 192 (3)：241 –250.

[36] Mao X W, Favre C J, Fike J R, et al. High – LET radiation – induced response of microvessels in the Hippocampus [J]. Radiat Res. , 2010, 173 (4)：486 – 493.

[37] Mognato M, Girardi C, Fabris S, et al. DNA repair in modeled microgravity：double strand break rejoining activity in human lymphocytes irradiated with γ – rays [J]. Mutat Research. , 2009, 663 (1 –2)：32 –39.

[38] Paul A M, Overbey E G, da Silveira W A, et al. Immunological and hematological outcomes following protracted low dose/low dose rate ionizing radiation and simulated microgravity [J]. Sci Rep. , 2021, 11 (1)：11452.

[39] Pereda – Perez I, Popovic N, Otalora B B, et al. Long – term social isolation in

the adulthood results in CA1 shrinkage and cognitive impairment [J]. Neurobiol Learn Mem. , 2013, 106: 31 – 39.

[40] Raber J, Allen A R, Sharma S, et al. Effects of proton and combined proton and[56]Fe radiation on the Hippocampus [J]. Radiat Res. , 2016, 185 (1): 20 – 30.

[41] Raber J, Yamazaki J, Torres E R S, et al. Combined effects of three high – energy charged particle beams important for space flight on brain, behavioral and cognitive endpoints in B6D2F1 female and male mice [J]. Front Physiol. , 2019, 10: 179.

[42] Sanzari J K, Romero – Weaver A L, James G, et al. Leukocyte activity is altered in a ground based murine model of microgravity and proton radiation exposure [J]. PLoS One. , 2013, 8 (8): e71757.

[43] Shtemberg A S, Lebedeva – Georgievskaya K B, Matveeva M I, et al. Effect of space flight factors simulated in ground – based experiments on the behavior, discriminant learning, and exchange of monoamines in different brain structures of rats [J]. Biol Bull Russ Acad Sci. , 2014, 41 (2): 161 – 167.

[44] Smith B M, Yao X, Chen K S, et al. A larger social network enhances novel object location memory and reduces hippocampal microgliosis in aged mice [J]. Front Aging Neurosci. 2018; 10: 142.

[45] Soucy K G, Lim H K, Attarzadeh D O, et al. Dietary inhibition of xanthine oxidase attenuates radiation – induced endothelial dysfunction in rat aorta [J]. J Appl Physiol. , 1985, 108 (5): 1250 – 1258.

[46] Soucy K G, Lim H K, Kim J H, et al. HZE [56]Fe – ion irradiation induces endothelial dysfunction in rat aorta: role of xanthine oxidase [J]. Radiat Res. , 2011, 176 (4): 474 – 485.

[47] Thirsk R, Kuipers A, Mukai C, et al. The space – flight environment: The international space station and beyond [J]. Can Med Assoc J. , 2009, 180 (12): 1216 – 1220.

[48] Wang L, Cao M, Pu T, et al. Enriched physical environment attenuates spatial

and social memory impairments of aged socially isolated mice ［J］. Int J Neuropsychopharmacol. , 2018, 21 (12): 1114 – 1127.

［49］ Willey J S, Britten R A, Blaber E, et al. The individual and combined effects of spaceflight radiation and microgravity on biologic systems and functional outcomes ［J］. J Environ Sci Health C Toxicol Carcinog. , 2021, 39 (2): 129 – 179.

［50］ Xu Y, Pei W, Hu W. A current overview of the biological effects of combined space environmental factors in mammals ［J］. Front Cell Dev Biol. , 2022, 10: 861006.

［51］ Yamanouchi S, Rhone J, Mao J – H, et al. Simultaneous exposure of cultured human lymphoblastic cells to simulated microgravity and radiation increases chromosome aberrations ［J］. Life. , 2020, 10 (9): 187.

［52］ Yu T, Parks B W, Yu S, et al. Iron – ion radiation accelerates atherosclerosis in apolipoprotein E – deficient mice ［J］. Radiat Res. , 2011, 175 (6): 766 – 773.

［53］ Chen B, Zhang P, Sun F, et al. The mechanism of bystander effect induced by different irradiation in human neuroblastoma cells ［J］. Acta Astronautica. , 2020, 166 (1): 599 – 606.

［54］ Marín A, Martín M, Liñán O, et al. Bystander effects and radiotherapy ［J］. Rep Pract Oncol Radiother. 2014, 20 (1): 12 – 21.

［55］ Muralidharan – Chari V, Clancy J W, Sedgwick A, et al. Microvesicles: Mediators of extracellular communication during cancer progression ［J］. J Cell Sci. , 2010, 123 (Pt 10): 1603 – 1611.

［56］ Hei T K, Zhou H, Chai Y, et al. Radiation induced non – targeted response: mechanism and potential clinical implications ［J］. Curr Mol Pharmacol. , 2011, 4 (2): 96 – 105.

［57］ Mancuso M, Pasquali E, Leonardi S, et al. Role of connexin43 and ATP in long – range bystander radiation damage and oncogenesis in vivo ［J］. Oncogene. , 2011, 30 (45): 4601 – 4608.

［58］ Autsavapromporn N, de Toledo S M, Little J B, et al. The role of gap junction communication and oxidative stress in the propagation of toxic effects among high – dose α – particle – irradiated human cells [J]. Radiat Res. , 2011, 175 (3): 347 –357.

[59] Dickey J S, Baird B J, Redon C E, et al. Intercellular communication of cellular stress monitored by gamma – H2AX induction [J]. Carcinogenesis. , 2009, 30 (10): 1686 –1695.

[60] Shao C, Aoki M, Furusawa Y. Bystander effect in lymphoma cells vicinal to irradiated neoplastic epithelial cells: nitric oxide is involved [J]. J Radiat Res. , 2004, 45 (1): 97 –103.

[61] Glebova K, Veiko N, Kostyuk S, et al. Oxidized extracellular DNA as a stress signal that may modify response to anticancer therapy [J]. Cancer Lett. , 2015, 356 (1): 22 –33.

[62] Pan B T, Teng K, Wu C, et al. Electron microscopic evidence for externalization of the transferrin receptor in vesicular form in sheep reticulocytes [J]. J Cell Biol. , 1985, 101 (3): 942 –948.

[63] Prise K M, Schettino G, Vojnovic B, et al. Microbeam studies of the bystander response [J]. J Radiat Res. , 2009, 50 (Suppl A): A1 – A6.

[64] Dreyer F, Baur A. Biogenesis and functions of exosomes and extracellular vesicles [J]. Methods Mol Biol. , 2016, 1448: 201 –216.

[65] Lässer C, Alikhani V S, Ekström K, et al. Human saliva, plasma and breast milk exosomes contain RNA: uptake by macrophages [J]: J Transl Med. , 2011, 9: 9.

[66] Kooijmans S A, Vader P, van Dommelen S M, et al. Exosome mimetics: a novel class of drug delivery systems [J]. Int J Nanomedicine. , 2012, 7: 1525 –1541.

[67] Parolini I, Federici C, Raggi C, et al. Microenvironmental pH is a key factor for exosome traffic in tumor cells [J]. J Biol Chem. , 2009, 284 (49): 34211 –34222.

[68] Bond V P, Feinendegen L E. Intranuclear 3H Thymidine [J]. Health Physics, 1966, 12 (8): 1007 –1020.

［69］Mothersill C, Seymour C, Mothersill C, et al. Medium from irradiated human epithelial cells but not human fibroblasts reduces the clonogenic survival of unirradiated cells ［J］. International Journal of Radiation Biology, 1997, 71 (4): 421 – 427.

［70］李波, 张子寅, 马宏. 外泌体研究现状及其与肿瘤的关系 ［J］. 生命科学仪器, 2018, 16 (1): 20 – 26.

［71］Folkard M, Schettino G, Vojnovic B, et al. A focused ultrasoft X – ray microbeam for targeting cells individually with submicrometer accuracy ［J］. Radiation Research, 2001, 156 (6): 796 – 804.

［72］Yu K N. Radiation – induced rescue effect: Insights from microbeam experiments ［J］. Biology (Basel), 2022, 11 (11): 1548.

［73］Hu W, Xu S, Yao B, et al. MiR – 663 inhibits radiation – induced bystander effects by targeting TGFB1 in a feedback mode ［J］. RNA Biology, 2014, 11 (9): 1189 – 1198.

■ 5.1　致癌效应（胡文涛）

5.1.1　概述

截至目前，人类对辐射致癌效应的研究数据主要来源于日本原子弹爆炸幸存者人群、接受治疗性照射的人群、长期吸入放射性气体氡及其子体的铀矿工人以及其他从事放射性工作的人群。例如，皮肤癌和白血病常见于早期的 X 射线工作者，骨肿瘤常见于使用含镭涂料描绘钟表刻度盘的工人，白血病高发于广岛和长崎原爆幸存者等。然而，不同于这些常规射线，空间辐射具有一些显著的特点：①能量高。特别是太阳粒子事件（SPE）和银河宇宙射线（GCR）辐射，能量高达 GeV/u 量级，物理屏蔽难以有效防护。②剂量小、剂量率低。空间辐射由于粒子丰度较低，其剂量率远低于经典辐射生物学关注的剂量范围。③富含高能带电粒子。特别是重离子，属于致密电离辐射，其 LET 大，RBE 高。④太空是混合辐照场，存在不同品质辐射，且高能粒子与航天器舱壁发生核反应产生次级辐射，使航天器舱内形成混合辐照场。⑤空间多种环境因素与辐射复合作用。微重力、弱磁场、昼夜节律变换等其他空间环境因素与空间辐射复合作用。鉴于以上特点，空间辐射诱导的肿瘤发生机理更为复杂，其致癌效应的研究和致癌风险评估难度更大。美国国家研究委员会（National Research Council）将空间辐射诱导的肿瘤发生列为空间辐射的健康威胁之首。

5.1.2　空间辐射致癌效应的调查与实验验证

电离辐射作为一种致癌因素的相关证据主要来自流行病学研究，空间辐射的流行病学资料主要来源于航天员群体。地面辐射流行病学研究人群众多，比如医疗照射暴露人群、职业暴露人群、日本原子弹爆炸幸存者人群、放射性落下灰暴露人群、天然本底辐射暴露人群等。其中日本原爆人群是迄今最大也是最重要的人群，尽管存在众多的不确定性，由这一人群或者相关合并人群得出的辐射致癌危险参数，仍然成为国际上辐射防护领域重要的参考。相比之下，自 1961 年苏联航天员加加林成功实现太空飞行以来，全世界仅有 500 余位航天员执行过空间飞行任务。NASA 实施航天员健康纵向研究（LSAH）项目，跟踪调查了美国航天员执行空间任务时所受的辐照剂量以及返回后的健康状况，发现 312 名航天员中有 47 人罹患肿瘤，是地面同年龄段对照人群的 3 倍。NASA 将可接受的辐射致癌风险水平定为辐射致死风险的 3%，但是月球和火星探索任务的辐射致癌风险接近致死风险的 15%（在 95% 置信水平下）。因此，有效降低空间辐射致癌风险对于深空探索任务至关重要。由于天基实验数据的匮乏和地基实验条件的局限，空间辐射致癌风险评估的不确定性非常高。影响空间辐射致癌效应的因素，诸如辐射品质、剂量率、微重力和其他环境因素等的作用都有待深入研究。

截至目前，绝大多数空间辐射所致肿瘤发生都基于体外细胞实验研究。各个国家的科学家依托于世界各地的重离子加速器装置，进行了大量的模拟空间辐射致细胞恶性转化的研究。早在 1978 年，哥伦比亚大学 Borek 等就发现高能中子和氩粒子相比 X 射线具有更高诱导细胞恶性转化的能力。NASA 的杨垂绪等也发现低剂量率的高能重离子辐照能诱导细胞发生恶性转化，且其 RBE 在低剂量区间更高。Yang 等随后将此工作进行了拓展，发现高能重离子诱导的致细胞恶性转化多为直接效应，且随着 LET 的升高，细胞损伤变得难以修复，染色体的易位和缺失在重离子辐射诱导的恶性转化中发挥重要作用。哥伦比亚大学 Hei 等也观察到了高能铁离子或氢离子能够诱导人类支气管上皮细胞的基因组不稳定性及恶性转化，发现高能粒子所致上皮细胞的恶性转化与 DNA 损伤修复和细胞周期调节基因的表达相关。日本京都大学 Han 等也报道，小于或等于 0.05 Gy 的高能碳离子或硅离子辐照就能显著诱导叙利亚仓鼠胚胎细胞发生恶性转化，且其诱导细胞恶性转化的能力显著高于 X 射线，其 LET 在 100 keV/μm 时达到最大值。这些早期研究提示高能高 LET 射线具有更强的致细胞恶性转化能力。牛津大学 Stevens 等以不同剂量率的高能氦离子照射中国仓鼠细胞，发现在诱发染色体畸变方面存在明显的剂量率依赖性，而对于细胞存活和基因突变的诱导则没有此效应。这些研究表明，空间高能重离子相比于光子射线具有更强的诱导细胞发生恶性转化的能力，然而，具体分子机制并不清楚。

虽然空间粒子是高能、高 LET 辐射，却属于低剂量、低剂量率辐照，其低剂量率和低粒子通量可导致辐射诱导的旁观者效应。英国格林肿瘤研究所的 Shao 等发现，高能碳离子辐照人唾液腺肿瘤细胞后，导致旁观者细胞克隆形成能力增强、增殖加快。美国大学空间研究协会的 Wang 等利用位于 NASA 空间辐射实验室的重离子装置，对永生化的人食管上皮细胞和水貂肺上皮细胞进行辐照，发现低至 0.1 Gy 的硅离子或铁离子能够诱导上皮间质转化（epithelial – mesenchymal transition，EMT）发生，而 2 Gy 的射线能够诱导更为明显的 EMT 发生，且此过程可被 TGFβR1 抑制剂所抑制，提示空间高能重离子能够通过促进转化生长因子（TGF – β）介导的 EMT 提升肿瘤发生风险。新泽西医科与齿科大学的 Buonanno 等以 0.25 Gy 高能铁离子或 1 Gy 质子辐照小鼠胚胎成纤维细胞（mouse embryonic fibroblast，MEF），发现与受到铁离子辐照细胞共培养的旁观者成纤维细胞子代细胞的恶性转化频率显著增高，而与受到质子辐照细胞共培养的旁观者细胞的子代恶性转化频率没有显著变化，说明空间高能高 LET 辐照诱导的旁观者效应对于肿瘤发生具有促进作用。

此外，空间辐射不是单一辐射，而是一个混合辐射场，然而目前的研究多限于单一辐射品质的模拟。美国布鲁克海文国家实验室的 Sutherland 和 Zhou 等对此进行了探索，发现高能硅离子比质子更易诱导人原代细胞的恶性转化，而高能质子和硅离子的序贯混合辐照诱导的恶性转化水平和硅离子相似。高能质子与高能铁离子或钛离子序贯照射诱导人新生儿成纤维细胞恶性转化的频率与两种粒子辐照的时间间隔有关，间隔在 1 h 之内会有明显的协同效应。Buonanno 等发现低剂量的高能质子辐照能够对随后受高能铁离子辐照的人类成纤维细胞起到保护作用。此外，对于高能粒子辐射和其他空间环境因素复合作用诱导细胞恶性转化的研究非常少，迄今为止仅有普雷里维尤农工大学的 Hada 等发现模拟微重力显著增加了碳离子辐射诱导的人成纤维细胞染色体畸变频率。

近年来也有一些研究者依托重离子加速器，就空间高能重离子辐射诱导的肿瘤发生进行了体内研究。日本广岛大学的 Watanabe 研究了 X 射线和高能碳离子全身辐照 B6C3F1 小鼠后体内成瘤情况，发现 0.426 Gy 碳离子全身辐照诱导的肿瘤发生率明显低于 5 Gy X 射线，但显著高于 0.5 Gy X 射线诱导的肿瘤发生率，且碳离子诱发肝癌和肺癌的能力显著高于 X 射线。Imaoka 等发现碳离子诱导大鼠乳腺癌发生的 RBE 约为 2，且在低剂量区间可能更高。纽约大学 Illa - Bochaca 等发现高能硅离子能引起乳腺癌，其恶性程度比低 LET 射线诱发的肿瘤高且生长快。乔治城大学 Datta 等比较了等效剂量的铁离子和 γ 射线诱发肠癌的能力，发现铁离子诱发的肠癌生长更快、恶性程度更高、分化程度更差，并与 β - catenin 的激活有关。科罗拉多州立大学的 Weil 等研究了高能铁离子（1 GeV/u）诱发小鼠急性粒细胞白血病和肝癌的效应，发现铁离子和 γ 射线在诱发急性粒细胞白血病方面并无显著区别，然而受到铁离子辐照的小鼠有着更高的肝癌发生率，其 RBE 接近 50。该团队进一步比较了高能铁离子、硅离子以及质子在诱发小鼠急性粒细胞白血病的作用，发现并无显著区别，然而硅离子或铁离子诱发肝癌的能力显著高于 γ 射线或质子。乔治城大学的 Suman 等比较了硅、碳、铁三种离子诱发肠癌的能力，发现硅离子的 RBE 最高，且在低剂量区间具有更高的 RBE。该团队进一步开展了高能质子辐照诱发小鼠乳腺肿瘤的研究，发现相对于 γ 射线，高能质子诱发小鼠乳腺肿瘤的相对生物学效应为 3.11，且肿瘤恶性程度更高。埃莫瑞大学的 Wang 等比较了几种高能重离子诱发小鼠肺癌的能力，也发现硅离子辐照更易诱发小鼠肺癌，且其诱发的肺癌更具侵袭性。综上所述，目前对于模拟空间辐射诱导肿瘤发生的体内研究日益增多，已证明高能重离子相对于低 LET 射线具有更强的致癌能力。

5.1.3　空间辐射致癌效应的机制研究

大量实验研究确证空间辐射能够导致细胞层面的恶性转化或动物层面恶性肿瘤的发生。与此同时，空间辐射致肿瘤发生的机理研究也得到了世界各国空间辐射生物学家的重视。目前的观点主要认为，空间辐射导致的 DNA 团簇损伤及其诱发的染色体畸变、空间辐射的非靶效应以及空间辐射诱发的表观遗传学变化在空间辐射导致的肿瘤发生中扮演重要角色。

1. 空间辐射诱导的 DNA 损伤和染色体畸变

细胞和分子生物学证据表明 DNA 损伤在包括肿瘤发生在内的病理过程中扮演着重要角色，是多步骤肿瘤发生进程的起始环节。电离辐射通过直接作用和间接作用两种方式对 DNA 分子造成损伤。所谓直接作用是指射线直接作用于 DNA 分子，通过碰撞、电离和激发使其发生化学键的断裂、基团修饰等，造成分子结构的改变和生物活性的变化。间接作用指射线与水分子相互作用，引起水分子的电离与激发，产生化学性质不稳定的自由基，自由基作用于生物大分子而产生的生物学作用。电离辐射诱发的 DNA 损伤主要包括碱基损伤、DNA 单链断裂和双链断裂、DNA 交联等。如果 DNA 双链的断裂点在彼此对侧或只相距很少的碱基，则会形成双链断裂。双链断裂被认为是最重要的染色体损伤，是构成细胞恶性转化的主要分子基础。发生于 DNA 分子较近距离（10~15 bp）的损伤导致团簇损伤，这种损伤通常包括一个双链断裂和邻近区域内的几个碱基损伤和/或无碱基位点。和孤立的 DNA 损伤相比，团簇损伤修复难度大、修复效率低，其错误修复导致的结果包括细胞死亡、基因突变、基因组不稳定性等。实验研究和蒙特卡罗模拟均表明，DNA 损伤的复杂性随着 LET 的升高而升高。低 LET 射线诱发的团簇损伤比例约为 30%，而高 LET 则达到 70%。DNA 团簇损伤不仅在空间上紧密排列导致难以修复，而且一些团簇损伤在修复过程中可以转换为新的 DSB，然而，究竟哪种类型的团簇损伤更容易转换为新的 DSB 仍然不清楚。有研究者以 pUC18 质粒 DNA 暴露于高 LET 的氮离子和碳离子，发现含有三个或更多碱基对的碱基团簇损伤可被糖基化酶迅速转变为 DSB。Costes 等研究发现高 LET 的氮离子诱发的磷酸化 ATM 和 γH2AX 焦点随着时间逐渐增大，而光子辐射诱发的焦点则大小不变，且二者的动力学明显不同，氮离子诱发的磷酸化 ATM 焦点降低更慢，这些结果提示高 LET 射线诱发的 DNA 损伤修复过程更为复杂，且更难以修复。Asaithamby 等研究也表明，不同类型损伤在团簇损伤位点内部的空间分布，而非团簇损伤在亚细胞核结构的物理定位，决定了细胞对于团簇损伤的修复能力。然而，受限于目前的研究条件，原位检测和定量研究团簇损伤内的损伤类型和修复动力学非常困难，有待于更好的实验技术的开发。

　　未修复或错误修复的 DNA 团簇断裂最终表现为染色体断裂或畸变。相对于低 LET 射线，高 LET 射线在诱发染色体畸变方面效率更高（在细胞分裂间期其相对生物学效应高达 30 以上）。同时，细胞遗传学研究表明高 LET 射线诱导的染色体重排具有更高的复杂性，也就是说，高 LET 射线诱发的染色体重排涉及更多的染色体、更多的断裂位点，并且同时涉及染色体内部和染色体之间的交换，而低 LET 射线诱导的染色体畸变很少涉及染色体之间的交换。Masumura 等研究发现，小鼠暴露于不同品质辐射后，不同脏器中呈现出不同的遗传毒性特点，在肝中碳离子相对于光子辐射诱发更高的突变频率。除了直接作用以外，自由基介导的间接作用在空间高 LET 射线诱发的 DNA 损伤中也发挥作用。研究发现碳离子辐照小鼠小肠以后相对于光子诱发更多的内源性自由基产生。相对于光子辐射，高 LET 辐射诱发更高的 NO 水平、更低的线粒体膜电位以及更高的 NADPH 氧化酶活性，这些变化导致更高的自由基产额以及 DNA 损伤水平，也在一定程度上导致 DNA 损伤、染色体畸变及肿瘤发生。

　　2. 非靶效应

　　体细胞突变为核心的肿瘤发生理论已持续了一个多世纪，其认为细胞内的基因突变是肿瘤发生的根本原因，突变导致细胞的恶性扩增，肿瘤的产生是基于基因水平的细胞增殖和凋亡控制的缺陷。然而，基因突变理论在解释肿瘤成因的同时，也存在很多难以回避的矛盾。研究表明，仅有 6% 的肿瘤细胞突变与肿瘤的 6 大特征相关，15% 的突变与已知的肿瘤特征均不相关。再则，同一器官的肿瘤在不同的群体乃至同一群体的不同个体中表现为不同的基因突变谱，同一肿瘤内部不同的肿瘤细胞，也呈现出不同的细胞遗传学和分子遗传学表型。此外，一些理化致癌因素的作用靶点并非 DNA，而是细胞间质成分。在这种情况下，组织形态发生场理论应运而生，这种理论认为类似于器官发生和胚胎发育，肿瘤起源于组织重塑的障碍，即组织间作用关系的破坏，参与因素包括细胞间化学信号、机械力、生物电场的改变等，基因组不稳定性只是肿瘤发生过程中的一个生物学事件。

　　虽然空间辐射属于高能、高 LET 辐射，但其低剂量、低剂量率和低粒子通量的特征决定了辐射诱导的非靶效应在空间辐射致癌中发挥重要作用。辐射非靶效应涉及受照射细胞的多种介导因子的释放、细胞微环境的改变等过程。Illa －

Bochaca 的一项研究表明，高 LET 的硅离子诱导的小鼠肿瘤相对于低 LET 射线诱发肿瘤生长更快，侵袭性更强，具体机制涉及细胞外基质重塑及 Notch 信号通路。另有多项研究表明，TGF－β 通路在空间辐射非靶效应介导的细胞恶性转化和肿瘤发生中扮演重要角色。裴炜炜等利用低剂量 α 射线辐照人肺支气管上皮细胞 BEAS－2B 后传代培养至不同代数，建立了低剂量率粒子辐射致肺上皮细胞恶性转化的肿瘤进化模型，发现相同剂量的 α 射线，长期低剂量率辐照和单次急性辐照在诱导细胞恶性转化和体内成瘤方面的能力并没有显著差异，然而，病理学研究显示，受到多次辐照的 BEAS－2B 细胞在小鼠体内形成的肿瘤恶性程度更高。基因组学分析显示，相比于单次辐照，长期低剂量率辐照更为明显地诱导了细胞外基质重塑相关的分子通路，提示长期低剂量辐射诱发的上皮组织形态重塑在低剂量辐射致癌过程中扮演重要角色，这与近些年兴起的肿瘤发生的组织形态场理论不谋而合。

　　3. 空间辐射诱导的表观遗传学变化

　　表观遗传（epigenetics）是指基因的 DNA 序列没有发生改变的情况下，基因功能发生了可遗传的变化，并最终导致了表型的变化。一直以来人们都认为基因组 DNA 决定生物体的全部表型，但逐渐发现有些现象无法用经典遗传学理论进行解释，比如基因完全相同的同卵双生双胞胎在同样的环境中长大后，他们在性格、健康等方面会有较大的差异。这说明在 DNA 序列没有变化的情况下，生物体的一些表型却发生了改变。因此，科学家们提出表观遗传学的概念，它是与经典遗传学相对应的概念。现在普遍认为，基因组含有两类遗传信息，一类是传统意义上的遗传信息，即基因组 DNA 序列所提供的遗传信息，另一类则是表观遗传学信息，特别是基因组 DNA 的修饰，它提供了何时、何地、以何种方式去执行 DNA 遗传信息的指令。目前，研究较多的表观遗传调控包括 DNA 甲基化、组蛋白修饰和非编码 RNA。早在 2011 年，Aypar 等的研究发现，高 LET 的铁离子和低 LET 的 X 射线诱导的特定基因位点的 DNA 甲基化水平显著不同，且两者诱发的 microRNA 表达谱也显著不同，生物学分析结果提示高 LET 射线诱发的表观遗传学与基因组不稳定性显著相关。Miousse 等研究发现低剂量铁离子辐射导致小鼠骨髓造血干细胞和小鼠肺组织中 DNA 甲基化水平显著改变，且这些改变与基因组不稳定性和肿瘤发生密切相关。2019 年 NASA 对双胞胎的研究发现空间飞行所致外周血单核细胞中基因组 DNA 甲基化水平发生了明显改变，CD8 细胞中主要与中性粒细胞活化相关，而 CD4 细胞中则与血小板聚集相关，二者都与肿瘤发生过程密切相关。Kennedy 等以人肺支气管上皮细胞为模型研究了铁离子、硅离子和 X 射线三种辐射诱导的基因组甲基化变化，发现铁离子特异性的甲基化位点与肺癌发生息息相关。

除 DNA 修饰之外，非编码 RNA（non - coding RNA，ncRNA）也是表观遗传的核心内容之一。研究表明，非编码 RNA 也参与空间辐射生物学效应的调控，相关研究日益增多。Khan 等检测了全身暴露于质子辐射的 BALB/c 小鼠多种器官（睾丸、大脑和肝脏）中 microRNA 的表达，发现睾丸中 14 种 microRNA 以及肝脏和大脑中各 8 种 microRNA 表达失调，生物信息学分析发现这些 microRNA 参与肿瘤发生。Nie 等研究了 α 粒子辐照诱导的永生化人支气管上皮细胞（BEAS - 2B）的生物学毒性效应并揭示：miR - 107 和 miR - 494 在 α 射线诱导的细胞恶性转化中发挥重要作用。Wei 等研究了碳离子束和铁离子束辐照后昆明小鼠外周血中 microRNA 表达谱，发现表达变化的 microRNA 可能与肿瘤发生和免疫失调相关。Li 等研究了钛离子、硅离子、氧离子等高 LET 射线辐照人肺支气管上皮细胞（HBEC3 - KT F25F）后诱发的外泌体中 microRNA 表达谱，发现差异表达的 microRNA 可能与非小细胞肺癌的发生发展相关。除了 microRNA 外，空间辐射相关的长链非编码 RNA（long non - coding RNA，lncRNA）也被发现参与调控肿瘤发生。Bisserier 等研究了 1998—2001 年参与航天飞行任务的三位航天员外周血外泌体中 lncRNA 表达谱，发现了 27 条表达水平显著改变的 lncRNA 分子，且生物信息学分析提示多条 lncRNA 与肿瘤发生相关。然而，上述研究中空间辐射下表达失调 microRNA 或 lncRNA 的具体生物学功能并未进行实验验证，生物学调控机制并未深入解析。

李朋飞鉴定了 20 余种特异响应电离辐射的 lncRNA，发现多条 lncRNA 的表达量与辐射品质相关，呈剂量和 LET 相关性。Pei 等深入研究了对重离子辐射特异应答的 lncRNA CRYBG3，发现它通过与 Bub3 互相作用导致有丝分裂错误及非整倍体发生，并最终导致肺癌的发生。众所周知，非整倍体是基因组不稳定性的重要标志，是诱发肿瘤发生与进展的早期重要生物学事件。在此过程中，有丝分裂检验点复合体的组装与功能受到严密调控，以确保姊妹染色单体的正确分离，然而该过程的表观遗传学调控机制一直未曾明确。Pei 等研究发现辐射诱导的 lncRNA CRYBG3 直接与 Bub3 结合并中断其与 CDC20 的相互作用进而导致非整倍体发生。lncRNA CRYBG3 序列的 261～317(S3) 位核苷酸是其与 Bub3 蛋白相互作用的关键。lncRNA CRYBG3 的过度表达导致非整倍体发生，并促进肺癌发生和转移。该研究深入探讨了空间辐射诱导肺癌发生的分子机制，对于空间辐射诱发肺癌的诊断和治疗提供了重要分子靶点。与此同时，该团队还发现 lncRNA CRYBG3 可以与肺癌细胞糖酵解过程的重要调节酶乳酸脱氢酶 A（lactate dehydrogenase A，LDHA）相互作用，在临床肺癌组织和体外培养的肺癌细胞系中均高度上调，且 lncRNA CRYBG3 和 LDHA 的表达水平之间存在显著的正相关性。lncRNA CRYBG3 作为糖酵解的调节因子，其过表达促进了肺癌细胞葡萄糖的摄取和乳酸的产生，而其敲低导致相反的结果并抑制肺癌细胞增殖，表明辐射诱导的 lncRNA CRYBG3 能够通过调控能量代谢影响肿瘤进展。此外，该团队还发现 lncRNA CRYBG3 可直接与真核翻译延伸因子 eEF1A1 结合，促进其入核并增强 MDM2 的转录。过度表达的 MDM2 与 MDM2 结合蛋白（MDM2 binding protein，MTBP）结合从而减少 MTBP 与 ACTN4 的结合，最终促进了 ACTN4 介导的肺癌细胞迁移。这些关于 lncRNA CRYBG3 的研究结果从多个角度阐述了空间辐射诱导肿瘤发生发展的表观遗传学调节机制，为新的肿瘤的诊断、治疗和预后措施的开发提供了重要的分子靶点。

在 lncRNA 通过与蛋白互相作用发挥调控功能之外，lncRNA 能够编码多肽，进而在肿瘤的发生发展中发挥关键调控作用。Pei 等发现，lncRNA AFAP1－AS1 编码一种位于线粒体的、保守的、90 个氨基酸的多肽，称为 ATMLP。ATMLP 的翻译由 AFAP1－AS1 的 1313 位腺苷酸 m⁶A 甲基化控制。ATMLP 与 NIPSNAP1 结合，并抑制其从线粒体内膜向外膜的转运，从而拮抗 NIPSNAP1 介导的细胞自噬溶酶体的形成。不是 lncRNA AFAP1－AS1 本身，而是 lncRNA AFAP1－AS1 编码的多肽 ATMLP 促进了肿瘤的发生。

综上所述，虽然已有多项研究表明表观遗传学调控与肿瘤发生之间可能存在一定联系，但机制方面的研究报道仍然有限，所涉及的具体分子调控机制仍需进一步的探究。

5.1.4　空间辐射致癌研究的展望

不论是航天员的流行病学调查研究，还是基于地基实验平台的体外和体内实验研究，其结果都表明相对于低 LET 射线，空间粒子辐射具有较强的致癌效应。航天员的流行病学调查能最准确地反映问题，但限于参与深空探索任务的航天员人数和航天员生物样本的难于获得性，设计严谨的大规模流行病学研究并不现实。鉴于此，基于地基重离子辐照设施的实验研究对于明确空间辐射环境的致癌效应至关重要。体外细胞实验具有简单、快速等优点，有助于明确空间辐射对于细胞恶性转化的效应和具体的分子生物学机制，但其与体内环境差异较大，因此体外实验结果虽然具有一定参考价值，其并不能准确反映生物体遭受空间辐射胁迫后的真实情况。体内实验借助小鼠或大鼠进行，它们在组织结构、系统功能、生理特性、解剖特性、疾病特点等方面与人体相似度较高，得出的研究结论更为可靠，可广泛用于空间辐射致癌的风险评估、标志物筛选、对抗措施研发等。

鉴于地基空间辐射模拟设施的不足，空间辐射的致癌研究数据还较为匮乏，缺乏系统的量效关系研究，尤其是我国的空间辐射致癌研究尚处于起步阶段。迄今为止，一些关键问题仍然没有得到解决。空间辐射不是单一辐射场，而是多种射线的混合辐射，那么混合辐照诱发肿瘤的能力和单一辐照相比如何？多种射线同时辐照和序贯辐照所导致的致癌效应有何不同？另外，空间辐射和微重力等其他空间环境因素的复合作用，即微重力、弱磁场等其他空间环境因素对空间辐射致癌效应有何影响？空间辐射具有剂量率低、剂量低的特点，因此非靶效应可能在空间辐射致癌过程中扮演了重要角色，但是相关机制并不明确。以上这些问题的回答对于明确空间辐射致癌效应和机理，建立风险评估模型以及开展基于机制研究的预警和防护技术研究至关重要。

■ 5.2　遗传效应（刘宁昂）

5.2.1　概述

NASA 的 Scott Kelly 和 Mark Kelly 兄弟是航天史上唯一一对同卵双胞胎航天

员。2015 年 3 月，Scott 在俄罗斯搭火箭飞上太空，他的兄弟 Mark 则作为对比参照对象留在地球。2016 年 3 月，经过了一年的航天飞行，Scott 返回了地球。在 Scott 执行飞行任务之前、飞行期间和返回地球之后，研究人员分别采集了两个双胞胎兄弟的 DNA 样本，进行了全基因组的分析。2019 年 4 月，NASA 公布了太空飞行对双胞胎兄弟基因的影响。结果显示，太空飞行对 Scott 的基因产生了广泛的影响，虽然 93% 的基因表达在 Scott 返回地球后恢复正常，但是仍然有数百个"太空基因"没有恢复到飞行前的状态。那么，空间辐射是否会引起航天员的基因发生永久性改变并遗传给后代呢？

辐射的遗传效应（radiation – induced hereditary or genetic effect）是指辐射对受照者后代产生的随机性效应（stochastic effect），通过损伤亲代生殖细胞（精子与卵子）的遗传物质（DNA），造成 DNA 结构或功能调控异常，并将其改变遗传至子代。研究电离辐射造成的生殖细胞损伤，常用的方法是观察受照个体生殖细胞的遗传学改变，例如基因突变、染色体畸变等。

5.2.2　空间辐射增加遗传突变的发生风险

早期生物实验卫星的研究表明，辐射与失重引起精子损伤和基因突变的增加，且实验对象生物体死亡率变高。苏联早期航天器上的研究显示，太空飞行之前受过辐照的果蝇在飞行后第一代后代的基因突变显著增加。此后的研究结果显示，接受空间辐照的野生型和辐射敏感型果蝇的性连锁隐性致死突变频率分别是地面对照组的 2 倍和 3 倍；辐射与微重力的复合空间生物学效应，会显著增加染色体丢失和生殖细胞损伤。2017 年 Wakayama 等报道，冷冻干燥的小鼠精子经过 288 天的国际空间站旅行，接受总共（178.35 ± 7.27）mSv 的空间辐射后，仍然成功繁育出了健康的子代。然而这种"休眠中"的生殖细胞，其辐射敏感性远远不及体内代谢旺盛的生殖细胞，因此，该实验并不能简单等效于空间辐射对生殖细胞遗传物质的损伤及其对子代的遗传效应。

GCR 和 SPE 中都有重离子辐射的成分。在月球和火星上，由于缺乏大气和磁场对空间辐射的屏蔽保护，来自 GCR 和 SPE 的辐射水平远超过地球表面。地球表面的大部分辐射来自放射性核素，很少来自 GCR，总剂量约为 0.295 cSv/年。与此相反，宇宙星际空间、月球、火星的辐射环境中仅来自 GCR 的辐射剂量已分别约为 100、50 和 10 cSv/年，而来自放射性核素的剂量却很低。根据这些辐射环境的数据，基于已有的 X 射线或 γ 射线诱导突变的报道，可计算出不同生物体在地球、月球或火星上受环境辐射所诱发的突变频率。以 GCR 的剂量进行计算，每 cSv 的突变频率对每一世代每配子每位点是 $1 \times 10^{-9} \sim 1 \times 10^{-7}$。对单一位点变异，地球上辐射诱导的突变频率为 $1 \times 10^{-10} \sim 1 \times 10^{-8}$，而在月球和火星上则为 $1 \times 10^{-8} \sim 1 \times 10^{-6}$，为地球上的 40～200 倍。对小鼠精原细胞的位移突变，每 cSv 突变率为单一位点突变率的 1×10^4 倍。虽然对不同位点的频率有所不同，但一般的数量级约为每存活细胞 1×10^{-7}。辐射产生的年突变频率对地球、火星及月球表面，分别约为 1×10^{-7}、1×10^{-6}、1×10^{-5} 每存活细胞，而每 cSv 产生染色体断裂和交换的频率则较单一细胞突变高 1×10^4 倍。

5.2.3 高 LET 辐射诱发遗传效应的机制

1. 高 LET 辐射诱发生殖细胞遗传学改变

1）基因突变

遗传物质发生的可遗传性变异称为突变。基因是 DNA 大分子中的遗传单位，无论是地球上常见的低 LET 辐射（如 X 射线和 γ 射线），还是高 LET 的空间辐射，均可通过直接或间接作用引起 DNA 损伤。细胞对 DNA 损伤的错误修复，可导致 DNA 分子链上的碱基排列顺序发生改变，即基因突变。它可以进一步分为沉默突变（silent mutation）、无义突变（nonsense mutation）和错义突变（missense mutation）。沉默突变是指基因翻译产物氨基酸序列没有改变，与密码子的简并性有关。无义突变是指因碱基的改变导致氨基酸的密码子改变而使肽链的生物合成过早停止，产生没有活性的蛋白质产物。无义突变还可以由移码突变、插入突变和缺失突变造成。错义突变是指碱基序列的改变引起了氨基酸序列的改变（图 5.1）。

虽然目前仍没有空间辐射引起生殖细胞基因突变种类和频率的报道，但已有利用不同类型重离子模拟空间辐射诱发多种体细胞突变效应的研究。Cox 等探讨了具有不同 LET 的氦、硼、氧等离子诱导突变的 RBE 与 LET 的关系。结果表明，在 LET 值升至 200 keV/μm 前，突变的诱导随着 LET 的增加而增加；在 LET 为 90～200 keV/μm 的范围内，辐射对人成纤维细胞中基因突变的诱导最为有效；

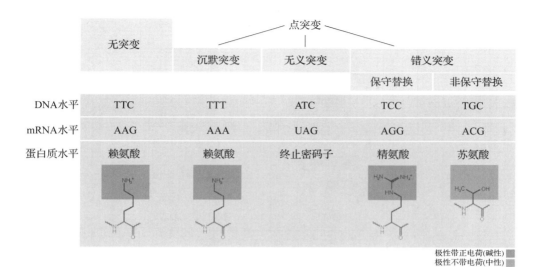

极性带正电荷(碱性)
极性不带电荷(中性)

图 5.1　辐射引起基因突变的种类（引自维基百科）

从剂量 – 效应曲线的起始部分的斜率，可以得出 RBE 值在 6.7 ~ 7.1 之间。Hei 等测定了加速质子、氦核和氦离子对人成纤维细胞 hprt 位点诱导突变的 RBE 值，对 10 keV/μm 质子为 1.3，对 150 keV/μm 氦离子为 9.4。我国学者梅曼彤等发现高能氖离子（LET = 24 keV/μm）、硅离子（LET = 86 keV/μm）和铁离子（LET = 196 keV/μm）比 X 射线能更有效地诱导中国仓鼠卵巢细胞中脯氨酸的突变，其 RBE 分别为 1.3、1.7 及 4.5。

2）染色体畸变

辐射引起生殖细胞遗传损伤的另一种类型是染色体结构的改变，可以发生在有丝分裂周期中的任何一个时期。如图 5.2 所示，当细胞处于分裂中期或后期时，用显微镜观察最容易看到这些变化。当两个断裂发生在同一个染色体不同的臂上时，产生的损伤称为臂间内改变。如果两个片段在相反端重接到中心部分，则会发生一个对称的内转换而形成臂间倒位。而如果在含着丝粒部位的两个断裂端发生联会，结果会是不对称的内交换以及环状等不稳定片段的形成。两个不同染色体的断裂点之间的联会则会产生外转换。当两个含有着丝粒的部分联会时，在单一染色体结构中形成有两个着丝粒的双着丝粒染色体。在两条同源或非同源染色体之间，每一个无着丝粒的片段会与一个含着丝粒的片段接合而形成易位。

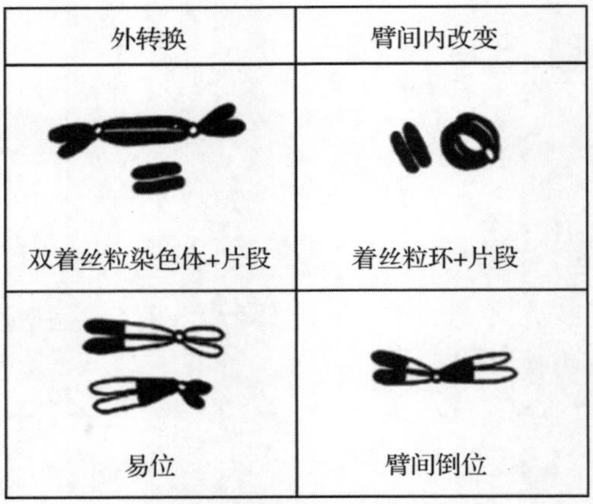

外转换	臂间内改变
双着丝粒染色体+片段	着丝粒环+片段
易位	臂间倒位

图 5.2　染色体畸变的类型

　　辐射诱发生殖细胞的染色体畸变，除了出现染色体片段（fragment）等非稳定性畸变外，也可以观察到易位等稳定性畸变。稳定性畸变相较于非稳定性畸变具有更高的可能性通过细胞分裂，将辐射损伤带入成熟的精子，因而更具有遗传危害性。可反映精原干细胞染色体易位的观察指标，如初级精母细胞分裂中期出现的多着丝粒环、多着丝粒链。精原细胞、初级精母细胞以及次级精母细胞 3 类细胞的染色体畸变，都会随细胞受照射剂量的增加而增加。实验结果已表明，高 LET 粒子辐射能更有效地诱导 G1 期细胞出现染色体断裂或易位。随着 LET 的增加，辐射对细胞周期中不同时相的细胞，诱发染色体畸变率的差异也逐渐减少。Goodwin 和同事用一种敏感的放射生物学探测技术——早熟染色体凝聚，观察了多种重离子辐射后损伤修复过程中，间期细胞的染色体损伤（以每 Gy 每个细胞的染色质平均断裂数为指标）与所用辐射的 LET 的关系。观察到在 LET 约 180 keV/μm 处有一峰值，该处的 RBE 约为 1.5。当 LET 再增加时，产率开始下降。据 Bedford 等的报道，对 LET 为 130 keV/μm 的 α 粒子，RBE 为 2。Jia 等得出对快中子所诱发染色质断裂的 RBE 则为 2.4。这些试验结果表明，在染色体水平上有三个因素可影响细胞存活，分别为：①每单位剂量能造成的起始染色质断裂数，这一数目与 LET 有关；②这类损伤的分布；③这类损伤向着更严重的、难以修复损伤的过渡。还有结果显示，高、低 LET 辐射诱导不同类型的染色体畸变的能力有所不同。如 Nagasawa 等比较了 3.7 MeV 的 α 粒子与 γ 射线辐照处理中国仓鼠细胞产生的染色体畸变，发现 γ 射线能较有效地诱导产生双着丝粒染色体及染色体环，而 α 粒子诱导单纯染色体断裂的能力较强。Durante 等观察到在多种类型的染色体畸变中，X 射线对小鼠胚胎细胞诱导双着丝粒染色体的能力最强，而氦离子则为诱导染色体断裂的效力最高。Geard 还报道了高 LET α 粒子（120 keV/μm）诱导姐妹染色单体交换的能力不如氕（40 keV/μm）。

2. 辐射诱发生殖细胞表观遗传学改变

表观遗传学（epigenetics）是由后成说（epigenesis），即新器官的发育由未分化的团块逐渐生成的这一理论和遗传学（genetics）结合而成的。表观遗传学是研究在基因组水平上，不发生 DNA 序列的变化而表现为 DNA 甲基化、染色质高级空间结构状态和基因表达谱改变的细胞遗传现象。其内容主要包括 DNA 甲基化（DNA methylation）、组蛋白修饰（histone modification）、染色体重塑（chromosome remodeling）、遗传印记（genetic imprinting）、X 染色体失活（X chromosome inactivation，XCI）及 RNA 调控等。虽然目前还没有空间辐射影响生殖细胞表观遗传学方面的研究报道，但高 LET 的粒子辐射诱发其他组织器官的表观遗传改变以及低 LET 的 X 射线引起生殖细胞发生可遗传的 DNA 甲基化改变却已经被证实。

DNA 甲基化修饰发生于 CpG 二核苷酸的胞嘧啶 5 位碳原子，这种修饰可以调节基因表达。有研究显示，小鼠接受 600 MeV/n ^{28}Si 或 ^{56}Fe 的全身照射后，其大脑海马区域神经元中的 DNA 甲基化水平可出现明显的改变。而雄性或雌性小鼠受到电离辐射后，其子代中会出现世代传递的基因组不稳定性，从而导致子代体细胞甲基化显著丢失。Pogribuy 等报道，小鼠细胞受照射后全基因组低甲基化迅速出现，呈剂量依赖性及性别和组织特异性，并可长期稳定存在。受照射小鼠不同组织中基因组低甲基化的程度与组织细胞的 DNA 损伤水平成正比。Kovalchuk 等比较了急性和慢性低剂量照射对 DNA 甲基化的作用，发现辐射能够影响抑癌基因 p16 启动子区域的甲基化状态，而且这种影响具有组织和性别特异性。同时，慢性低剂量照射比急性低剂量照射更具有潜在的表观遗传学效应。由于细胞本身具有对外界损伤进行修复的能力，所以辐射引起的生物学效应是损伤和修复共同作用的复杂结果。研究显示，辐射造成的去甲基化现象也与 DNA 的修复相关。对甲基化酶的研究也表明其表达能够受到辐射的影响，尤其是从头 DNA 甲基化转移酶（de novo DNA methyltransferase）的表达与辐射密切相关。

X 射线全身照射 BALB/c 小鼠能够影响其精子 H19 基因甲基化,在印记控制区部分 CpG 岛出现胞嘧啶不能转化为甲基化胞嘧啶。通过照射的雄鼠与正常雌鼠交配,分析子代鼠肝 H19 启动子甲基化,并与父本精子的甲基化类型比较,发现大多子鼠胎肝甲基化变化与其父本精子甲基化相关。结果提示,通过辐射引起 H19 基因的甲基化状态可能会遗传到子代。

5.2.4　研究展望

我国载人航天工程不断发展,有人参与的长期在轨和深空探测已被列入战略规划并逐步实施。空间飞行过程中航天员暴露于完全不同于地球的复杂辐射环境,空间辐射环境能够直接或间接地引起生物体 DNA 损伤并出现例如染色体断裂、基因组不稳定等损伤,若不能正确修复,将会引起一系列遗传生物学效应,不仅严重威胁航天员在太空中的生存质量,而且还可能遗传给子代。因此,研究空间辐射的遗传损伤机制、建立风险评价体系并开发应对策略和关键技术,对于航天员及其后代的健康防护具有十分重要的意义。

在检测技术方面,伴随着分子放射生物学研究的发展,越来越多的证据表明电离辐射可导致遗传损伤。单细胞测序技术是在单细胞水平上完成细胞基因组、转录组或蛋白组测序,从多重组学的角度整合相关信息,以揭示细胞群体差异和细胞进化关系。传统测序技术获得的某个组织或器官的基因表达信息为多个细胞的平均值,无法分析少量细胞,而单细胞测序技术非常适合于检测单个生殖细胞的遗传信息。早在 2012 年,就有研究团队对超过 100 个人类精子进行了单细胞全基因组测序,利用其中 91 个精子的数据构建了个体精子重组图谱,通过比较个体精子和二倍体细胞基因组序列,观察到单倍体精子染色体发生重组的位点,并且在精子中发现二倍体细胞中不存在的碱基突变。2018 年,Wang 等通过对男性的睾丸组织细胞进行单细胞转录组测序分析,揭示了人类精子发育轨迹并首次完成精子基因表达图谱的绘制。空间辐射的粒子能量高、通量较低,因此受损细胞分布不均。利用单细胞测序技术,可以比较不同生殖细胞之间的辐射损伤程度,以更加精确地评价空间辐射对生殖细胞遗传信息完整性的影响。

空间辐射具有成分复杂以及高能量的特点,在地面并不能完全模拟空间辐射环境,因此在真正的空间环境中进行研究也同样十分必要。2020 年,NASA Ames

研究中心的 Beheshti 等，借助系统生物学的研究方法，使用 NASA 建立的空间生物学大数据库项目（GeneLab）所收集的众多经历过太空飞行的人源、小鼠源组织细胞样品，通过转录组、蛋白质组及代谢组在内的多组学分析手段，发现空间飞行环境对 DNA 甲基化修饰程度及其相关基因转录水平的调控存在明显的影响。此外，近期多篇报道指出，空间旅行不仅引起航天员端粒长度的动态变化，而且长期暴露于空间环境可引起机体细胞长期处于氧化应激损伤状态从而造成端粒酶处于低活性状态，从而引起端粒及基因组稳定性的降低。目前，利用我国已经全面建成的中国天宫空间站科研实验舱和科学实验卫星，基于不同类型的细胞、组织、动物模型和假人体模甚至于航天员代谢物，研究空间辐射对动物生殖细胞基因组稳定性的影响，寻找新的空间辐射遗传损伤的关键机制及空间辐射敏感的标志生物分子，可为太空辐射的遗传风险评价及其防护研究提供新的基础数据和检测手段。

■ 5.3　致畸效应（裴炜炜）

5.3.1　概述

畸形是指人或动物在胚胎在发育过程中，由于受到某种因素的影响，胚胎的细胞分化和器官形成不能正常进行，造成器官组织上的缺陷，并出现肉眼可见的形态结构异常。致畸因素通常包括遗传因素、化学因素、物理因素、生物因素等，空间辐射也是致畸因素之一。

5.3.2　发育毒性与致畸效应

1. 发育过程的致畸效应和致畸敏感性

辐射致畸效应因辐射作用于胚胎发育的不同阶段而异。Brent 和 Ghorson 绘制出大鼠妊娠期不同阶段 X 射线照射后先天畸形的相对发生率，并估算人类相似阶段的辐射效应。在受精卵植入前或植入后最初阶段受到射线的作用，可导致胚胎死亡或不能植入。在器官形成期受到照射，则可能使主要器官发育异常，易发生畸形。胎儿期受照射，易发生出生后生长发育障碍和畸形，严重者可使成长后随机性效应发生的概率增高。

（1）着床前期，又称分化前期，从受精时算起到完成着床之前。人类为妊娠 11 ~ 12 天，啮齿动物为妊娠的前 6 天。卵子受精后，细胞迅速分裂而形成胚囊，分化很少，受损的是相对未分化细胞。一般情况下，此时很少发生特异的致畸效应。通常是未分化细胞受射线照射而致胚泡死亡，称为着床前丢失。

（2）器官形成期，着床后，孕体即进入器官形成期，直至硬腭闭合。人类是妊娠 3 ~ 8 周，小鼠和大鼠为妊娠 6 ~ 15 天，家兔为妊娠 6 ~ 18 天。器官形成的迅速变化需要细胞增殖、移动，细胞与细胞间交互作用和形态发生的组织改造，其中细胞增殖的速度极为重要，如大鼠在妊娠 8 ~ 10 天之间，有 10 次细胞有丝分裂，产生 $N \times 2^{10}$ 个新细胞（N 表示器官形成开始时的细胞数）。研究表明，器官形成期是发生结构畸形的关键期，也叫致畸敏感期。大多数器官对致畸作用有特殊的敏感期，即所谓的时间"靶窗"。辐射致畸实验照射时间包括整个敏感期，有利于发现致畸效应。各物种妊娠期长短不一，敏感期的时间也不同。在这一时期，辐射引起的发育毒性的表现以结构畸形最为突出，也可以有胚胎死亡和生长迟缓。

（3）胎儿期，器官形成结束后即进入胎儿期，人类从妊娠 56 ~ 58 天开始，直至分娩，胎儿期以组织分化、生长和生理学的成熟为主。在胎儿期受到射线的照射很可能对生长和功能成熟产生影响，如免疫系统、中枢神经系统和生殖器官的功能异常等。这些改变出生前表现不明显，需要出生后对子代的仔细观察和检查才能发现。某些结构变化在胎儿期也能发生，但是通常是变形（干扰先前正常的结构）或异常而非畸形。在胎儿期受到照射后的一些毒性效应可能需要多年才变得明显。所以，胎儿期照射致畸效应主要表现为生长迟缓、特异的功能障碍、经胎盘致癌等，偶见死胎。

（4）围生期和出生后的发育期，一些功能方面的缺陷或畸形出生时不易被发现，需要出生后继续观察一段时间。研究较多的是发育免疫毒性、神经行为发育异常和儿童期肿瘤。围生期受到射线的照射，可以影响出生后 T 细胞、B 细胞和巨噬细胞发育、分化、迁移、归巢等功能。可能暂时或永久性损伤子代的免疫系统，也可以影响感觉、运动、认知、学习、记忆等神经系统的功能。

2. 发育毒性和辐射致畸效应的物种差异

辐射的发育毒性，尤其是致畸作用与遗传类型有关，存在明显的物种差异，这种差异是由不同物种之间因代谢变化、胎盘种类、胚胎发育的速度和方式等方面的差异引起的。

迄今为止，还没有空间辐射致畸效应研究相关的报道。以切尔诺贝利核事故的流行病学研究为例，受到核辐射的孕妇分娩的小孩有相当比例发生身体畸形、器官肥大、智力缺陷等致畸效应。来自日本广岛、长崎原子弹爆炸及放射治疗和诊断的资料也显示了相似的结果。近来，一些研究者对日本原子弹爆炸时胎内受照的临床资料做了重新评价，指出妇女在妊娠 8～15 周内是辐射引发智力迟钝、小头症及癫痫发作的最大危险期。更早之前，Gardber 等（1990）发现英国谢菲尔德某核电站周围儿童白血病和淋巴瘤高发。父亲受到核辐射后，其后代的生殖细胞基因突变显著增加。也有研究表明，辐射所致的父系 DNA 损伤可以通过组蛋白介导的修复抑制来遗传给后代，致使秀丽隐杆线虫模型中第三代线虫（F2代）出现极高死亡率。对于不同的动物，其辐射致畸的敏感性和致畸类型也有所差异，致畸实验最好的动物模型是大鼠和家兔。

5.3.3 展望

目前，多项流行病学研究报告显示，电离辐射是导致胎儿发生畸形或发育障碍的重要危险因素，但其剂量依赖作用尚不明确，也没有明确的剂量阈值。但各种流行病学研究和动物实验显示，妊娠期暴露于高水平的电离辐射能引起诸如器官生长迟缓或小头畸形、智力低下等确定性的致畸效应。而暴露于诊断辐射等低水平的辐射（通常认为 <0.5 Gy）时，没有证据表明其会与先天性畸形的发生率增加有关。1977 年，NCRP 第 54 号报告确认："与其他妊娠风险相比，异常风险在 0.05 Gy 或更低暴露剂量时被认为是可以忽略不计的，并且只有在剂量高于 0.15 Gy 时，畸形的风险才会显著增加。以此为参考，目前航天员所受到的空间低剂量（率）辐射很少达到致畸效应的阈值。但是，随着航天员在空间滞留的时间越来越长，载人航天任务的轨道越来越高，航天员遭受的空间辐射的剂量将进一步增加，超过 0.15 Gy 的辐射对人体和实验动物的致畸效应值得进一步研究。

■ 5.4　辐射对中枢神经系统的影响（杨红英，施文玉）

空间辐射在其他空间环境因素如低磁场、微重力、幽闭环境和昼夜节律的变化等的共同作用下可对中枢神经系统造成不良影响，从而影响航天员的空间作业能力，并给其带来长期的健康危害。

根据计算机模拟结果，在一次为期三年的火星任务中，中枢神经系统中至少13%的神经元将被铁离子击中一次，其中海马区接近一半的神经元都将被原子序数大于15的带电粒子击中。海马是大脑处理和储存信息的关键结构，它对大脑长期记忆、空间定位功能非常重要，海马区功能障碍是各种认知缺陷和痴呆发生的主要原因。

传统放射生物学认为，大脑属于电离辐射不敏感的组织器官。但随着分子生物学和神经认知功能检测技术的迅猛发展，人们发现很小剂量的电离辐射就可损伤大脑，造成放射性认知障碍。目前放射性脑损伤方面的数据大多来自接受常规脑部放射治疗的肿瘤患者，虽然这些数据可为空间辐射对中枢神经系统的影响提供参考，但由于大脑的空间结构独特且复杂，当粒子能量、电荷或方向不同时，大脑对辐射的反应会表现出极大的差异。并且航天员在太空所遭受的是包含高LET粒子在内的多种辐射的低剂量率长期慢性混合照射，与放疗病人在一定时间内接受急性高剂量照射不同。此外，航天员同时遭受的非辐射因素亦影响其对辐射的反应。因此，原则上肿瘤放疗病人的数据并不适合直接用于评估空间辐射对航天员中枢神经系统的影响。

5.4.1　中枢神经系统辐射损伤的临床表现

放射性脑损伤是一种电离辐射引起的中枢神经系统疾病，主要发生于核事故中的受害者和接受脑部放射治疗的癌症患者。其发病机制主要是脑组织受到电离辐射损伤，在包括血管损伤和炎症反应等多种因素的联合作用下，导致神经元和神经胶质细胞坏死、功能丧失以及神经发生抑制等。放射性脑损伤的急性期反应常在受照后数天至数周内发生，临床症状为头痛、恶心、呕吐、记忆力减退，严重者可出现意识障碍、定向障碍、共济失调等。这些反应一般为暂时性的，并且可逆。放射性脑损伤的早期迟发反应通常在受照后 1~6 个月出现，临床症状为一过性脱髓鞘、嗜睡、注意力缺失、短期记忆力下降等，这些反应均可逆。放射性脑损伤的晚期迟发反应常出现在受照后 6 个月及更长时间，表现为血管异常、脱髓鞘、脑白质坏死和认知损害，临床症状包括记忆力下降和性格改变、癫痫发作、颅内压增高和非典型性症状如头痛、精神错乱和惊厥、内分泌障碍等。这些反应为渐进性，不可逆。

　　未来航天员执行深空空间任务期间，将会失去地球磁场的保护，HZE 粒子穿透航天器，增加了航天员神经系统受损的可能性以及任务失败的风险。因此，为了保障航天员的安全并确保空间任务的完成，理解空间辐射对各种认知和行为的影响至关重要。NASA 评估空间辐射风险的重要内容之一，就是中枢神经系统可能的反应，包括晚期迟发反应。太空中其他非辐射因素如幽闭环境、弱磁和微重力等也会影响中枢神经系统的功能。所以明确这些因素与空间辐射对中枢神经系统的复合作用也是非常必要的。

5.4.2　中枢神经系统辐射损伤的影响因素

　　与其他系统一样，神经系统的辐射损伤与剂量、能量和射线品质密切相关。高 LET 射线只需极低的剂量就能达到高剂量的低 LET 射线对神经系统的损伤效应。HZE 粒子对中枢神经系统的损伤能力比低 LET 辐射更强，且不同的 HZE 粒子对中枢神经系统的损伤也存在差异。

　　辐射对中枢神经系统的损伤依赖于辐射剂量和剂量率。对低 LET 辐射而言，当年累积剂量超过 0.7~1 Gy 或在 2~3 年内达到 2~3 Gy 时，可导致慢性放射性损伤，表现为造血和免疫抑制、中枢神经、心血管和其他器官系统的结构和功能的失调等。这些症状的严重程度取决于剂量率和所受总剂量。机体在受照后可对放射损伤进行修复，但修复的速率和程度依赖于组织的损伤程度。尽管空间辐射的剂量率很低，但航天员长期在太空作业，仍有可能获得较高的总剂量。目前空间辐射对中枢神经系统的损伤与剂量率的关系尚不明确，缺乏相应的人群流行病学或动物实验数据。

5.4.3　中枢神经系统辐射损伤的机制

空间辐射造成的急慢性中枢神经系统损伤的风险包括认知功能改变、运动能力降低和行为学改变。目前认为，放射性认知功能障碍主要与辐射诱导的神经发生抑制、神经元功能异常、神经炎症、血管和胶质细胞的损伤有关。

神经发生是指神经干/前体细胞分化为神经元，新生神经元存活、迁移、成熟并最终整合到现有神经网络中发挥神经功能的过程。成人的神经发生主要在海马齿状回颗粒细胞下层。神经干/前体细胞和其他快速分裂的代谢活性细胞一样，对电离辐射高度敏感，电离辐射会导致神经发生抑制。$1 \sim 15$ cGy 的 ^{56}Fe（600 MeV/n）照射即可引起神经干/前体细胞出现氧化应激，$1 \sim 10$ Gy 的质子照射（250 MeV）也能产生同样的效应，且质子照射引起的活性氧（ROS）水平的增加明显早于 X 射线。过多的 ROS 对人和啮齿动物中枢神经系统中海马神经前体细胞有害。

尽管成熟的神经元对电离辐射不敏感，但辐射暴露依然可以破坏其形态结构并损害其功能。0.5 Gy ^{56}Fe（600 MeV/n）全身照射可改变小鼠海马神经元树突结构并降低其树突棘密度。当中枢神经系统受到辐射损伤时，神经元突触的囊泡输送也会受到抑制。突触是在两个神经元之间形成的、通过化学神经递质如兴奋性递质谷氨酸（L – glutamic acid，GA）或抑制性递质 γ – 氨基丁酸（gamma – amino butyric acid，GABA）传递信号的神经元连接，前一个神经元轴突的突触发出信号，后一个神经元树突的突触接收信号。HZE 粒子会抑制神经元的连接和突触活性。

神经网络包含多种神经递质系统，神经递质通常参与放射性脑损伤的病理过程。多巴胺能、乙酰胆碱能和谷氨酸能神经递质系统之间存在密不可分的联系，它们相互联合，在中枢神经系统功能中发挥关键作用。多巴胺能神经元丰富的区域，神经递质含量的变化直接影响情绪、行为、空间学习和记忆能力。而多巴胺能神经元对电离辐射高度敏感。HZE 粒子能使脑组织中单胺类、多巴胺及其代谢物含量发生改变。165 MeV 质子照射后，前额叶皮层 3 – 甲氧基酪胺（3 – methoxytyramine，3 – MT）含量增加，5 – 羟色胺（5 – HT）含量下降，海马区 3 – MT 含量下降。质子束流的布拉格峰引起的变化也十分显著，当带电粒子在组织中减速和停止时，LET 迅速增加，相对生物学效应也相应增加，表现为大脑皮层多巴胺和去甲肾上腺素减少，纹状体 3 – MT 减少。此外，多巴胺容易氧化，生成许多有毒产物如 DHBT-1 和其他苯并噻嗪、牛角氨基醌及其共轭产物。空间记忆能力有赖于富含多巴胺能神经元的中枢神经边缘系统的完整性，因此多巴胺的异常最终会损伤空间记忆。此外，乙酰胆碱和谷氨酸能神经递质也参与辐射损伤的生物学过程。乙酰胆碱能受体 α7nAChR 保护辐射损伤的细胞，降低细胞凋亡水平，提高受亚致死剂量照射的小鼠的存活率。^{1}H（250 MeV）、^{12}C（290 MeV/n）、^{56}Fe（1 000 MeV/n）和 γ 射线的照射使神经元摄取谷氨酸的能力增加，谷氨酸的兴奋性毒性作用导致中枢神经系统损伤。

放射性认知功能障碍与神经炎症有关。电离辐射可激活胶质细胞并产生诸如白介素-1（interleukin-1，IL-1）、肿瘤坏死因子-α（TNF-α）、白介素-6（interleukin-6，IL-6）等促炎因子。质子和 ^{56}Fe 照射后，小鼠海马区白介素-12（interleukin-12，IL-12）含量增加，γ 干扰素（interferon-γ，IFN-γ）含量降低。趋化因子受体-2（CC chemokine receptor 2，CCR2）介导向中枢神经系统炎症部位招募小胶质细胞。CCR2 缺失可减轻辐射诱导的小鼠神经元损伤和认知损害。其他炎症标记物如胶质纤维酸性蛋白（glial fibrillary acidic protein，GFAP）、细胞间黏附分子-1（intercellular cell adhesion molecule-1，ICAM-1）和核因子 κB（nuclear factor kappa-B，NF-κB）也参与辐射所致的脑损伤。

ROS 的产生和神经元的损伤都伴随着小胶质细胞的激活。小胶质细胞占全部脑细胞的 10%～15%，是脑内的主要免疫成分，也是调节神经元突触功能的主要细胞，它们不断监测损伤或感染的信号，在激活后迅速向受影响的部位移动，通过释放细胞因子和趋化因子来调节神经元的功能。然而，小胶质细胞的过度激活会导致突触的过度吞噬和清除，从而造成突触丧失，损害认知功能。

此外，神经元损伤和神经炎症可能存在正反馈回路，在这个回路中，凋亡细胞和活性氧产生的信号激活脑小胶质细胞和外周巨噬细胞以清除细胞碎片，同时小胶质细胞又可以通过补体系统破坏突触而进一步损害神经元。补体系统是固有免疫的一部分，它在中枢神经系统中参与神经元发育和神经系统疾病中突触的选择性修剪，补体蛋白已被证明可以标记突触，随后被小胶质细胞吞噬。抑制补体成分 C3 具有神经保护作用，并能减少阿尔茨海默症模型小鼠的神经炎症，防止正常衰老时的认知下降。

放射导致的后期中枢神经系统损伤还与胶质细胞和血管细胞有关。这些细胞比神经元对放射更敏感。其中小胶质细胞对碳离子辐射的敏感性高于星形胶质细胞。放射也可通过损伤血管内皮细胞和平滑肌细胞，引发血管炎症导致脑血管损伤和血液动力学改变，从而引起放射性神经系统损伤。高 LET 粒子辐射产生的血管损伤如毛细血管出血、血脑屏障破坏等具有更高的 RBE。

尽管目前已进行了地基模拟 GCR 对动物急性照射的实验研究，但是人类相关数据还比较缺乏。动物实验表明空间辐射可能削弱认知水平，导致行为学异常。由此引发的关注是：航天员在执行太空任务中是否会因为空间辐射致使其操作和执行能力降低甚至丧失，从而影响太空任务的完成。在太空环境下，即使是短暂的操作能力丧失都可能是致命的，会带来不可估量的损失。另外，航天员在太空任务结束后是否存在阿尔茨海默病或痴呆的患病风险，也是需要回答的问题。

5.4.4　中枢神经系统辐射损伤的防治研究进展和展望

鉴于空间辐射损伤中枢神经系统可导致神经元损伤、神经炎症以及与社会、识别及空间记忆相关的认知和行为学改变，因此在人类进行长期的空间飞行、空间驻留和执行未来的登月、登火星任务前，需要解决中枢神经系统辐射损伤的防治问题。

电离辐射主要通过产生 DNA 损伤、引发自由基生成和氧化应激、诱导细胞死亡和系统反应包括组织坏死、神经炎症等最终造成中枢神经系统损伤。目前中枢神经系统辐射损伤的防治策略通常以降低氧化应激水平，保护 DNA、降低 DNA 损伤和促进其修复，减轻炎症反应和促进细胞存活和组织修复为原则。常见的辐射防护剂包括抗氧化剂类药物，如干李子、大黄、淫羊藿、维生素 E、褪黑素、硫辛酸、谷胱甘肽、氨磷汀、SOD 类似物等。抗氧化剂同时还能降低中枢神经系统的 DNA 损伤。具有神经保护作用的药物如锂化合物可通过促进 DNA 损伤修复和抑制糖原合成酶激酶 3β 蛋白（GSK–3β）来减轻中枢神经系统的辐射损伤。抗炎药物也是潜在的中枢神经系统辐射损伤防护剂。如血管紧张素转化酶（angiotensin converting enzyme，ACE）（辐照后产生具有氧化性和促炎性的血管紧张素多肽）的抑制剂雷米普利，照射前给药可减轻放射性脑损伤，不仅改善受照大鼠的认知功能，还能降低其小胶质细胞激活，增加其神经发生。神经炎症主要由小胶质细胞介导，因此有选择性地抑制小胶质细胞激活是一个降低中枢神经系统放射损伤的很有希望的方法。如已进入临床试验的集落刺激因子 1（colony stimulating factor 1，CSF－1）受体的小分子抑制剂 PLX3397，它通过降低小胶质细胞激活和单核细胞聚集从而预防放射导致的记忆障碍，即使是在照后一周给药仍然有效。另外，促进细胞生长和存活的生长因子如血小板源生长因子（platelet－derived growth factor，PDGF）和胰岛素样生长因子（insulin－like growth factor，IGF）也可减轻中枢神经系统的辐射损伤。

除上述药物外，干/祖细胞及其分泌囊泡移植也是中枢神经系统辐射损伤的一种防护策略。例如，向受照小鼠大脑移植间充质干细胞可减少其细胞死亡，减轻其炎症和认知障碍。移植寡突胶质前体细胞可降低受照大鼠的脱髓鞘程度并增强其前肢功能。给受照大鼠移植人神经干细胞分泌的微囊泡能达到与移植神经干细胞类似的效果，即其树突复杂程度更高，小胶质细胞激活更少，认知功能更好。考虑到干/祖细胞的癌变可能，移植其分泌的囊泡可能是更好的选择。

截至目前，在中枢神经系统辐射损伤的防护方面已经取得了上述众多研究进展，然而要真正解决空间辐射造成中枢神经系统损伤的防护问题，仍需大量的深入研究。首先，上述研究大多是在放疗而非空间辐射情景下进行的，因此那些防护药物和策略对空间辐射造成的损伤是否同样有效需要验证。其次，深入研究中枢神经系统辐射损伤的细胞、分子机制仍旧十分重要。一方面可采用新的转基因和基因敲除动物模型，寻找理想的损伤防护靶标；另一方面，可采用组织模型如多细胞脑类器官、高通量神经元/星形胶质细胞共培养体系及血脑屏障模型等来对潜在防护药物进行检测。最后，脑肠轴的存在使得中枢神经系统损伤可能不是独立事件，肠道菌群的调节是否能降低神经炎症从而保护受照后的中枢神经系统值得研究。

■ 5.5　辐射对心血管系统的影响（裴海龙）

5.5.1　概述

火星探索等深空载人飞行任务的核心制约因素之一是空间辐射环境对航天员的生命和健康威胁。因此，需要进行全面的健康风险研究，以评估长期太空飞行中限制、隔离和暴露在微重力、辐射和噪声等环境应激源对人体各脏器的影响。

本节着重讨论空间环境因素对心血管系统的影响。

5.5.2　心血管生理效应和心血管事件发生率

自 1961 年以来，人类观测到太空环境因素（包括失重、超重和辐射暴露）对人体生理及机能的影响。人类对短时间（<1 个月）和长时间（>4 个月）航天飞行的生理适应都已经被广泛报道，特别是对于心血管、肌肉骨骼和感觉运动系统的变化。体液头部增流等一些早期的显著变化可以在航天飞行的早期被监测到，但是体液头部方向再分布的过程会在几天内达到一个新的稳态。相比之下，在更长时间的空间飞行任务中，心血管和肌肉特征的变化更为明显，在太空飞行后回到飞行前生理指标基线所需的时间也更长。在进入失重状态时，体液会立即向头部灌流，导致飞行前两周体干的血浆和血量下降。然而，在较短的和较长的航天任务中，血容量和红细胞的含量均没有显著变化。相反，心血管适应（如左心室质量增加、左心室壁增厚）和由此导致的后续的结果（如立位耐力和最大氧耗损失）在持续时间较长的任务中变得更加明显。在长时间的太空飞行后，肌肉质量和力量的损失会更大。这些适应性反应的不利影响在返回地球后尤为明显。定期进行高强度的运动，并在航天飞行期间提供充足的营养，可以减轻短期和长期任务中由空间环境引起的肌肉萎缩和骨质丢失。

NASA 航天员队伍的短期和长期心血管健康的维持是一个主要关注点。在执行飞行任务时，由于重力降低、血压和血流等变化，航天员表现出剧烈的生理应激，这可能对长期的心血管健康有害。心脏结构和功能的变化在短期太空飞行或头低位卧床（一种基于地面的微重力暴露的模拟）后报道较多，在刚到达太空的几天到几周内心脏功能就可以恢复到飞行前的水平。然而，尽管与短期太空飞行相关的生理反应有很多报道，到目前为止，将航天员和太空飞行经历与心血管疾病（cardiovascular disease，CVD）的终身风险增加联系在一起的还未见报道。Hamilton 等通过计算个人 Framingham 风险估计了美国航天员的全因心脏风险，这项研究认为，航天员在 40～50 岁之间患心血管疾病的风险为 3%～5%。尽管 Hamilton 等的分析提供了有价值的见解，但它只提供了风险估计，而没有评估航天员是否比其他职业面临更高的实际风险。Delp 等评估了 NASA 航天员在 2015 年期间死于心血管病的情况并提出一种可能性，即所有有航天经历的航天员都有相似的死亡率，但归因于心血管疾病的死亡率与普通美国人相似。他们还指出，在少数执行过阿波罗任务的航天员中，可归因于心血管疾病的死亡人数明显高于未执行过航天任务的航天员。然而，Hamilton 等和 Delp 等都没有在他们的分析中包括重要的心血管危险因素（例如年龄、吸烟史或他汀类药物），也没有探索非致命性心血管事件。为了明确航天员在执行航天任务时受到的辐射或微重力环境是否会影响长期心血管疾病的风险，NASA 对职业航天员的临床心血管疾病终点风险的影响做了研究。NASA 共收集了 310 名航天员和 981 名非航天员员工的数据。非航天员与航天员在年龄、性别和体重指数上进行匹配，以评估急性和慢性发病率和死亡率。主要结果是临床 CVD 终点（心肌梗死、充血性心力衰竭、中风和冠状动脉搭桥术）或冠心病（coronary disease，CAD）终点（心肌梗死和冠状动脉搭桥术）的综合结果，如表 5.1 所示。结果显示：5.2% 的航天员有临床 CVD，2.9% 的航天员有 CAD，而非航天员的 CVD 和 CAD 的比例分别为 4.7% 和 3.1%。在调整了传统危险因素的多因素模型中，航天员与非航天员发生心血管疾病的风险（调整后的危险比，1.08；CI：0.60～1.93；$p = 0.80$）及冠心病的风险（危险比，0.97；CI，0.45～2.08；$p = 0.93$）均相似。而且在早期有航天飞行经验的航天员中，心血管疾病（危险比，0.80；CI，0.25～2.56；$p = 0.71$）和冠心病（危险比，1.23；CI，0.27～5.61；$p = 0.79$）的风险也与无航天经历的航天员无差异。这些发现表明，作为一名航天员并不会增加患心血管疾病的长期风险。

表 5.1　被统计 NASA 航天员心血管事件的频率和粗发生率

事件	航天员		非航天员	
	频率	发病率/（每千人每年）	频率	发病率/（每千人每年）
总心血管疾病事件	16	2.34	46	2.15
心肌梗死	7	1.02	21	0.98
充血性心衰	5	0.73	4	0.19
中风	5	0.73	17	0.80
冠状动脉旁路移植	5	0.73	22	1.64
多种心血管疾病	5	0.73	17	0.79
冠心病	9	1.31	30	1.40

自首次公布航天员死亡分析以来，已有近 20 年的历史。有一项研究基于航天员生存数据和总体人口死亡率，计算了 1980 年 1 月至 2009 年 6 月期间航天员总死因和特定死因的标准化死亡率（standardized mortality rate，SMR），以寻找随着时间的推移航天员死亡模式的变化，如表 5.2 所示。航天员生存数据来源于约翰逊航天中心和航天员实况手册，总体人口死亡率来自人类死亡数据库和疾病控制中心。SMR 通过对几个比较人群的间接标准化计算为观察死亡与预期死亡的比率。结果显示，从 20 世纪 80 年代到 21 世纪头 10 年，大部分 SMR 都有所下降，尽管航天员意外死亡的风险仍然增加（SMR = 574，95% CI 335 ~ 919）。航天员死于心血管疾病（SMR = 27，95% CI 9 ~ 63）和癌症（SMR = 47，95% CI 19 ~ 97）的风险大大降低；与普通人群相比，航天员全因死亡的风险也降低了。循环系统疾病死亡率的改善可能是由于增加了航天员群体内部的健康筛查和体检。同样，身体良好的健康状态可能有助于降低癌症死亡率。

表 5.2　1980—2009 年 NASA 航天员特定死因的标准化死亡率（美国）

死亡原因	年代	死亡人数	SMR * (95% CI)
全因死亡	1980—1989	7	1 020(410 ~ 2 101)
	1990—1999	3	337(70 ~ 984)
	2000—2009	7	506(204 ~ 1 043)
	1980—2009	17	574(335 ~ 919)
非航天事故死亡	1980—1989	2	291(35 ~ 1 053)
	1990—1999	3	337(70 ~ 984)
	2000—2009	0	0.0(0 ~ 267)
	1980—2009	5	169(55 ~ 394)
癌症	1980—1989	1	53(1 ~ 294)
	1990—1999	3	63(13 ~ 184)
	2000—2009	3	37(8 ~ 108)
	1980—2009	7	47(19 ~ 97)

死亡原因	年代	死亡人数	SMR * (95% CI)
心血管疾病	1980—1989	1	36(1~201)
	1990—1999	3	51(11~150)
	2000—2009	1	10(0~56)
	1980—2009	5	27 (9~63)

（注：* 比较人口：得克萨斯州哈里斯县，数据来自疾控中心 WONDER 数据库。）

数据显示人们对航天员预测的各种风险都有过高的估计。从死亡率和主要死亡诱因上来看，航天员执行航天任务后的长期跟踪显示，心血管事件并不会出现严重的恶性后果。但这并不代表不会出现心血管系统疾病。

5.5.3　空间辐射导致的心血管系统损伤机制

空间环境对人类健康、生理、细胞和分子生物学过程的影响是多方面的，包括骨密度下降、认知功能障碍、肠道微生物种群失调和基因突变增加等。太空中的严重失重会引起体液重新分布，导致航天员身体膨胀，与此同时，血压保持不变或略有下降。目前尚不清楚这些影响是否会随着太空驻留的时间而持续增加。在一项研究中，8 名男航天员使用便携式设备每隔 1~2 h 自动记录 24 h 动态的肱动脉压：该项检测在发射前进行一次；国际空间站 85~192 天的太空飞行中进行一次，飞行结束 2 个月后进行一次。在相同的 24 h 内，（地面坐位）测 2~5 次心输出量（重复呼吸法），同时（地面坐位）采集静脉血 1 次，测定血浆儿茶酚胺浓度。24 小时平均动脉收缩压、舒张压和平均动脉压分别降低(8 ± 2) mmHg ($p=0.01$)、(9 ± 2) mmHg($p<0.001$)和(10 ± 3) mmHg($p=0.006$)。每搏输出量和心输出量分别增加 (35 ± 10)% 和 (41 ± 9)%($p<0.001$)，心率和儿茶酚胺浓度无明显变化，体循环阻力降低(39 ± 4)%($p<0.001$)。在航天员短期太空飞行期间，心脏搏出量和心输出量显著增加。空间环境导致的血管扩张机制有待进一步研究。然而，前期研究收集的数据非常有限，没有在同一实验设计中整合多个系统和数据类型的影响。为了解长期太空飞行对健康的影响，NASA 支持的"双胞胎实验"，可更加精确地评估空间环境的作用。这项研究观察到航天飞行期间

多种数据发生显著变化，但是这些数据中大多数最终在返回地球 6 个月后恢复到飞行前状态，这类生理数据也可称为可适应性数据。其中颈动脉直径、血清代谢物等心血管相关指标都属于可适应性数据。此外，一些因素也受到返回地球的过程中的应激的显著影响，包括炎症细胞因子和免疫反应基因等。一些指标即使在地球上 6 个月后也观察到了持续的变化，包括认知功能的减弱等。

"双胞胎实验"在心血管损伤方面也给出了诸多数据，研究人员观察到长时间航天飞行引起的心血管结构和功能变化，包括收缩压和平均动脉压与地球上的直立姿势相比有适度的下降，而心脏输出量增加了 10%。此外，在飞行早期，颈动脉扩张在收缩期和舒张期都有发生，并在整个飞行过程中持续存在。随之而来的是颈动脉内膜 – 中层厚度从飞行前到飞行期间增加，并在降落后 4 天保持增厚。此外，IL1A、IL1B、IL2 和前列腺素 F2a（prostaglandin F2a，PGF2a）等在航天飞行期间增加。航天飞行期间，氧化低密度脂蛋白（low density lipoprotein，LDL）、髓过氧化物酶和 8 – 羟基 – 2′ – 脱氧鸟苷（8 – OHdG）等氧化应激的生物标志物并没有持续增加。然而，靶向蛋白质组学发现，尿液中的胶原 α – 1（Ⅲ）链（COL3A1）和胶原 α – 1（Ⅰ）链（COL1A1）蛋白有所增加，并在飞行后恢复到基线水平。非靶向蛋白质组分析也观察到 COL1A1 的增加，这是通过对两个单独的 COL1A1 肽的测量。这一发现与胶原相关途径基因表达水平的丰富是一致的。研究人员还观察到，与飞行前和飞行早期相比，血浆载脂蛋白 B（ApoB，LDL 颗粒的主要成分）与载脂蛋白 A1（ApoA1，高密度脂蛋白颗粒的主要成分）成比例增加。但是，在飞行后下降飞行前的水平，表明 APOB/APOA1 比率与任务的长期持续时间有关。

血管生理学的研究证实，当航天员进入失重环境时发生的头部液体转移被认定为与心血管适应太空飞行有关的关键事件。尽管血浆和血容量相对减少，血压降低，但每搏量和心输出量增加，上半身的动脉和静脉扩张。参与 4～6 个月任务的航天员的测量结果显示颈动脉内膜 – 中层厚度和血管硬度增加，这被认为与氧化应激、炎症和胰岛素抵抗增加有关。在完成 4～6 个月任务的 10 名航天员中也观察到了类似的趋势，在飞行早期观察到颈动脉内膜 – 中层增厚，在任务结束时似乎没有进一步增加。双胞胎实验也观察到类似的适应；然而，在任务的后半部分（飞行 6～12 个月），颈动脉内膜 – 中层没有继续增厚。目前尚不清楚内膜

– 中层增厚是否是不可逆转的，是否代表着航天员一生中心脑血管疾病风险的增加，特别是因为很难预测其他健康个体的临床事件。同样，飞行任务中 APOB/APOA1 比率的增加，特别是在任务的后半部分，这可能暗示着航天员心血管疾病风险的增加，但长期的健康后果尚不清楚。在从航天中恢复期间获得的测量结果，以及在航天任务中进行的测量，提供了有关心血管疾病危险因素进程的重要信息。最近的流行病学研究表明，大多数参加了短期任务的航天员的心血管发病率没有增加或心血管发病率增加，但没有足够的数据来得出关于执行长期任务的航天员的结论。这项研究也很难单独地分析空间辐射和微重力在心血管损伤中的权重。

辐射对血管系统的损伤主要是针对血管内皮细胞。辐射可以诱导剂量依赖性的内皮细胞凋亡，抑制内皮细胞增殖，破坏血脑屏障，使血管基底膜增厚和空泡化，破坏细胞外基质，以及使心脏、肺和脑内微血管稀疏。无论是单次、高剂量的辐射，还是低剂量的累积剂量，都被证明会损害血管系统。动物实验初步研究表明，在 0.5 Gy 或 2 Gy 单次高 LET 射线照射后 12 个月，仍然存在毛细血管稀疏的问题。在空间环境导致严重心血管事件的进程中炎症的作用不可忽视。电离辐射通过增强促炎信号作用于动脉粥样硬化过程。动脉粥样硬化斑块是由炎症细胞从血流迁移到内膜，在那里转化为泡沫细胞形成的，黏附分子的内皮表达在这一过程中起着重要作用。已有研究表明，照射内皮细胞后，E 型选择素（E - selectin）、细胞间黏附分子 ICAM - 1 和血管细胞黏附分子 VCAM - 1 呈时间和剂量依赖性上调。此外，转录因子核因子 - 核转录因子 B（NF - κB）参与辐射诱导的黏附分子的上调。除诱导黏附分子外，高、中度照射后细胞因子 IL - 6、IL - 8 及 TGF - β 等炎症分子水平均升高。除了促炎反应外，还有研究表明血管内皮细胞照射后会发生血栓前改变，例如，血管性血友病因子水平增加，抗凝剂血栓调节蛋白水平降低。炎症对于动脉粥样硬化的推动作用极其明显。没有遭受炎症共计的血管具有功能良好的完整内皮、内膜、中膜和外膜的健康动脉。血管平滑肌细胞主要见于中膜，也见于内膜。当受到辐射等因素影响时，其中一个启动步骤是内皮细胞上黏附分子的表达，以及随后炎性血细胞（主要是单核细胞）的富集。这些单核细胞将迁移到内膜，在那里它们将成熟为巨噬细胞，巨噬细胞在摄取氧化型低密度脂蛋白（ox - LDL）后将转化为泡沫细胞。随后，动脉粥样硬化斑块的进一步发展包括血管平滑肌细胞从中膜迁移到内膜，以及内膜中血管平滑肌细胞的增殖。此外，胶原、弹性蛋白和蛋白多糖等细胞外基质分子的产生也有所增加。巨噬细胞、泡沫细胞和血管平滑肌细胞会死亡，释放的脂质会聚集到斑块的中心区域，也称为脂质或坏死核心。最后，当斑块破裂时，会导致血栓形成，这是主要的并发症。血液成分会与斑块内部存在的组织因子接触，引发血栓的形成，从而阻碍甚至阻塞血液流动。空间环境引起的炎症反应进而激发的早期动脉粥样硬化可能是所有恶性心血管事件的元凶。

5.5.4　展望

在国际空间站 18 年的运行中，科学研究对执行过 4～6 个月任务的航天员的生理和功能变化产生的后果已经有了较为明确的认识，但仍然没有超长太空飞行的经验。到目前为止，只有 4 个人参加了持续 1 年或更长时间的星际驻留任务；在轨执行任务最长的时间是来自俄罗斯航天员瓦列里·波利亚科夫（Valeri Poliakov）437 天零 18 小时的纪录。然而，未来的太空飞行任务，包括往返火星或月球基地建设和行星探索等，飞行时长可能长达 3 年。此外，已有的研究也没有实施综合的、跨学科的研究设计，缺少多组学的分析。因此，我们无法全面认知长时间太空飞行中发生的分子、生理和认知动力学相互作用。鉴于日益增加的太空飞行，以及火星载人任务的布局，我们将有机会获得更多的研究数据，更好地了解长时间太空飞行对人类生物学和健康的影响。评估空间环境对心血管系统的风险，并指导潜在的个性化干预，这也是未来载人航天生物学和航天医学发展的重要方向。2011 年，国际辐射防护委员会（ICRP）发表了一份声明，首次将循环系统疾病（心脑血管疾病）列为辐射暴露对健康的危害，并确定了辐射剂量诱发心脑血管疾病的阈值。2012 年，新版 NASA - STD - 3001 标准中规定了循环系统（心脏）的剂量限值，将其作为空间辐射风险评价的依据。我国载人航天计划取得了举世瞩目的成绩，空间站建设、登月工程等一系列空间发展计划正稳步推进。在不久的将来，航天员太空飞行的频次会更高，驻留太空的时间会更长，离地球的距离会更远。为了确保载人航天计划顺利向深空发展，必须首先解决空间辐射对航天员心血管系统等生命健康的危害问题。空间辐射的生物学效应及其机理研究在载人航天 50 多年历程中一直受到各航天大国的重视，希望通过深入研究空间辐射生物学效应及其机理，为提高空间辐射危害评估的可靠性提供理论依据，也为开发有效的辐射防护措施提供新思路。

■ 5.6　辐射对免疫系统的影响（曹志飞，张永胜）

5.6.1　概述

空间辐射环境对人体免疫系统具有损害作用，尤其是深空飞行。天基和地基的实验研究均表明，空间飞行导致航天员免疫功能紊乱。这种功能障碍主要包括 T 细胞和自然杀伤细胞（natural killer cell，NK cell）功能的降低、单核细胞和粒细胞模式识别系统的变化以及细胞因子水平的变化。主要体现在 Th1/Th2 细胞因子的平衡被转向 Th2 细胞介导的免疫和轻度持续的炎症，导致潜伏疱疹病毒的重新激活。部分航天员的不良临床事件包括轻度感染性疾病、非典型过敏症和特异性皮炎等。在航天员血液和空间飞行的小鼠脾细胞中也观察到类似类型的免疫功能障碍。因此，空间飞行特别是深空飞行辐射暴露将导致免疫功能的损害。深空探测任务中持续的免疫系统改变可能会增加探索任务中的特定临床风险。因此，在前往月球表面和火星等的长期探索任务中，可能需要针对航天员的不同免疫反应采取相应的对策。

5.6.2　空间辐射对免疫系统的效应

1. 空间辐射对免疫细胞的作用

20 世纪 80 年代初，一项开创性研究发现空间飞行中航天员外周血中性粒细胞数量升高，嗜酸性细胞数量减少。此外，从航天员身上分离的 T 细胞体外激活水平也明显降低。进一步的研究显示，空间辐射可能影响各种免疫参数，包括白细胞分布、粒细胞和单核细胞功能、自然杀伤细胞功能以及血浆中的细胞因子水平等。鉴于空间飞行期间会伴随多种环境变化和压力因素，不同的因素都可能通过特定的机制影响免疫细胞的数量和功能。

辐射引起的免疫系统破坏是感染和死亡的主要原因。免疫细胞使用细胞因子作为特定激活途径和效应机制的触发器，细胞因子触发多细胞的免疫反应，导致其作用的放大。NK 细胞衍生的细胞因子已被证明可以促进抗原呈递给 CD8[+] T

细胞，并参与促进 B 细胞产生特定的免疫球蛋白 G（IgG）亚型。干扰素 γ（IFN－γ）的快速生成是对抗感染性病原体和促进强大免疫防御的一个重要机制。IFN－γ 水平和 NK 细胞活性在辐照期间对免疫反应的平衡起着主要作用。Xie 等利用小鼠模型在地面模拟并评估了航天员长期太空旅行中 $^{12}C^{6+}$ 暴露对免疫系统的生物风险，结果显示，在 0.05 Gy 的辐射剂量下，胸腺重量、血清 IFN－γ 水平和脾脏 NK 细胞活性都有明显增加；脾脏的质量随着剂量继续增加，但胸腺的质量、IFN－γ 水平和 NK 细胞的活性却明显下降。上述结果表明，0.05 Gy 辐照对小鼠免疫力具有刺激作用，且随着剂量的增加而下降。Gridley 等观察了电离辐射对两种小鼠免疫功能的影响，发现电离辐射能够引起小鼠淋巴细胞亚群、白细胞活化、祖细胞标志物等显著改变，这种改变的显著程度与辐射剂量和小鼠品系密切相关。

　　航天任务可能导致航天员的免疫系统功能失调，但关于深空辐射对免疫功能的影响知之甚少。Paul 等评估了小鼠在地面模拟深空飞行条件下的免疫反应，并与国际空间站任务中航天员的数据进行了比较。结果显示，在有或没有后肢无负荷的情况下，对小鼠进行模拟 GCR 或 SPE 辐照都引起了白细胞总数的明显降低，特别是 Th 和 Tc 细胞。GCR＋SPE 模拟照射与 HU 联合使用时，全身质量明显减少，同时 GCR/γ 照射组脾脏质量显著减少。此外，HU＋SPE 照射组小鼠胸腺质量减少意味着在深空暴露期间淋巴细胞的克隆多样性减少。同样，microRNA 分析显示在辐照后脾脏和胸腺发育减缓，进一步支持空间辐射可能损害免疫器官的发育，可能的原因是淋巴细胞增殖延迟或淋巴细胞的凋亡增加。此外，与对照组相比，GCR＋SPE 照射组的 B 细胞分化和体液免疫也有明显改变，这可能是由细胞因子信号和 Th 细胞群所导致的。

　　Crucian 等对在轨 6 个月的空间飞行航天员的免疫功能、细胞因子和病毒免疫变化进行了研究。分别在飞行前、飞行中和飞行后收集 23 名参加 6 个月国际空间站任务的航天员的血液。飞行中的样本在收集后 48 h 内返回地球，以便立即进行分析。检测项目包括外周白细胞分布、T 细胞功能、病毒特异性免疫和有丝分裂原刺激的细胞因子等。结果发现白细胞亚群在飞行过程中进行了重新分布，包括白细胞（white blood cell，WBC）数量的增加和 CD8$^+$T 细胞成熟度的改变。一般 T 细胞功能在空间飞行期间持续降低（包括 CD4$^+$ 和 CD8$^+$ 减少）。着陆后，能够产生 IL－2 的 CD4$^+$ T 细胞的百分比显著降低。有丝分裂原刺激的 IFNγ、IL－10、IL－5、TNF－α 和 IL－6 的产生在空间飞行期间持续明显减少。在脂多糖（lipopolysaccharide，LPS）刺激后，IL－10 的产生减少，而 IL－8 在飞行期间持续增加。

除了直接影响外，空间环境胁迫也还能通过激活下丘脑—垂体—肾上腺和交感神经—肾上腺—髓质轴，增加压力激素（即皮质醇、脱氢表雄酮、肾上腺素和去甲肾上腺素）的水平。这些应激激素会影响免疫细胞，可能是空间飞行调控免疫系统的重要方式，但确切的分子机制仍不清楚。

2. 空间辐射对免疫器官的作用

淋巴细胞在获得性免疫反应中起着核心作用。包括 T 细胞和 B 细胞在内的大部分淋巴细胞都来源于骨髓中的造血干细胞。当骨髓中的 B 细胞成熟时，来自骨髓的 T 祖细胞在胸腺中分化成熟为 T 细胞。成熟的 T 细胞和 B 细胞从初级淋巴器官迁移并播散到各个器官。病原体入侵激活先天免疫系统，通过抗原呈递和各种细胞因子的活动引发 T 细胞的激活和分化。激活的效应 T 细胞在免疫反应中进一步激活 B 细胞和巨噬细胞，并能直接杀死病毒感染的细胞。当病原体被消灭后，部分抗原特异性 T 细胞和 B 细胞被转化为免疫记忆细胞，从而对病原体产生有效而持久的免疫力。空间辐射可能会影响淋巴细胞的初始发育，以及其抗原特异性反应和淋巴细胞免疫记忆的发展，从而破坏获得性免疫反应。

淋巴器官分为初级淋巴器官和次级淋巴器官，两者都是发展和维持高效免疫反应的必要条件。由于空间飞行对淋巴器官稳态的影响很难在人体上进行评估，因此大部分研究主要利用动物模型开展。B 细胞、骨髓细胞、红细胞、造血干细胞（hematopoietic stem cell，HSC）和其他祖细胞的分化和成熟发生在骨髓中，骨髓环境微环境主要由造血细胞（破骨细胞和巨噬细胞）和非造血基质细胞组成，如成骨细胞、成纤维细胞、内皮细胞和脂肪细胞等。骨在空间飞行中受到重力下降的影响，因此，空间辐射可能改变骨髓环境微环境，从而影响免疫系统。

间充质干细胞（mesenchymal stem cell，MSC）是骨组织中成骨细胞、软骨细胞和脂肪细胞的来源。如果没有重力刺激，航天员的骨量和免疫功能会急剧下降。微重力能够通过抑制 Runx2 的表达和促进 PPARγ 的表达抑制成骨分化，并增加 MSC 的脂肪分化。MSC 和 HSC 在骨髓微环境中形成一个独特的微环境来调节干细胞的干性和功能。微重力能够抑制人 MSC 趋化因子 CXCL12（也称为 SDF-1α）的表达，以维持造血干细胞的干性和功能以及其在骨髓中的静止状态。这表明 MSC 功能障碍可能与骨髓微环境中的 HSC 相互作用，导致航天员免疫功能明显下降和/或"太空贫血"。模拟微重力暴露时间也可以影响间充质干细胞向多种功能细胞类型的分化，包括成骨细胞、软骨细胞、脂肪细胞、内皮细胞和神经元。此外，在模拟微重力下培养的人类间充质干细胞保留了干细胞的特征和移植后分化成透明软骨的能力。小鼠研究表明，空间辐射是人类在太空中的主要环境压力源，可能会影响间充质干细胞向脂肪细胞的分化。在该研究中，受辐射小鼠的间充质干细胞在骨髓中优先分化为脂肪细胞。因此，阐明人间充质干细胞对太空环境压力的生物反应机制，可能有助于航天员骨质流失的防治策略研究。

B 细胞的生成需要骨髓环境。虽然 B 细胞数量在空间飞行后没有立即改变，但在着陆 1 周后却明显减少，而且空间飞行并不影响小鼠在短期空间飞行后的免疫球蛋白重排。此外，最近的一项研究表明，航天员在长期空间飞行中能够维持 B 细胞的稳态。

胸腺是一个主要的淋巴器官，产生体内几乎所有的 T 细胞，生理和心理压力可导致其发生萎缩。因此，空间飞行的环境因子可能导致胸腺萎缩，从而可能影响胸腺功能。人类血液样本的调查研究发现空间飞行对胸腺功能有损害。在胸腺的 T 细胞发育过程中，T 细胞抗原受体基因重组后能够产生删除的环状 DNA 片段（T 细胞受体重排删除环，TREC）。因此，通过监测 TREC 的变化可以反映胸腺新生 T 细胞的数量。对航天员血样的 TREC PCR 分析表明，空间飞行后胸腺的 T 细胞明显减少，表明胸腺的 T 细胞发育可能受到损害。此外，动物研究显示，两周的空间飞行导致小鼠胸腺内陷。而另一个相对长期的空间飞行中也观察到小鼠胸腺质量减少。上述结果均表明空间飞行会诱发胸腺萎缩。

3. 空间辐射环境诱导的免疫力损害与癌症风险

后天免疫系统在防止肿瘤生长和转移方面发挥着重要作用，这表明在评估与癌症有关的死亡风险时，应考虑到与太空旅行有关的压力因素所引起的免疫系统失常。据报道，航天员确实表现出明显高于非航天员的非意外死亡率。值得注意的是，由于所调查的人数不多，而且他们在太空中停留的时间相对较短，因此对航天员空间飞行的健康风险得出明确的结论可能还为时尚早。但是，我们可以通过评估模型预测前往月球或火星，或在深空长时间驻留会如何影响健康，包括癌症风险。

4. 空间辐射诱导的免疫力低下对其他疾病发生的影响

尽管目前还没有航天员在空间飞行期间或返回后患上严重传染病的报告，但尚不能确定辐射的长期暴露是否会促进传染病的发生，因为被选中进行太空旅行的航天员在精神和身体上都是健康的。但是，经过持续的辐射环境暴露后，免疫系统有可能再次失调，直到严重感染的发生。研究发现，在飞行前、飞行中和飞行后短期（12～16 天）航天员表现出潜伏病毒感染的重新激活。

据估计，全球有 70%～95% 的人口至少感染了 9 种已知的人类疱疹病毒（human herpes virus，HHV）中的一种。绝大多数的 HHV 感染被认为是临床上无症状的感染阶段，被称为潜伏期。然而，在扰乱人类和潜伏的传染性病毒之间的共生关系方面，空间预计是一个高风险的环境。据报道，在俄罗斯联盟号和国际空间站任务期间，航天员发生过水痘带状疱疹病毒（varicella - zoster virus，VZV）、EB 病毒和人类巨细胞病毒等潜伏的 HHV 重新激活和/或脱落。此外，NASA 报告显示：在飞行中航天员的唾液中能够检测到 VZV。在国际空间站的飞行阶段中约 60% 的航天员检测到 VZV 的存在。此外，航天员偶尔会感染冷疮，而冷疮通常是由单纯疱疹病毒 - 1 型（herpes simplex virus type 1，HSV - 1）引起的。

疫苗是预防病毒性疾病的一种有效策略。目前还没有经批准的 HSV - 1 疫苗，但从 Oka70 中提取的减毒活疫苗和含有 VZV 糖蛋白 E 与 AS01B 佐剂系统的亚单位疫苗可以用来预防水痘和带状疱疹。开发其他 HHV 疫苗对于给生活在太空中的人类使用是可行的，未来太空旅行者可能会利用太空专用疫苗。尽管在太空中经历的极端压力，如重力变化或辐射对人类和 HHV 之间的共生关系的个别影响还没有被阐明，但宿主免疫系统的调节变化被认为是一个重要因素。

除了免疫系统受抑制外，空间飞行可能会导致过敏和自身免疫反应。一些航天员在空间飞行期间出现类似过敏的症状。此外，航天员经常出现皮疹和超敏反应。这些报告表明空间辐射对免疫和炎症反应的调节失调。这种失调的机制仍然不清楚。各种压力因素可能是这类症状的风险因素，因此有可能是航天期间的心理压力间接导致了这些症状的发生和/或发展。

5.6.3　研究展望

深空辐射环境暴露将导致免疫系统的损害。深空探测任务中持续的免疫系统改变可能会增加特定的临床风险。如果缺少适当的对策，可能会加剧航天员的健康风险。由于空间飞行影响免疫力变化的过程、特征和机制等方面仍未得到阐明，在评估具体的健康风险之前，有必要对飞行中的免疫功能变化进行深入研究。航天员的免疫变化有可能是特定疾病发生之前的生理指标。

■ 5.7　辐射对其他系统的影响（马宏）

5.7.1　造血系统

造血系统对辐射高度敏感。HSC 存在于骨髓中，负责产生和维持血液供应中的多个细胞谱系。众所周知，全身照射会影响成熟血细胞和造血干/祖细胞，并导致急性辐射造血综合征和长期骨髓损伤。HZE 粒子（如 ^{56}Fe 离子）比 γ 射线更具强的遗传毒性，小鼠的致死剂量（$LD_{50/30}$，30 天时致死 50% 的辐射剂量）为 5.8 Gy，而 γ 射线为 7.25 Gy。与 γ 射线辐照小鼠相比，用致死剂量 ^{56}Fe 照射的小鼠在辐照后 4 周显示出明显降低的白细胞恢复能力。有研究显示，^{56}Fe 辐射后立即导致造血干细胞/祖细胞丢失，并可维持长达 8 周。此外，^{28}Si 离子和 ^{56}Fe 离子也已知会诱发造血恶性肿瘤，如急性髓系白血病（acute myeloid leukemia，AML）。另有研究表明，将小鼠暴露于 1 Gy ^{56}Fe 会使细胞严重受损，但其中一小部分细胞似乎能够存活相对较长的时间。此外，暴露于低剂量 ^{56}Fe 会导致 DNA 甲基化和重复序列表达的显著表观遗传改变，这也是高 LET 辐射所特有的。

尽管质子和 HZE 粒子对正常小鼠造血系统的影响已在多个效应细胞水平进行了表征，但对 HSC 功能的影响尚不完全清楚。随着年龄的增长，MLH1 蛋白的功能逐渐丧失，人类 HSC 中的错配修复（mismatch repair，MMR）发生获得性缺陷，这表明航天员在太空旅行时可能存在大量 MMR 缺陷的 HSC，这对他们来说是一种额外的风险。更为重要的是，在 MMR 能力减弱的人群中，HSC 功能丧失和/或恶性转化的可能性更大。因此，需要仔细检查 MMR 在 γ 射线和 GCR 辐射损伤中的作用。为进一步明确航天员在深空任务中造血衰竭的风险，有研究人员使用 Mlh1 缺陷小鼠来探究 MMR 系统在 HSC 对质子和 ^{56}Fe 的反应的重要性，结果显示，与 γ 射线辐射相比，虽然重离子对 HSC 功能的损害比 γ 射线更大，但没有发现造血功能的额外缺陷，MMR 缺陷型 HSC 的更大风险可能在于恶性转化而非造血衰竭。

同时，在太空飞行期间，心血管系统会加速"老化"。在国际空间站停留 6 个月后，血管和心脏的结构和功能会发生改变，包括血管壁厚度和僵硬度增加，这可能使航天员更易于患动脉粥样硬化。流行病学结果表明，暴露在低于 0.5 Gy 的辐射剂量可显著增加辐射诱导的心血管疾病的风险。辐射对心血管的损伤主要包括：瓣膜性心脏病、心肌病、传导异常、心包炎和冠状动脉疾病。女性乳腺癌患者的流行病学数据表明，超过 50% 的女性在放疗后 10 年内有心脏病发作的风险。这些例子表明，心血管系统可能会受到辐射的影响并且对低剂量敏感。然而，迄今为止，没有证据表明航天员因暴露于电离辐射而导致任何心血管疾病，但这可能是由于用于研究的航天员群体太小的缘故。

5.7.2　运动系统

骨骼为身体和运动提供了重要的机械支撑，同时可以保护重要器官并控制体内矿物质的平衡。成骨细胞（osteoblast，OB）形成的新骨（骨形成）和破骨细胞（osteoclast，OC）去除旧的或受损的骨（骨吸收）对于骨的动态平衡起到了关键作用。早在 1926 年，Phemister 就讨论了辐射所导致的骨坏死（受伤）现象。在放疗领域，参与放疗的患者面临着术后易发生骨折的风险。例如，对 6 400 多名接受放射治疗的宫颈癌、直肠癌和肛门癌的患者追踪显示髋部（主要是股骨颈）骨折的相对风险分别增加了 65%、66% 和 214%。而且，未受到辐射的骨同样面临着骨质流失，骨髓脂肪增多的风险。有研究表明当辐射剂量大于 1 Gy 时，骨骼结构会表现出病理变化，同时伴随着骨骼吸收增强、形成减少和矿物质密度降低的现象，进而导致骨骼变得脆弱。

每次太空飞行任务后都能观察到航天员的骨质流失，尤其是承重骨骼中的骨质流失。虽然关于这种骨质流失的内在机制是基于动物模型数据得出的，但人的成骨细胞功能降低导致骨形成减少，而骨吸收没有改变或增加是可能的机制。长期以来，骨质流失都归因于微重力，然而一些研究数据表明电离辐射也可能影响骨骼。目前，已知在太空飞行相关辐射剂量中高 LET 的电离辐射会导致骨质流失，骨骼质量的减少表现为骨吸收活性增加，同时骨形成受到抑制。全身暴露于 2 Gy 的 γ 射线、质子或离子（模拟太空飞行任务期间的混合辐射暴露）会导致小鼠骨小梁的数量和质量下降。另有研究表明，暴露于类似于太空环境的低剂量质子（1 Gy）或重离子（<0.5 Gy）会导致骨质流失，且可持续数周至数月。

机制研究表明，太空飞行期间的骨质流失可能主要是由于 IR 对 OC 的影响，而对 OB 的影响却很少。同样，在小鼠全身暴露于 IR 后，也有报道称 OC 数量增加和骨吸收血清标志物水平升高。此外，太空飞行 γ 辐射模拟也会对骨骼结构产生负面影响并增加小鼠的 OC 数量。也有研究表明低剂量的 γ 射线促进 OC 细胞融合，而微重力的加入会诱导更高水平的细胞融合。可见，由于骨吸收水平的提高和骨形成能力的降低，部分负重和暴露于低剂量高 LET 辐射会对小鼠骨量的维持产生负面影响。

由于骨骼是一个复杂的器官，骨骼微环境中的许多其他细胞类型可能会受到辐射的影响进而破坏骨骼稳态。在骨骼中，骨细胞是最丰富的细胞类型，在骨代谢的调节中起着关键作用。骨细胞存在于腔隙中并可与其他类型骨细胞（例如 OB 或骨髓细胞）通信。除了 OB 和 OC 之外，骨细胞在骨稳态中也起着关键作用。目前辐射对骨细胞的影响尚未得到详细研究。

另外，辐射也会影响骨血管系统。血管系统在骨稳态中起着至关重要的作用，因为营养物质和氧气的运输依赖于血管化。此外，血管系统还能促进内皮细胞和破骨细胞之间的交流。因此，骨血管系统影响骨重塑。早在 1926 年，Ewing 就报道了辐射会影响骨脉管系统，导致骨髓中硬化结缔组织的形成。从那时起，一些研究报道了辐射对骨血管系统的损伤作用。例如小鼠和大鼠的体内研究表明，不同剂量的照射会导致受照射骨骼中的血流量减少。此外，暴露于辐射后大鼠颅骨的骨质破坏可以通过诱导血管形成和局部应用血管内皮生长因子来逆转，表明骨血管系统的破坏与一般辐射诱导的骨缺陷密切相关。进一步的动物研究证实，辐射会导致骨骼中的血管数量减少和血管之间的距离增加，同时伴随辐射诱发的骨质减少。

骨髓是骨微环境的另一个重要组成部分，因为它会产生造血干细胞和间充质干细胞,而这些干细胞又可以分别分化为 OC 和 OB。一方面,破骨细胞是从骨髓 HSC 的髓系谱系发展而来的。对于 OC 的正确分化,局部微环境非常重要,因为骨骼周围的细胞会分泌 RANK－L 和 M－CSF 以及其他触发破骨细胞生成的因素。另一方面,OB 从 MSC 分化为前成骨细胞,迁移到骨吸收部位,在那里它们分化为功能齐全的 OB,沉积新的骨基质。据报道,X 射线在非常低的剂量下可刺激 MSC 增殖,或者在用较高剂量的 X 射线照射时可减少 MSC 的数量。这些高剂量也会影响 MSC 的成骨潜力。长期暴露于电离辐射也会导致 MSC 的增殖能力降低,或降低以剂量依赖性方式支持造血过程的能力。因此,辐射对 MSC 的影响可以直接影响骨稳态。对于 HSC,辐射的影响揭示了相互矛盾的结果。一方面,当造血干细胞暴露于与太空飞行相关的低剂量、高能粒子辐射时,辐射会导致细胞凋亡。另一方面,非常低剂量的 X 射线可诱导造血祖细胞的激活,这些不同的影响可能是由于不同的辐射剂量或辐射品质,具体的影响机制还待深入研究。

除了对 MSC 和 HSC 的直接影响外,辐射还会导致骨髓中细胞因子反应。据报道,暴露于 γ 辐射或重离子辐射会增加 Rankl 等促破骨细胞生成基因的表达,此效应不仅存在于矿化组织中,而且在骨髓组织中也有类似现象。此外,辐射还诱导受辐照小鼠骨髓组织中促炎因子和促破骨细胞生成因子的表达,例如 TNF－α、IL－6 和 MCP1。因此,辐射导致 OC 前体在骨髓中积累,并通过刺激发育中和成熟的 OC 发挥作用。此外,据报道高剂量的 X 射线会诱发骨髓肥胖,这意味着照射后骨髓中脂肪细胞的数量会增加。由于骨髓产生 OB 和 OC 祖细胞,骨髓肥胖可能对骨重塑细胞的分化产生负面影响。

更要关注的是,通过放射生物学表征与面部畸形相关的各种遗传综合征,表明成骨细胞比同一供体的皮肤对辐射更敏感,这可能说明电离辐射对航天员骨量减少的贡献原先被低估了,因此,需要进一步的研究来记录响应电离辐射的骨放射性退化。

综上,电离辐射对骨和骨重塑细胞的影响在很大程度上取决于所应用的辐射剂量,因为使用不同剂量的电离辐射进行的体内和体外研究提供了不同的结果。此外,电离辐射对单一细胞类型的孤立影响很难确定,因为骨细胞和骨微环境形成一个受严密调控的网络而相互影响。因此,未来的研究应以阐明不同骨细胞对骨的整体辐射诱导效应的影响为核心。

5.7.3 消化系统

消化系统是机体吸收营养和排泄废物的场所，由消化道和消化腺构成。电离辐射暴露作为慢性胃肠道疾病（包括结直肠癌）的危险因素已在原子弹幸存者和放射工作者中得到报道。例如当暴露的辐射剂量超过 50 Gy 时，其对唾液腺的影响是永久性的。在放疗领域，头颈部癌症的治疗多会引起唾液腺功能障碍，主要诱因有可能是唾液上皮细胞在有丝分裂期和间期的死亡，直接 DNA 损伤或次级代谢产物的作用，以及祖细胞损伤或基因表达的改变。

胃肠道（gastrointestinal，GI）对辐射是比较敏感的，接受大于 1 Sv 的辐射剂量时，首先会表现出恶心和呕吐等症状，之后表现出骨髓功能下降（造血综合征）；接受 6~8 Sv 的辐射剂量时，几天到一周的短暂潜伏期后开始出现严重的体液流失，出血和腹泻（胃肠道综合征），此时，腔上皮的紊乱和黏膜下层细血管的损伤可以导致肠黏膜受损；接受 20~40 Sv 的辐射剂量时，潜伏期从几小时到几天，并表现出神经血管综合征和严重的胃肠道综合征。放射性肠病导致的肠黏膜受损，可能会使其受到细菌感染，进而产生炎症反应，伴发脓毒症。使用高 LET 的 ^{56}Fe 和低 LET 的 γ 射线研究辐射的肠损伤模型。显示两种辐照模型都导致腺嘌呤和鸟嘌呤减少，肌苷和尿苷增加，提示核苷酸代谢紊乱。但是，^{56}Fe 辐射优先改变了二肽的代谢，引起"前列腺素生物合成"和"类花生酸信号传导"的上调，预示着其对炎症性肠病的影响。

空间重离子辐射具有高 LET 特征，比低 LET 的 γ 射线具更高的破坏潜力，预计会损害航天员的 GI 功能。尽管上皮细胞迁移是维持功能完整性和预防胃肠道组织病理过程的关键，然而人们对重离子如何影响上皮细胞迁移过程的理解仍然存在很多不确定性，探索 GI 稳态在空间辐射环境的变化，对于航天员的健康和太空任务的成功至关重要。研究者运用小鼠小肠作为模型和 BrdU 脉冲标记技术，证实高能重离子在深空比近地轨道更普遍，可以持续减少肠上皮细胞迁移，改变细胞骨架重塑，增加细胞增殖，甚至在辐照后一年仍存在持续的 DNA 损伤和细胞衰老。

此外，肠道也是肠道菌群的最大生态位。虽然有研究表明，肠道微生物群与辐射损伤之间存在潜在的相关性，但这种关系的具体机制仍不清楚。Ting 等发现在致死剂量的全身性辐射模型中，肠道微生物群，特别是毛螺菌科（*Lachnospiraceae*）和肠球菌科（*Enterococcaceae*）可以保护小鼠抵抗辐射引起的造血系统和肠道系统的损伤，从而在致死剂量的辐射后存活下来，并且这些有益的微生物在放疗副作用轻微的白血病病人的粪便中含量显著提高。进一步通过靶向性以及非靶向性代谢组学研究，发现短链脂肪酸（short chain fatty acid，SCFA）和色氨酸代谢物能降低促炎细胞因子的生成，这些细胞因子都是辐射损伤的重要介质。这些发现提示，肠道微生物群和代谢产物可能在辐射激发后疾病易感性调节中起关键作用。

肝脏作为人体内最大的内脏器官，在人体的新陈代谢中起着至关重要的作用，具体包括调节糖原储存、分解红细胞、合成血浆蛋白和解毒等。对来自对照小鼠和全身照射小鼠（3.0 或 7.8 Gy γ 射线；或 3.0 Gy 质子）在照射后第 4 天和第 11 天的离体肝脏的亲水组织提取物进行代谢分析，结果表明，在接受相同剂量的辐照情况下，质子暴露组与 γ 射线暴露组仍然很好地被区分开，表明不同的辐射源会引起代谢特征的不同改变。在所有高剂量 γ 和质子暴露组中，胆碱、O – 磷酸胆碱和三甲胺 N – 氧化物的浓度降低，而谷氨酰胺、谷胱甘肽、苹果酸、肌酸酐、磷酸盐、甜菜碱和 4 – 羟基苯乙酸的浓度显著升高。由于这些改变的代谢物与多种生物途径相关，因此结果表明辐射会引起多种生物代谢途径的异常。

5.7.4　泌尿系统

由肾脏、输尿管、膀胱及尿道构成的泌尿系统主要的功能是排泄废物、调节水代谢、维持酸碱平衡和机体内环境的稳定。深空飞行过程中，航天员会出现骨骼脱盐导致钙排泄增加的情况，这会增加肾脏的代谢压力，导致形成肾结石的风险增加。目前针对空间辐射对泌尿系统的影响机制主要围绕氧化应激因素展开。

HZE 粒子是主要的空间辐射成分，它们在激发氧化应激反应方面具有关键意义，尽管与 X 射线和 γ 射线相比强度较低，但 HZE 粒子能够以剂量依赖性方式引起氧化应激，而且不仅对直接受影响的细胞，对它们附近的细胞同样产生显著的氧化应激效应。现有证据显示，航天飞行过程中氧化应激的诱因是多方面的，但严重的内皮损伤在多个器官都存在，可对太空旅行者产生多方面影响。肾脏在太空环境条件中尤其起着主要作用，因为它们既是氧化应激调节剂，同时又是极易受到氧化损伤的器官。目前对执行太空任务期间肾脏辐射反应的了解仍然有限，但在太空飞行期间和之后建立的增强的氧化应激环境以及随后由辐射暴露引起的线粒体功能障碍是明确的，这些变化可导致肾脏在多个层面受损，影响肾小管和肾小球的完整性以及微血管和大血管功能。有研究通过检测尿液中氧化产物的水平，得出肾脏在太空飞行期间经历了严重的氧化应激攻击。然而，太空飞行后对肾功能的实际长期影响仍未确定，需要进一步研究太空飞行对肾脏存活和可能的肾小球功能障碍的影响。

5.7.5　生殖与内分泌系统

生殖系统是指由生殖腺、生殖管道和附属器官等构成的繁殖后代所需诸器官的统称。生殖系统与泌尿系统在生理结构和功能上有紧密的联系。先前的研究表明，微重力不会阻止如海胆、鱼类、两栖动物和鸟类等多个物种的繁殖。虽然因胎生和胎盘形成等特性，哺乳动物无法与其他物种进行比较，但一些研究和模拟微重力实验表明，微重力可能同样不会阻止哺乳动物在太空中的繁殖。

相比之下，太空辐射会对人体生殖系统带来严重的健康问题。目前已知辐射会对生殖细胞造成 DNA 损伤，特别是 HZE 粒子会导致空间聚集的 DNA 双链断裂，不易被细胞修复。如果这些变异的生殖细胞传递给后代，那么它们将对该物种产生更严重的影响。如果辐射不断地照射一个物种，并且很长一段时间内在生殖细胞中积累了几种突变，那么这个物种有可能会变成另一个物种。因此，在"太空时代"到来之前，研究太空辐射对生物体本身和对其子孙后代的影响都非常重要。

到目前为止，在地面上使用 X 射线、γ 射线或 HZE 粒子已开展了许多研究。然而，由于空间辐射的差异，这些地面实验无法完全模拟空间辐射环境，同时也不可能在国际空间站上长时间使用活体动物或细胞。活的哺乳动物，如小鼠或大鼠，生保要求高，难度大，因此迄今为止，这些动物在太空驻留的最长时间只有3 个月。在培养皿中培养的活细胞虽然也需要频繁更换培养基和传代，相较而言，比饲养动物要容易一些，但仍不可能维持数年。冷冻保存的细胞仍然存活，可在太空中持续更长时间，且其代谢已经停止，DNA 损伤可能会在胞内累积，因此与活体动物或细胞相比，冷冻保存的细胞是长时间监测空间辐射影响更好的体系。但又产生了新的问题，一方面体细胞不能用于检查下一代突变的遗传，另一方面哺乳动物的卵母细胞、胚胎和精子虽然可用于繁殖实验，但需要液氮或超低温冰箱进行低温保存，而火箭或国际空间站则无法提供这些条件。由于上述空间实验的局限性，在空间开展哺乳动物繁殖的研究十分有限。

在一项研究中，研究者使用小鼠冻干（freeze - drying，FD）精子在国际空间站进行空间辐射实验。小鼠 DF 精子可以在室温下保存 1 年以上，不需要冷冻条件，因此，保存 FD 精子的安瓿非常小而轻，大大降低了投放成本。迄今为止，这是唯一一种用于检验太空辐射对下一代影响的方法。向国际空间站携带发射了 12 个男性 FD 精子样本，9 个月后使用首次返回的样本开展分析，其余样本在国际空间站分别保存了 2 年 9 个月和 5 年 10 个月，这是生物研究中样本保存时间最长的一次。研究者评估了太空辐射对精子的影响，并检查了长期暴露在太空辐射下是否会对精子造成 DNA 损伤，以及任何累积的突变是否会影响下一代。结果显示，空间辐射不会影响在 ISS 保存后的精子 DNA 或生育能力，可获得许多基因正常的后代。地面 X 射线实验结果推测，精子在太空中可以保存 200 多年。该研究为回答包括人类在内的哺乳动物是否可以在太空或其他星球上繁殖提供了初步的理论依据。

与男性相比，太空旅行对女性的生殖能力有不同的影响。深空旅行固有的辐射暴露会破坏女性的一些原始卵泡。数据表明，火星任务可能会使女性的卵巢储备减少约 50%。这对女性的生殖能力有影响，更重要的是，会缩短进入更年期的时间间隔。绝经时间间隔缩短与较早死亡率有关，雌激素替代疗法和女性航天员卵母细胞的冷冻保存可用于解决这些问题。

同时，内分泌是机体组织产生的物质直接分泌于体液中而不经过导管的现象，其概念有别于外分泌。内分泌系统包括甲状腺、甲状旁腺、胸腺、肾上腺、脑垂体和松果体等形态结构上可见的腺体，以及胰岛、某些间质细胞、卵泡细胞和黄体细胞等可分泌激素的细胞团。尽管自 1961 年以来已有 530 多名航天员进入过太空，但除了 24 名环绕月球或登陆月球的男性之外，其他人都在近地轨道上。据估计，大约 1/3 的 DNA 辐射损伤是由细胞内大分子的直接电离引起的，而其余 2/3 是由水电离产生的 ROS 引起的，而 ROS 产额的增加导致氧化应激。

因此，即便缺乏太空飞行实验的直接证据，但是氧化应激在机制上与生殖障碍有关是确定的，主要表现包括卵巢早衰和先兆子痫。

一般来说，带电粒子的生物学效应取决于辐射剂量、剂量率、粒子电荷、LET 和粒子的动能。其中，高 LET 中子和 HZE 粒子似乎比相似剂量的低 LET γ 射线对卵巢的损害更大。研究报道，在用 0.5 Gy γ 射线照射后 24 h，C57BL6/CBA F1 杂交小鼠的 60% 的卵巢卵泡被耗尽，而瑞士白化小鼠在 0.6 Gy γ 射线照射后 1 周后，90% 的卵泡被耗尽；在照射后 1 周，使 50% 的卵泡耗尽的带电氧和铁粒子的剂量分别为 0.05 Gy 和 0.28 Gy。1 Gy 的 2.13 MeV 中子在照射后 6 h 和 12 h 分别诱导 45% 和 50% 的 C57BL/6N 小鼠卵母细胞凋亡；相比之下，1 Gy γ 辐射分别导致 30% 和 15% 的卵母细胞凋亡。也有研究用 0、0.05、0.3 或 0.5 Gy 高LET 带电氧粒子（LET 16.5 keV/μm、能量 600 MeV/n）照射 3 个月大的 C57BL/6J 小鼠诱导 γH2AX、4 – HNE（氧化脂质损伤的标志物）和 PUMA（一种促凋亡的 BH3 – only BCL2 家族蛋白），在照射后 6 h 处于不同发育阶段的卵泡的卵母细胞和颗粒细胞中与未成熟卵巢卵泡的凋亡破坏一致，在照射后 1 周观察到原始卵泡和初级卵泡的剂量依赖性减少，用 0.5 Gy 照射的小鼠卵巢中没有原始卵泡残留，72% 的原始卵泡在照射后耗尽。在用 0.5 Gy 带电铁或氧粒子照射后 8 周，黄体生成素（luteinizing hormone，LH）和卵泡刺激素（follicle stimulating hormone，FSH）的血清浓度在统计学上显著升高，这与由于卵泡耗竭导致卵巢负反馈丧失后的预期结果一致。在许多动物模型中的卵巢卵泡因暴露于辐射、化学品、基因改变或其他操作而耗尽，提示卵巢肿瘤的风险增加。卵巢功能衰竭也与人类卵巢癌有关，因为大多数卵巢癌发生在绝经后。在用 0.5 Gy 带电铁粒子照射的小鼠中，与未照射的小鼠相比，在照射后 15 个月，上皮性卵巢肿瘤的发生率增加约 4 倍。

只有少数研究检查了带电粒子辐射对子宫的影响。与未受照射的对照相比，暴露于质子（0.25～6.5 Gy；32 – 2，300 MeV）或 X 射线辐射后，恒河猴子宫内膜异位症的发病率显著增加，其中 73% 的病例发生于 9～17 岁。质子照射后的子宫内膜异位症发生率因能量和剂量而异，暴露于 3～12 Gy 质子的猕猴发生率最高，为 73%；而对照组为 26%。4.5～7.0 Gy 的 X 射线照射在 71% 的受照射猕猴中诱导了子宫内膜异位症，这表明质子辐射和 X 射线对诱导子宫内膜异位症具有相似的效力。

总而言之，较多的体内研究表明，暴露于 HZE 粒子和中子会导致处于不同发育阶段的卵巢卵泡的卵母细胞和颗粒细胞发生氧化损伤、双链 DNA 断裂和凋亡，从而导致卵巢储备的剂量依赖性耗竭和卵巢肿瘤的发病率增加。目前仍缺乏数据来确定各种 HZE 粒子与 γ 射线或 X 射线相比在引发这些卵巢效应方面的相对效力，并且带电粒子对子宫和女性生殖道其他部分的影响几乎没有被研究过，这或许是未来研究的一个重要领域。

与卵巢类似，我们对空间辐射对睾丸影响的理解也主要来自地面实验产生的 HZE 粒子。目前已知的是高 LET 带电粒子辐射比低 LET 辐射对睾丸的损害更大。然而，与光子辐射相比，RBE 因带电粒子的种类、LET、检查点和实验模型的不同存在很大差异。

用低 LET 氦（LET 1.6~6.0 keV/μm，228 MeV/n）或高 LET 碳（LET 11~105 keV/μm，400 MeV）照射后 28 天，或者氖（LET 35~225 keV/μm、420 MeV/n）和氩（LET 90~680 keV/μm、570 MeV/n）等 HZE 粒子与来自 ^{60}Co 衰变的低 LET γ 射线相比，睾丸质量的 RBE 表现出很大差异。提示在相似的 LET 下，不同离子的 RBE 完全不同，这可能与独立于 LET 的离子质量或电荷的影响相关。在用 0.01~1.00 Gy X 射线或氦（LET 1.6 keV/μm，228 MeV/n）、氖（LET 35 keV/μm，420 MeV/n）、氩（LET 90 keV/μm，570 MeV/n）或铁（670 MeV/n）粒子照射后，比较雄性 B6D2F1 小鼠在照射后 72 h 对 Ⅵ 期和 Ⅰ 期曲细精管中整体精原细胞存活的影响，结果发现，氦、氖和氩与 X 射线的 RBE 相似，在 0.3~0.4 Gy 的剂量下约有 50% 的精原细胞被耗尽；而铁的效力更强，在 0.1 Gy 的剂量下有 62% 的精原细胞被耗尽。在各种精原细胞发育阶段中，分化的中间型和 B 型精原细胞最敏感，在 0.2 Gy 氦和 0.15 Gy 氩下发生 50% 的耗竭。相比之下，As 型精原细胞（精原干细胞）是抵抗力最强的细胞，在低于 1 Gy X 射线、0.8 Gy 氦和 0.3 Gy 氩的剂量下影响最小。

青春期前 4 周的雄性小鼠在 2 Gy 铁离子照射（31.3 keV/μm，140 MeV/n）后，附睾精子数量和精子活力在 2 周时显著下降，在 5 周时部分恢复，在 8 周时完全恢复，这与已知的精原干细胞对带电粒子辐射的抵抗力一致。生精小管形态在 2 周时严重破坏，生殖细胞变性，凋亡生殖细胞数量增加，主要是细线期和粗线期精母细胞，附睾精子的 ATP 含量在统计学上显著降低。附睾精子提取物的蛋白质组学分析揭示了 16 种差异表达的蛋白质，包括三种线粒体蛋白质和两种糖酵解酶的下调，其中糖酵解酶 α 烯醇化酶（Eno1）参与了大多数生物过程，并被选择用于进一步分析。免疫荧光显示 Eno1 定位于精子中段，并且 Eno1 mRNA 和蛋白质水平在受辐射小鼠的精子中下调。

一般来说，睾丸对电离辐射很敏感。与随后的分化精原细胞阶段相比，精原干细胞相对抗辐射。与出生后缺乏生殖系干细胞的卵巢相比，存活的精原干细胞能够在照射后补充睾丸生殖细胞。高 LET 带电粒子辐射与 γ 射线相比，用于减少精子产量的 RBE 因粒子的 LET、离子质量和电荷而异，对于具有较高 LET、电荷和质量的粒子往往更高。带电粒子辐射诱导睾丸生殖细胞破坏的机制涉及 DNA 的直接电离、ROS 的产生以及对大分子的氧化损伤、p53 的激活和生殖细胞凋亡的诱导。

此外，迄今为止的实验所使用的 HZE 粒子束由单一种类粒子组成，不代表空间辐射的真实环境。未来的研究应该检查更能代表银河宇宙射线或太阳粒子事件的混合粒子束对精子发生和卵泡发生的影响。NASA 已经开发出在带电粒子之间快速切换的技术，以更有效地模拟空间辐射环境。

总体而言，对于近地轨道长期太空任务对哺乳动物繁殖的影响，我们的认识仍然非常匮乏。进行地面实验以了解深空辐射的效应，并明确太空旅行中哪些危害对繁殖影响最大，可为如何减轻这些危害提供关键信息。关于空间辐射或微重力对男性或女性生殖道、下丘脑和垂体的生殖调节的影响，以及对生殖系统的产前发育或对生殖的潜在跨代的影响等均需大量的研究以填补这方面的空白，这对于准确评估人类太空旅行所面临的危险十分必要。

参考文献

[1] 胡文涛，周光明. 中国空间辐射生物研究面临的挑战和机遇［J］. 科学通报，2019，64（36）：3824 – 3829.

[2] Durante M, Cucinotta F A. Heavy ion carcinogenesis and human space exploration

［J］. Nat. Rev. Cancer, 2008, 8 (6): 465 – 472.

［3］ Borek C, Hall E J, Rossi H H. Malignant transformation in cultured hamster embryo cells produced by X – rays, 430 – keV monoenergetic neutrons, and heavy – ions ［J］. Cancer Res. , 1978, 38 (9): 2997 – 3005.

［4］ Yang T C, Mei M, George K A, et al. DNA damage and repair in oncogenic transformation by heavy – ion radiation ［J］. Adv. Space Res. , 1996, 18 (1/ 2): 149 – 158.

［5］ Han Z B, Suzuki H, Suzuki F, et al. Relative biological effectiveness of accelerated heavy ions for induction of morphological transformation in Syrian hamster embryo cells ［J］. J. Radiat Res. , 1998, 39 (3): 193 – 201.

［6］ Masumura K, Kuniya K, Kurobe T, et al. Heavy – ion – induced mutations in the gpt delta transgenic mouse: Comparison of mutation spectra induced by heavy – ion, X – ray, and gamma – ray radiation ［J］. Environ. Mol. Mutagen. , 2002, 40 (3): 207 – 215.

［7］ Hagiwara Y, Oike T, Niimi A, et al. Clustered DNA double – strand break formation and the repair pathway following heavy – ion irradiation ［J］. J. Radiat. Res. , 2019, 60 (1): 69 – 79.

［8］ Buonanno M, de Toledo S M, Howell R W, et al. Low – dose energetic protons induce adaptive and bystander effects that protect human cells against DNA damage caused by a subsequent exposure to energetic iron ions ［J］. J. Radiat. Res. , 2015, 56 (3): 502 – 508.

［9］ Wang M L, Hada M, Huff J, et al. Heavy ions can enhance TGF – beta mediated epithelial to mesenchymal transition ［J］. J. Radiat. Res. , 2012, 53 (1): 51 – 57.

［10］ Hada M, Ikeda H, Rhone J R, et al. Increased chromosome aberrations in cells exposed simultaneously to simulated microgravity and radiation ［J］. Int. J. Mol. Sci. , 2019, 20 (1): 43.

［11］ Imaoka T, Nishimura M, Kakinuma S, et al. High relative biologic effectiveness of carbon ion radiation on induction of rat mammary carcinoma and its lack of

H – ras and Tp53 mutations ［J］. Int. J. Radiat. Oncol. Biol. Phys. , 2007, 69 （1）: 194 – 203.

［12］ Suman S, Shuryak I, Kallakury B, et al. Protons show greater relative biological effectiveness for mammary tumorigenesis with higher ERα – and HER2 – positive tumors relative to γ – rays in APCMin/ + mice ［J］. Int. J. Radiat. Oncol. Biol. Phys. , 2020, 107 （1）: 202 – 211.

［13］ Weil M M, Ray F A, Genik P C, et al. Effects of Si – 28 ions, Fe – 56 ions, and protons on the induction of murine acute myeloid leukemia and hepatocellular carcinoma ［J］. PLoS One, 2014, 9 （7）: e104819.

［14］ Costes S V, Boissiere A, Ravani S, et al. Imaging features that discriminate between foci induced by high – and low – LET radiation in human fibroblasts ［J］. Radiat Res. , 2006, 165 （5）: 505 – 515.

［15］ Aypar U, Morgan W F, Baulch J E. Radiation – induced epigenetic alterations after low and high LET irradiations ［J］. Mutat. Res – Fundam Mol. Mech. Mutagen, 2011, 707 （1 – 2）: 24 – 33.

［16］ Shuryak I, Sachs R K, Brenner D J. Quantitative modeling of carcinogenesis induced by single beams or mixtures of space radiations using targeted and non – targeted effects ［J］. Sci. Rep – UK, 2021, 11 （1）: 23467.

［17］ Soto A M, Sonnenschein C. The tissue organization field theory of cancer: A testable replacement for the somatic mutation theory ［J］. Bioessays. , 2011, 33 （5）: 332 – 340.

［18］ 李朋飞. 电离辐射应答长链非编码 RNA 的研究 ［D］. 兰州: 中国科学院大学, 2015.

［19］ Pei H, Dai Y, Yu Y, et al. The tumorigenic effect of lncRNA AFAP1 – AS1 is mediated by translated peptide ATMLP under the control of m6A methylation ［J］. Advanced Science, 2023, 10 （13）: 2300314.

［20］ 田野, 王绿化. 放射治疗中正常组织损伤与防护 ［M］. 北京: 人民卫生出版社, 2019.

［21］ Acharya M M, Baulch J E, Klein P M, et al. New concerns for neurocognitive function during deep space exposures to chronic, low dose – rate, neutron radiation ［J］. eNeuro. , 2019, 6 (4): 0094 – 0119.

［22］ Cekanaviciute E, Rosi S, Costes S V. Central nervous system responses to simulated galactic cosmic rays ［J］. Int. J. Mol. Sci. , 2018, 19 (11): 3669.

［23］ Kokhan V S, Matveeva M I, Mukhametov A, et al. Risk of defeats in the central nervous system during deep space missions ［J］. Neurosci. Biobehav. Rev. , 2016, 71: 621 – 632.

［24］ Parihar V K, Allen B D, Caressi C, et al. Cosmic radiation exposure and persistent cognitive dysfunction ［J］. Sci. Rep. , 2016, 6: 34774.

［25］ Pariset E, Malkani S, Cekanaviciute E, et al. Ionizing radiation – induced risks to the central nervous system and countermeasures in cellular and rodent models ［J］. Int. J. Radiat. Biol. , 2021, 97 (sup1): S132 – S150.

［26］ Barratt M R, Pool S L. Principles of clinical medicine for space flight ［M］. New York: Springer, 2008.

［27］ Thornton W E, Moore T P, Pool S L. Fluid shifts in weightlessness ［J］, Aviat. Space Environ. Med. , 1987, 58: A86 – A90.

［28］ Leach C S, Alfrey C P, Suki W N, et al. Regulation of body fluid compartments during short – term spaceflight ［J］. Journal of Applied Physiology, 1996, 81: 105 – 116.

［29］ Moore T P, Thornton W E. Space shuttle inflight and postflight fluid shifts measured by leg volume changes ［J］. Aviat Space Environ. Med. , 1987, 58: A91 – A96.

［30］ Gopalakrishnan R, Genc K O, Rice A J, et al. Muscle volume, strength, endurance, and exercise loads during 6 – month missions in space ［J］. Aviat Space Environ Med. , 2010, 81: 91 – 102.

［31］ Trappe S, Costill D, Gallagher P, et al. Exercise in space: Human skeletal muscle after 6 months aboard the International Space Station ［J］. Journal of Applied Physiology, 2009, 106: 1159 – 1168.

［32］ Smith S M, Heer M A, Shackelford L C, et al. Benefits for bone from resistance exercise and nutrition in long – duration spaceflight：Evidence from biochemistry and densitometry［J］. Journal of Bone and Mineral Research：the Official Journal of the American Society for Bone and Mineral Research，2012，27：1896 – 1906.

［33］ Dorfman T A, Levine B D, Tillery T, et al. Cardiac atrophy in women following bed rest［J］. Journal of applied physiology，2007，103：8 – 16.

［34］ Bungo M W, Goldwater D J, Popp R L, et al. Echocardiographic evaluation of space shuttle crewmembers［J］. Journal of Applied Physiology，1987，62：278 – 283.

［35］ Convertino V A. Status of cardiovascular issues related to space flight：Implications for future research directions［J］. Respir Physiol Neurobiol. ，2009，169 Suppl 1：S34 – 37.

［36］ Delp M D, Charvat J M, Limoli C L, et al. Apollo lunar astronauts show higher cardiovascular disease mortality：Possible deep space radiation effects on the vascular endothelium［J］. Scientific Reports，2016，6：29901.

［37］ Ade C J, Broxterman R M, Charvat J M, et al. Incidence rate of cardiovascular disease end points in the national aeronautics and space administration astronaut corps［J］. Journal of the American Heart Association，2017：6.

［38］ Day R R S. Mortality among U. S. astronauts：1980—2009［J］. Aviat Space Environ Med. ，2010，81：1121 – 1127.

［39］ Norsk P, Asmar A, Damgaard M, et al. Fluid shifts, vasodilatation and ambulatory blood pressure reduction during long duration spaceflight［J］. The Journal of Physiology，2015，593：573 – 584.

［40］ Garrett – Bakelman F E, Darshi M, Green S J, et al. The NASA twins study：A multidimensional analysis of a year – long human spaceflight［J］. Science，2019，364.

［41］ Arbeille P, Provost R, Zuj K. Carotid and femoral artery intima – media thickness during 6 months of spaceflight［J］. Aerosp. Med. Hum. Perform. ，2016，87：449 – 453.

［42］ Arbeille P, Provost R, Zuj K, et al. Measurements of jugular, portal, femoral, and calf vein cross – sectional area for the assessment of venous blood redistribution with long duration spaceflight (Vessel Imaging Experiment) ［J］. Eur. J. Appl. Physiol. , 2015, 115: 2099 – 2106.

［43］ Hughson R L, Robertson A D, Arbeille P, et al. Increased postflight carotid artery stiffness and inflight insulin resistance resulting from 6 – mo spaceflight in male and female astronauts, American journal of physiology ［J］. Heart and Circulatory Physiology, 2016, 310: H628 – H638.

［44］ Lorenz M W, Markus H S, Bots M L, et al. Prediction of clinical cardiovascular events with carotid intima – media thickness: A systematic review and meta – analysis ［J］. Circulation, 2007, 115: 459 – 467.

［45］ Li Y Q, Chen P, Haimovitz – Friedman A, et al. Endothelial apoptosis initiates acute blood – brain barrier disruption after ionizing radiation ［J］. Cancer Res. , 2003, 63: 5950 – 5956.

［46］ Lee W H, Cho H J, Sonntag W E, et al. Radiation attenuates physiological angiogenesis by differential expression of VEGF, Ang – 1, tie – 2 and Ang – 2 in rat brain ［J］. Radiat. Res. , 2011, 176: 753 – 760.

［47］ Kamiryo T, Lopes M B, Kassell N F, et al. Radiosurgery – induced microvascular alterations precede necrosis of the brain neuropil ［J］. Neurosurgery, 2001, 49: 409 – 414.

［48］ Brown W R, Thore C R, Moody D M, et al. Vascular damage after fractionated whole – brain irradiation in rats ［J］. Radiat Res. , 2005, 164: 662 – 668.

［49］ Schultz – Hector S, Trott K R. Radiation – induced cardiovascular diseases: Is the pidemiologic evidence compatible with the radiobiologic data? ［J］. Int. J. Radiat. Oncol. Biol. Phys. , 2007, 67: 10 – 18.

［50］ van der Meeren A, Squiban C, Gourmelon P , et al. Differential regulation by IL – 4 and IL – 10 of radiation – induced IL – 6 and IL – 8 production and ICAM – 1 expression by human endothelial cells ［J］. Cytokine, 1999, 11: 831 – 838.

［51］ Baselet B, RomboutsC, Benotmane A M, et al. Cardiovascular diseases related to ionizing radiation: The risk of low – dose exposure (Review) [J]. Int. J. Mol. Med. , 2016, 38 (6): 1623 – 1641.

[52] Carminati M V, Griffith D, Campbell M R. Sub – orbital commercial human spaceflight and informed consent [J]. Aviat Space Environ Med. , 2011, 82: 144 – 146.

[53] Fernandez – Gonzalo R, Baatout S, Moreels M. Impact of particle irradiation on the immune system: From the clinic to mars [J]. Front Immunol. , 2017, 8: 177.

[54] Gridley D S, Pecaut M J. Genetic background and lymphocyte populations after total – body exposure to iron ion radiation [J]. Int. J. Radiat. Biol. , 2011, 87 (1): 8 – 23.

[55] Paul A M, Cheng – Campbell M, Blaber E A, et al. Beyond low – earth orbit: Characterizing immune and microRNA differentials following simulated deep spaceflight conditions in Mice [J]. iScience, 2020, 23 (12): 101747.

[56] Crucian B, Stowe R P, Mehta S, et al. Alterations in adaptive immunity persist during long – duration spaceflight [J]. NPJ Microgravity, 2015, 1: 15013.

[57] Mehta S K, Bloom D C, Plante I, et al. Reactivation of latent epstein – barr virus: A comparison after exposure to gamma, proton, carbon, and iron radiation [J]. Int. J. Mol. Sci. , 2018, 19 (10): 2961.

[58] Waselenko J K, MacVittie T J, Blakely W F, et al. Medical management of the acute radiation syndrome: Recommendations of the Strategic National Stockpile Radiation Working Group [J]. Ann. Intern. Med. , 2004, 140 (12): 1037 – 1051.

[59] Shao L, Luo Y, Zhou D. Hematopoietic stem cell injury induced by ionizing radiation [J]. Antioxid Redox Signal. , 2014, 20: 1447 – 1462.

[60] Mauch P, Constine L, Greenberger J, et al. Hematopoietic stem cell compartment: Acute and late effects of radiation therapy and chemotherapy [J]. Int. J. Radiat. Oncol. Biol. Phys. , 1995, 31 (5): 1319 – 1339.

[61] Muralidharan S, Sasi S P, Zuriaga M A, et al. Ionizing particle radiation as a

modulator of endogenous bone marrow cell reprogramming: implications for hematological cancers [J]. Front Oncol. , 2015, 5: 231.

[62] Weil M M, Bedford J S, Bielefeldt – Ohmann H, et al. Incidence of acute myeloid leukemia and hepatocellular carcinoma in mice irradiated with 1 GeV/ nucleon ^{56}Fe ions [J]. Radiat Res. , 2009, 172 (2): 213 – 219.

[63] Ray F A, Genik P C, Ehrhart E J, et al. Incidence of acute myeloid leukemia and hepatocellular carcinoma in mice irradiated with 1 GeV/nucleon ^{56}Fe ions [J]. Radiat Res. , 2009, 172 (2): 213 – 219.

[64] Tucker J D, Marples B, Ramsey M J, et al. Persistence of chromosome aberrations in mice acutely exposed to ^{56}Fe + 26 ions [J]. Radiat Res. , 2004, 161 (6): 648 – 655.

[65] Rithidech K N, Honikel L, Whorton E B. mFISH analysis of chromosomal damage in bone marrow cells collected from CBA/CaJ mice following whole body exposure to heavy ions (^{56}Fe ions) [J]. Radiat. Environ. Biophys. , 2007, 46: 137 – 145.

[66] Miousse I R, Shao L, Chang J, et al. Exposure to low – dose ^{56}Fe – ion radiation induces long – term epigenetic alterations in mouse bone marrow hematopoietic progenitor and stem cells [J]. Radiat Res. , 2014, 182 (1): 92 – 101.

[67] Gridley D S, Pecaut M J, Nelson G A. Total – body irradiation with high – LET particles: Acute and chronic effects on the immune system [J]. Am. J. Physiol. Regul. Integr. Comp. Physiol. , 2002, 282: R677 – R688.

[68] Kenyon J, Fu P, Lingas K, et al. Humans accumulate microsatellite instability with acquired loss of MLH1 protein in hematopoietic stem and progenitor cells as a function of age [J]. Blood, 2012, 120 (16): 3229 – 3236.

[69] Seddon B, Cook A, Gothard L, et al. Detection of defects in myocardial perfusion imaging in patients with early breast cancer treated with radiotherapy [J]. Radiother Oncol. , 2002, 64 (1): 53 – 63.

[70] Tang S, Otton J, Holloway L, et al. Quantification of cardiac subvolume dosimetry using a 17 segment model of the left ventricle in breast cancer patients

receiving tangential beam radiotherapy ［J］. Radiother Oncol. , 2019, 132:
257 – 265.

［71］ Taylor C, McGale P, Brønnum D, et al. Cardiac structure injury after
radiotherapy for breast cancer: cross – sectional study with individual patient data
［J］. J. Clin. Oncol. , 2018, 36 (22): 2288 – 2296.

［72］ Reynolds R J, Day S M. Mortality due to cardiovascular disease among apollo
lunar Astronauts ［J］. Aerosp. Med. Hum. Perform. , 2017, 88 (5):
492 – 496.

［73］ Hughson R L, Helm A, Durante M. Heart in space: Effect of the extraterrestrial
environment on the cardiovascular system ［J］. Nat. Rev. Cardiol. , 2018, 15
(3): 167 – 180.

［74］ Feng X, McDonald J M. Disorders of bone remodeling ［J］. Annu. Rev.
Pathol. , 2011, 6: 121 – 145.

［75］ Griem M L, Robotewskyj A, Nagel R H. Potential vascular damage from
radiation in the space environment ［J］. Adv. Space Res. , 1994, 14 (10):
555 – 563.

［76］ Shih K K, Folkert M R, Kollmeier M A, et al. Pelvic insufficiency fractures in
patients with cervical and endometrial cancer treated with postoperative pelvic
radiation ［J］. Gynecol Oncol. , 2013, 128 (3): 540 – 543.

［77］ Willey J S, Lloyd S A, Nelson G A, et al. Space radiation and bone loss ［J］.
Gravit Space Biol. Bull. , 2011, 25 (1): 14 – 21.

［78］ Zou Q, Hong W, Zhou Y, et al. Bone marrow stem cell dysfunction in radiation –
induced abscopal bone loss ［J］. J. Orthop. Surg. Res. , 2016, 11: 3.

［79］ Restier – Verlet J, El – Nachef L, Ferlazzo M L, et al. Radiation on Earth or in
space: What does it change? ［J］. Int. J. Mol. Sci. , 2021, 22 (7): 3739.

［80］ Vico L, Hargens A. Skeletal changes during and after spaceflight ［J］. Nat.
Rev. Rheumatol. , 2018, 14 (4): 229 – 245.

［81］ Farley A, Gnyubkin V, Vanden – Bossche A, et al. Unloading – induced cortical
bone loss is exacerbated by low – dose irradiation during a simulated deep space

exploration mission [J]. Calcif. Tissue. Int. , 2020, 107 (2): 170 – 179.

[82] Kondo H, Searby N D, Mojarrab R, et al. Total – body irradiation of postpubertal mice with ^{137}Cs acutely compromises the microarchitecture of cancellous bone and increases osteoclasts [J]. Radiat Res. , 2009, 171 (3): 283 – 289.

[83] Willey J S, Livingston E W, Robbins M E, et al. Risedronate prevents early radiation – induced osteoporosis in mice at multiple skeletal locations [J]. Bone, 2010, 46 (1): 101 – 111.

[84] Hamilton S A, Pecaut M J, Gridley D S, et al. A murine model for bone loss from therapeutic and space – relevant sources of radiation [J]. J. Appl. Physiol. , 2006, 101 (3): 789 – 793.

[85] Bandstra E R, Pecaut M J, Anderson E R, et al. Long – term dose response of trabecular bone in mice to proton radiation [J]. Radiat Res. , 2008, 169 (6): 607 – 614.

[86] Bandstra E R, Thompson R W, Nelson G A, et al. Musculoskeletal changes in mice from 20 – 50 cGy of simulated galactic cosmic rays [J]. Radiat Res. , 2009, 172 (1): 21 – 29.

[87] Macias B R, Lima F, Swift J M, et al. Simulating the lunar environment: Partial weightbearing and high – LET radiation – induce bone loss and increase sclerostin – positive osteocytes [J]. Radiat Res. , 2016, 186 (3): 254 – 263.

[88] Choy M H V, Wong R M Y, Chow S K H, et al. How much do we know about the role of osteocytes in different phases of fracture healing? A systematic review [J]. J Orthop Translat. , 2019, 21: 111 – 121.

[89] Villars F, Guillotin B, Amédée T, et al. Effect of HUVEC on human osteoprogenitor cell differentiation needs heterotypic gap junction communication [J]. Am. J. Physiol. Cell Physiol. , 2002, 282 (4): C775 – C785.

[90] Pitkänen M A, Hopewell J W. Functional changes in the vascularity of the irradiated rat femur. Implications for late effects [J]. Acta. Radiol. Oncol. , 1983, 22 (3): 253 – 256.

[91] Ewing J. Radiation osteitis [J]. Acta Radiol. , 1926, 6: 399 – 412.

［92］Okunieff P, Wang X, Rubin P, et al. Radiation – induced changes in bone perfusion and angiogenesis ［J］. Int. J. Radiat Oncol. Biol. Phys. , 1998, 42 （4）: 885 – 889.

［93］Kaigler D, Wang Z, Horger K, et al. VEGF scaffolds enhance angiogenesis and bone regeneration in irradiated osseous defects ［J］. J. Bone Miner Res. , 2006, 21 （5）: 735 – 744.

［94］Michel G, Blery P, Pilet P, et al. Micro – CT analysis of radiation – induced osteopenia and bone hypovascularization in rat ［J］. Calcif Tissue Int. , 2015, 97 （1）: 62 – 68.

［95］Conget P A, Minguell J J. Phenotypical and functional properties of human bone marrow mesenchymal progenitor cells ［J］. J. Cell Physiol. , 1999, 181 （1）: 67 – 73.

［96］Iaquinta M R, Mazzoni E, Bononi I, et al. Adult stem cells for bone regeneration and repair ［J］. Front Cell Dev. Biol. , 2019, 7: 268.

［97］Zou Q, Hong W, Zhou Y, et al. Bone marrow stem cell dysfunction in radiation – induced abscopal bone loss ［J］. J. Orthop Surg Res. , 2016, 11: 3.

［98］Liang X, So Y H, Cui J, et al. The low – dose ionizing radiation stimulates cell proliferation via activation of the MAPK/ERK pathway in rat cultured mesenchymal stem cells ［J］. J. Radiat Res. , 2011, 52 （3）: 380 – 386.

［99］Li J, Kwong D L, Chan G C. The effects of various irradiation doses on the growth and differentiation of marrow – derived human mesenchymal stromal cells ［J］. Pediatr Transplant, 2007, 11 （4）: 379 – 387.

［100］Ussu I Z, Rodionova N K, Bilko D I, et al. Mesenchymal stem and progenitor cells of rats' bone marrow under chronic action of ionizing radiation ［J］. Probl Radiac Med Radiobiol. , 2017, 22: 224 – 230.

［101］Buchwald Z S, Aurora R. Osteoclasts and CD8 T cells form a negative feedback loop that contributes to homeostasis of both the skeletal and immune systems ［J］. Clin. Dev. Immunol. , 2013, 2013: 429373.

［102］ Li W, Wang G, Cui J, et al. Low – dose radiation (LDR) induces hematopoietic hormesis：LDR – induced mobilization of hematopoietic progenitor cells into peripheral blood circulation ［J］. Exp. Hematol. , 2004, 32 (11)：1088 – 1096.

［103］ Schaue D, McBride W H. Links between innate immunity and normal tissue radiobiology ［J］. Radiat Res. , 2010, 173 (4)：406 – 417.

［104］ Ijiri K. Ten years after medaka fish mated and laid eggs in space and further preparation for the life – cycle experiment on ISS ［J］. Biol. Sci. Space, 2004, 18 (3)：138 – 139.

［105］ Schatten H, Chakrabarti A, Taylor M, et al. Effects of spaceflight conditions on fertilization and embryogenesis in the sea urchin Lytechinus pictus ［J］. Cell Biol. Int. , 1999, 23 (6)：407 – 415.

［106］ Tash J S, Kim S, Schuber M, et al. Fertilization of sea urchin eggs and sperm motility are negatively impacted under low hypergravitational forces significant to space flight ［J］. Biol. Reprod. , 2001, 65 (4)：1224 – 1231.

［107］ Ubbels G A, Berendsen W, Narraway J. Fertilization of frog eggs on a sounding rocket in space ［J］. Adv. Space Res. , 1989, 9 (11)：187 – 197.

［108］ Fedorova N L. Spermatogenesis of the dogs. Ugolyok and Veterok after their flight on board the satellite Kosmos 110 ［J］. Kosm. Biol. Med. , 1967, 1：28 – 31.

［109］ Philpott D E, Sapp W, Williams C, et al. Reduction of the spermatogonial population in rat testes flown on Space Lab – 3 ［J］. Physiologist, 1985, 28 (6 Suppl)：S211 – 212.

［110］ Sapp W J, Philpott D E, Williams C S, et al. Effects of spaceflight on the spermatogonial population of rat seminiferous epithelium ［J］. FASEB J. , 1990, 4 (1)：101 – 104.

［111］ Zhang S, Zheng D, Wu Y, et al. Simulated microgravity using a rotary culture system compromises the in vitro development of mouse preantral follicles ［J］. PLoS One, 2016, 11 (3)：e0151062.

［112］ Wakayama S, Kawahara Y, Li C, et al. Detrimental effects of microgravity on mouse preimplantation development in vitro ［J］. PLoS One, 2009, 4 (8): e6753.

［113］ Dubrova Y E, Plumb M, Gutierrez B, et al. Transgenerational mutation by radiation ［J］. Nature, 2000, 405 (6782): 37.

［114］ Barber R, Plumb M A, Boulton E, et al. Elevated mutation rates in the germ line of first - and second - generation offspring of irradiated male mice ［J］. Proc. Natl. Acad. Sci. USA. , 2002, 99 (10): 6877 - 6882.

［115］ Sridharan D M, Asaithamby A, Bailey S M, et al. Understanding cancer development processes after HZE - particle exposure: Roles of ROS, DNA damage repair and inflammation ［J］. Radiat Res. , 2015, 183 (1): 1 - 26.

［116］ Furukawa S, Nagamatsu A, Nenoi M, et al. space radiation biology for "Living in Space" ［J］. Biomed Res. Int. , 2020, 2020: 4703286.

［117］ Mishra B, Luderer U. Reproductive hazards of space travel in women and men ［J］. Nat. Rev. Endocrinol. , 2019, 15 (12): 713 - 730.

［118］ Cancedda R, Liu Y, Ruggiu A, et al. The mice drawer system (MDS) experiment and the space endurance record - breaking mice ［J］. PLoS One, 2012, 7 (5): e32243.

［119］ Ohnishi T, Takahashi A, Nagamatsu A, et al. Detection of space radiation - induced double strand breaks as a track in cell nucleus ［J］. Biochem. Biophys. Res. Commun. , 2009, 390 (3): 485 - 488.

［120］ Yatagai F, Honma M, Takahashi A, et al. Frozen human cells can record radiation damage accumulated during space flight: Mutation induction and radioadaptation ［J］. Radiat Environ. Biophys. , 2011, 50 (1): 125 - 134.

［121］ Wakayama S, Ito D, Kamada Y, et al. Evaluating the long - term effect of space radiation on the reproductive normality of mammalian sperm preserved on the International Space Station ［J］. Sci. Adv. , 2021, 7 (24): 5554.

［122］ Rose B I. Female astronauts: Impact of space radiation on menopause ［J］. Eur. J. Obstet Gynecol Reprod Biol. , 2022, 271: 210 - 213.

［123］ Mishra B, Luderer U. Reproductive hazards of space travel in women and men ［J］. Nat. Rev. Endocrinol. , 2019, 15 (12): 713 – 730.

［124］ Spitz D R, Azzam E I, Li J J, et al. Metabolic oxidation/reduction reactions and cellular responses to ionizing radiation: A unifying concept in stress response biology ［J］. Cancer Metastasis Rev. , 2004, 23 (3 – 4): 311 – 322.

［125］ Dayal D, Martin S M, Limoli C L, et al. Hydrogen peroxide mediates the radiation – induced mutator phenotype in mammalian cells ［J］. Biochem J. , 2008, 413 (1): 185 – 191.

［126］ Steller J G, Alberts J R, Ronca A E. Oxidative stress as cause, consequence, or biomarker of altered female reproduction and development in the space environment ［J］. Int. J. Mol. Sci. , 2018, 19 (12): 3729.

［127］ Devine P J, Perreault S D, Luderer U. Roles of reactive oxygen species and antioxidants in ovarian toxicity ［J］. Biol. Reprod. , 2012, 86 (2): 27.

［128］ Pesty A, Doussau M, Lahaye J B, et al. Whole – body or isolated ovary (60) Co irradiation: Effects on in vivo and in vitro folliculogenesis and oocyte maturation ［J］. Reprod Toxicol. , 2010, 29 (1): 93 – 98.

［129］ Mathur S, Nandchahal K, Bhartiya H C. Radioprotection by MPG of mice ovaries exposed to sublethal gamma radiation doses at different postnatal ages ［J］. Acta. Oncol. , 1991, 30 (8): 981 – 983.

［130］ Nitta Y, Hoshi M. Relationship between oocyte apoptosis and ovarian tumours induced by high and low LET radiations in mice ［J］. Int. J. Radiat. Biol. , 2003, 79 (4): 241 – 250.

［131］ Mishra B, Ripperdan R, Ortiz L, et al. Very low doses of heavy oxygen ion radiation induce premature ovarian failure ［J］. Reproduction, 2017, 154 (2): 123 – 133.

［132］ Mishra B, Ortiz L, Luderer U. Charged iron particles, components of space radiation, destroy ovarian follicles ［J］. Hum. Reprod. , 2016, 31 (8): 1816 – 1826.

［133］ Salehi F, Dunfield L, Phillips K P, et al. Risk factors for ovarian cancer: An overview with emphasis on hormonal factors [J]. J. Toxicol. Environ. Health B. Crit. Rev. , 2008, 11 (3 -4): 301 -321.

[134] Mishra B, Lawson G W, Ripperdan R, et al. Charged - iron - particles found in galactic cosmic rays are potent inducers of epithelial ovarian tumors [J]. Radiat Res. , 2018, 190 (2): 142 -150.

[135] Wood D H, Yochmowitz M G, Hardy K A, et al. Animal studies of life shortening and cancer risk from space radiation [J]. Adv. Space Res. , 1986, 6 (11): 275 -283.

[136] Fanton J W, Golden J G. Radiation - induced endometriosis in Macaca mulatta [J]. Radiat Res. , 1991, 126 (2): 141 -146.

[137] Sapp W J, Philpott D E, Williams C S, et al. Comparative study of spermatogonial survival after X - ray exposure, high LET (HZE) irradiation or spaceflight [J]. Adv. Space Res. , 1992, 12 (2 -3): 179 -189.

[138] Alpen E L, Powers - Risius P. The relative biological effect of high - Z, high - LET charged particles for spermatogonial killing [J]. Radiat Res. , 1981, 88 (1): 132 -143.

[139] Fox P C. Acquired salivary dysfunction. Drugs and radiation [J]. Ann. N. Y. Acad. Sci. , 1998, 842: 132 -137.

[140] Hellweg C E, Baumstark - Khan C. Getting ready for the manned mission to Mars: the astronauts' risk from space radiation [J]. Naturwissenschaften, 2007, 94 (7): 517 -526.

[141] Cheema A K, Suman S, Kaur P, et al. Long - term differential changes in mouse intestinal metabolomics after γ and heavy ion radiation exposure [J]. PLoS One, 2014, 9 (1): e87079.

[142] Kumar S, Suman S, Fornace A J Jr, et al. Space radiation triggers persistent stress response, increases senescent signaling, and decreases cell migration in mouse intestine [J]. Proc. Natl. Acad. Sci. USA, 2018, 115 (42): E9832 -9841.

[143] Xiao X, Hu M, Zhang X, et al. NMR - based metabolomics analysis of liver

from C57BL/6 mouse exposed to ionizing radiation ［J］. Radiat Res. , 2017, 188 （1）: 44 − 55.

［144］ Smith S M, Zwart S R, Heer M, et al. Men and women in space: bone loss and kidney stone risk after long − duration spaceflight ［J］. J. Bone Miner Res. , 2014, 29 （7）: 1639 − 1645.

［145］ Pavlakou P, Dounousi E, Roumeliotis S, et al. Oxidative stress and the kidney in the space environment ［J］. Int. J. Mol. Sci. , 2018, 19 （10）: 3176.

［146］ Guo H, Chou W C, Lai Y, et al. Multi − omics analyses of radiation survivors identify radioprotective microbes and metabolites ［J］. Science, 2020, 370 （6516）: 9097.

第 6 章
空间辐射对其他物种的影响

■ 6.1　空间辐射对微生物的影响（赵烨，王婷，陈妮，卞坡）

6.1.1　概述

在地球上，微生物和人类共存了数百万年，微生物广泛存在于空气、水、土壤和其他生态系统中。在人类开展空间探索的同时，微生物也直接或间接地被引入空间环境中。外层空间是一个非常极端和复杂的环境，但微生物通过表型和遗传变化表现出高度的适应性，包括对微重力、强辐射、低温、高压和低营养环境的适应性。微生物的这些变化可能会影响到太空环境中的航天员。微生物通常通过改变形态、生长速度和适应性以适应极端环境，这些表型变化的作用和意义以及潜在机制是空间生物学领域尚待解决的重要问题。空间环境对微生物的影响以及相关的具体机制是需要进一步研究和关注的前沿问题。

早在 1935 年，科研人员就通过气球飞行和火箭运载工具，开始了将微生物暴露在太空飞行条件下的初步实验。1966 年，美国国家航空航天局（NASA）在"双子座九号"和"双子座十二号"飞行任务期间，将噬菌体 T1 和青霉菌（*Penicillium roqueforti*）孢子分别在空间环境下暴露 16.8 h 和 6.5 h，发现空间环境对微生物的生存能力并没有明显的改变。利用一层 0.4 mm 的铅箔屏蔽空间非穿透性辐射，如太阳紫外线和软 X 射线，可将噬菌体 T1 的存活率提高 3 000 倍，孢子的存活率近 100%。这项研究是首次评估暴露于空间条件下微生物的存活极限的研究。中国于 2001 年开始在"神舟二号"上进行空间实验，并逐渐积累了开展空间环境微生物实验的经验。2002 年，"神舟三号"第一次携带红曲霉（*Monascus purpureus*）进入太空。2011 年，"神舟八号"进行了一项配备 15 种微生物的大规模空间微生物学实验。2013 年，搭载 9 种微生物的"神舟十号"飞船发射升空。这些实验分离出了肺炎克雷伯菌（*Klebsiella pneumoniae*）的溶血突变株和耐药大肠杆菌（*Escherichia coli*），以及所研究微生物的其他一些变化。通过研究这些微生物的表型变化，科研人员对空间环境对微生物入侵、抗生素敏感性和环境适应性的影响进行了初步的探索。全基因组测序和生物信息学分析表明，基因组、转录组、蛋白质组和代谢组水平的变化可能是表型变化的基础。这些发现揭示了空间环境辐射对微生物的重大影响。为了证实这些发现，科研人员也在地面进行了模拟实验，极大贡献了空间微生物辐射效应的相关研究，为空间辐射对微生物的影响的研究提供了前所未有的平台和可能性。

6.1.2　空间辐射对微生物的影响

空间辐射是影响空间微生物的一个重要原因。辐射通过直接将能量沉积于生物大分子（蛋白质和核酸），或诱导自由基间接与生物大分子相互作用产生突变，从而产生生物学效应。Horneck 等在太空飞行实验中，将枯草芽孢杆菌（*B. subtilis*）孢子平布在硝酸纤维素薄膜上并暴露于空间辐射中。结果发现，外层杆菌孢子（直径 1 mm）不受 HZE 粒子的影响；相反，观察到了一种"旁效应现象"，带电粒子的效应从外层孢子传到周围的孢子，引起生物学效应。此外，在大肠杆菌（*E. coli*）、枯草芽孢杆菌和耐辐射球菌（*D. radiodurans*）中发现，DNA 更容易发生双链断裂而导致突变。微生物可以通过同源重组（HR）或非同源末端连接（NHEJ）修复 DNA 损伤。然而，耐受空间辐射的能力取决于微生物利用 DNA 修复途径的程度。例如，耐辐射球菌对电离辐射的抗性约为枯草芽孢杆菌孢子的 5 倍。这种 DNA 修复能力主要通过 NHEJ 来实现，导致了更多的突变积累，从而提高了微生物在空间辐射环境下的生存能力。

除空间电离辐射外，直接暴露于太阳 UVA 辐射和外层空间可见光也可导致 ROS 的产生，并对核酸、蛋白质和脂质等生物大分子造成损害。同时，UVA 辐射和外层空间可见光还可以导致光解酶的合成，即一种特殊的光依赖性修复酶。

太阳紫外线辐射会导致微生物 DNA 中嘧啶二聚体的形成，主要是同一 DNA 链上相邻嘧啶残基之间产生环丁烷嘧啶二聚体和嘧啶（6－4）嘧啶光产物。另一种类型的嘧啶二聚体，5，6－二氢－5(a－胸腺嘧啶基)胸腺嘧啶，称为孢子光产物（spore photoproduct，SP），也被观察到在细菌孢子中产生。SP 的形成可能是由于孢子干燥、双吡啶酸的存在以及酸溶性小孢子蛋白与 DNA 的结合以及紫外线辐射的影响。例如，暴露于模拟火星紫外线辐射下的不同芽孢杆菌（*Bacillus sp.*）的内孢子表现出不同的失活，其中短小芽孢杆菌（*Bacillus pumilus*）最具抗性，表明它们激活修复途径的能力存在差异。

与细菌类似，许多真菌种类及其孢子对辐射具有很高的抗性。在大多数真菌中，负责修复 DNA 双链断裂的主要途径是 NHEJ。因此，大多数双链断裂在没有同源 DNA 序列的情况下被修复，最终导致基因突变。Blachowicz 等发现，与芽孢杆菌内生孢子相比，一些真菌的分生孢子在暴露于模拟火星 UVC 辐射时表现出更强的抗紫外线能力。在 Novikova 等的研究中发现，在从国际空间站中采集的不同真菌物种中，曲霉属（*Aspergillus sp.*）和青霉属（*Penicillium sp.*）占主导地位。除此之外，某些真菌，例如酿酒酵母（*Saccharomyces cerevisiae*），在有助于其生存的条件下表现出大规模基因组重排。因此，暴露于空间辐射可导致整个微生物基因组的突变频率增加，从而影响微生物生理生化过程。

6.1.3　空间辐射的地面模拟

空间辐射对微生物影响的实验，由于航天器载荷及发射次数限制，可获得的实验数据是有限的。因此，在地球上模拟空间辐射，研究其对微生物及其他生物体的影响，对于研究空间辐射的生物学效应是必不可少的。由于空间辐射中存在具有不同能量的多种辐射，因此地球上模拟的空间辐射条件与实际空间辐射还有一定差距，但科研人员还是开发了一些可控空间辐射模拟设备来研究它们对微生物的影响。其中，重离子加速器和多色 UV 源已分别用于模拟宇宙射线和太阳 UV 辐射。长期以来，人们使用固定能量的单离子束加速器来模拟空间辐射条件。虽然单束辐射与空间辐射在射线能量和成分上不同，但单束实验在理解每个辐射成分的影响，以及辐射成分是相加作用还是协同作用来对生物系统产生影响方面很重要。由于空间辐射包含各种不同能量的离子，现在离子束加速器已可以使用不同的能量同时加速多种束流来模拟空间辐射。例如，美国布鲁克海文国家实验室（BNL）的 NASA 空间辐射实验室（NSRL）已经做到在小于 2 min 的时间内切换束流，来实现多束流辐照。德国航空航天中心（Deutsches Zentrum für Luft – und Raumfahrt）的行星和空间模拟设施（Planetary and Space Simulation Facilities，PSI）和日本国立放射线医学综合研究所（National Institute of Radiological Science，NIRS）也提供了模拟空间辐射条件的重离子加速器。这些技术使人们能够利用地面设施模拟空间辐射并研究其对微生物和其他生物生命形式的影响。尽管如此，这些加速器的使用仍然存在一些挑战，例如确定适当的辐射剂量、使用多束创建多个实验以及与实验相关的成本等。此外，重离子加速器并不能做到精确模拟空间辐射，但它仍然可以获得初步实验数据，并用于改进空间飞行实验设计。

6.1.4　空间辐射环境下微生物的应用

为了保障载人航天稳健发展，空间微生物学在国际上方兴未艾。空间微生物学研究的初衷是解决航天活动中的微生物感染问题。但随着研究的深入，如何利用太空资源展开微生物研究、服务于地球上的人类，也成为空间微生物学的主要内容。目前，空间微生物的应用主要有以下几个方面。

1. 疫苗开发

空间环境可以诱导与传染病直接相关的微生物细胞发生变化，包括微生物生长速率、抗生素耐药性、微生物对宿主组织的入侵、毒性的改变，如图 6.1 所示。找出导致细菌生长或毒性增强背后的调节机制将有助于发展新的治疗方法和利用太空环境开发新的疫苗。

目前，国际空间站上已经在进行引起严重腹泻的沙门氏菌的疫苗研究。沙门氏菌的毒性被证实在微重力下增强。美国亚利桑那州立大学的研究人员正致力于从这些微重力诱导的改变中寻找靶标，为开发新的疫苗或改进现有的治疗方法寻找机会。该实验的目标就是利用太空环境，通过获得新的疫苗基因和疫苗再设计等手段，提高疫苗的疗效与保护性免疫应答，同时将副作用降到最小。

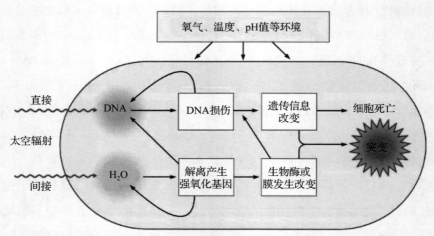

图 6.1　空间辐射对微生物细胞的作用方式（Horneck 等，2010）

此外，空间辐射环境也为耐药性研究提供了新的平台。文献报告指出，在太空，需要更高浓度的抗生素来抑制试管液体介质中培养的细菌生长。研究细菌在太空环境中"药效降低"和"耐药性增强"的关键调节因子为药物开发提供了潜在靶点。耐甲氧西林金黄色葡萄球菌（MRSA）是葡萄球菌的一种，对某些β-内酰胺类抗生素如甲氧西林、青霉素和阿莫西林具有耐药性，已成为院内和社区感染的重要病原菌之一，严重的可能危及生命。研究人员正在对耐甲氧西林金黄色葡萄球菌、沙门氏菌、铜绿假单胞菌、克雷伯氏菌、肺炎链球菌等致病菌的毒力在太空环境的改变及机制进行相关研究，这些研究将有助于新型减毒活疫苗的开发。

2. 空间微生物育种

在空间环境下，由于微重力、强辐射、多变磁场等独特的环境造成的 DNA 突变会明显高于地面水平，而这也为培养出高质量、高效率的菌株提供了条件。空间诱变育种是近年来发展较快的一种新型微生物诱变育种技术。在强辐射、高真空、低重力、交变磁场的空间环境中，微生物可能发生有益的突变。返地后，筛选出发生变异的微生物，培育出质量和产量更高的菌株。目前，利用空间微生物育种已经成功选育出一些效价高、品质优的抗生素和酶制剂菌种。如抗异性强的双歧杆菌、庆大霉素、泰乐菌素、NIKKO 霉素产生菌、高纤维素饲料添加剂菌株、高蛋白饲料酵母、钙分解的酵母高产菌、灵芝及孢子粉等。

20 世纪 70 年代，NASA 率先提出利用空间环境进行空间制药，在世界范围内引起了广泛的关注。在美国 STS – 80 航天飞行器上搭载的褶皱链霉菌提高了放线菌素 D 的产量。中国于 2001 年开始在"神舟二号"飞船上进行空间微生物实验。2011 年，"神舟八号"飞船开始了 15 种微生物的大规模空间微生物学实验。同一时期，搭载重组人干扰素 a1b 的工程菌菌株中有 5 株突变菌显示重组人干扰素 a1b 的产量显著提高，1 株抗生素活性增加一倍。2013 年，"神舟十号"飞船搭载的溶酶菌菌株在经过约 15 天的太空诱变后，其生产的内切蛋白酶 Lys – C 的产量增加了 40.2%，且稳定性好，该酶在蛋白质组学分析及重组蛋白质工业生产中具有广泛的应用前景。空间诱变的河豚毒素突变株毒素经过提纯后，有效降低了吸毒者的复吸率，可用于毒素的工业化生产。此外，通过航天诱变筛选出的酿酒酵母突变菌株，产生了更多有益于人类健康的活性代谢物，且会使啤酒的风味和质量更佳。

空间微生物育种一般认为是在微重力和各种射线及粒子协同作用下引起的物理、化学和生物学效应。空间环境引起的微生物突变作为一种新的突变育种方式，为微生物的增产特别是地面生产困难或者昂贵的抗生素、疫苗和次级代谢物开辟了新的途径。

3. 空间微生物再生保障系统的研究

航天员要在太空中生存，离不开氧气、水和食物。在目前的太空之旅中，航天员们通常会携带全部物资，或通过物理化学方式再生氧气和水，而食物只能一次性携带充足，不能再生。如果人类想进行更长时间、更远距离的太空探索，完全通过携带储存食物或由地面定期补给，将十分昂贵且难以实现，所以只能用生物再生的方式获得足够的氧气、水和食物，生物再生生命保障系统（bioregenerative life support system，BLSS）是人类实现中长期载人飞行最关键的技术之一。

BLSS 是基于生态系统原理，将生物技术与工程控制技术有机结合，所构建的由植物、动物、微生物组成的人工生态系统。微生物作为生态系统中的初级生产者和主要分解者，是太空"生物圈"不可或缺的一环。在过去的几十年里，研究人员已经对含有代谢活性细菌的生命支持系统如何在太空中应用进行了大量研究。欧洲航天局正在协调的"微生态生命保障系统研究计划"（Micro – Ecological

Life Support System Alternative，MELiSSA）是迄今为止研究比较充分的闭环生命支持系统。MELiSSA 系统由多个舱室组成。其中舱室 I 是由嗜热厌氧菌构成的废物降解室，这个隔室中最广泛研究的细菌种类之一是琥珀酸纤维杆菌（*Fibrobacter succinogenes*），它天然存在于牛的肠道中，有助于纤维素消化。因为它可以在无氧气（航天器上的宝贵资源）、高温的条件下依然保持活力，所以对系统内废物的分解十分有利。舱室 II 是由光合异养菌组成的异养食物生产室，研究得最多的是深红红螺菌（*Rhodospirillum rubrum*），该菌能以舱室 I 中产生的挥发性脂肪酸为食，将氨基酸转化为游离铵。舱室 III 则是由亚硝化细菌和硝化细菌组成的硝化室，能将舱室 II 中产生的游离铵循环成硝酸盐，供高等植物稍后使用，因这两种细菌都以二氧化碳作为生长的唯一碳源，所以这个舱室既充当二氧化碳吸收器又充当硝化反应的生物发生器，且这两种固氮菌在去除生物反应器中的微污染物方面都非常有效。例如，航天员在太空生活中使用的一些药物或生活用中的化合物如牙膏中的三氯沙进入系统后会干扰系统中其他有机物的正常生长，亚硝化细菌和硝化细菌则能有效清除这些污染。舱室 IV 则是由高等植物或蓝藻或光合自养细菌组成的食物生产和大气生产室，舱室 V 则是航天员舱室。

我国 2014 年进行的"月宫 105"实验是世界上首次实现的"人—植物—动物—微生物"四循环系统。2018 年进行的"月宫 365"实验中，通过四生物链间的精密协作，实现了 98% 的系统闭合度、100% 的氧气和水再生与 83% 的食物再生。两次实验的成功验证了生物再生生命循环系统具备为航天员提供长期生命保障的潜力。

4. 微生物太空开采

利用微生物从月球提取金属和其他资源的想法早在 2007 年就被提出。2019 年，英国爱丁堡大学的研究人员首次评估了国际空间站上三种细菌在微重力和模拟火星重力条件下的生物采矿潜力，研究人员检测了三种细菌——鞘氨醇单胞菌、枯草芽孢杆菌和贪铜杆菌在不同重力条件下从玄武岩（类似于月球和火星表面的大部分物质）中对 14 种不同稀土元素的提取效率，他们发现，鞘氨醇单胞菌在三种重力条件下都能从玄武岩浸出稀土元素，而且该细菌的浸出率在三种重力条件下都差不多，这意味着人类在太空中进行生物开采理论上是可行的。同期开展的另一项研究更是表明，在太空微重力条件下，对微生物钒的生物开采量增加了 283%。

在未来，太空探索可能会超越近地轨道，进入更深的太空。在太阳系的长途旅行将更多地依赖于目的地资源补给。研究太空微生物和矿物的相互作用，寻找更有潜力的生物浸出菌将是未来研究的重点方向。

6.1.4　展望

航天技术的不断发展必将推动空间微生物的深入研究。然而，空间微生物的研究仍然存在一些挑战。大多数来自空间站的人类致病菌株被发现对磺胺甲恶唑、红霉素和氨苄西林等具有多重耐药性。另外，太空诱变也带有一定的盲目性，仍然缺乏有效的方法来避免有害突变的产生。如何更好地避免微生物的危害，如何借助微生物构造人造生态系统，让人类探索太空的步伐走得更远是一项长期而艰巨的任务。

■ 6.2　空间辐射对植物的影响（郭涛，卢卫红，曾德永）

6.2.1　概述

空间辐射也能影响植物的生长发育、导致基因组产生变化并增加染色体畸变率。与传统的辐射诱变方式比较，空间辐射具有变异频率高、变异方向多的特点。自 1987 年中国科学院遗传与发育研究所在返回式尖兵系列卫星上进行植物种子搭载实验开始，至今 30 多年的研究中，基于航天搭载的空间诱变育种技术在创制植物新种质、创建新基因和培育新品种中发挥了重要作用。

6.2.2　空间辐射引发的植物 DNA 损伤及其修复机制

空间辐射的关键遗传靶是细胞核中的 DNA。空间辐射导致的 DNA 损伤类型包括：单碱基损伤、单链断裂、双链断裂和 DNA 交联。双链 DNA 断裂是最常见和最严重的 DNA 损伤形式之一，如果一个双链断裂不能得到正确的修复，它可能会导致细胞衰老或死亡。辐射引起 DNA 损伤后，需要通过细胞激活 DNA 损伤反应途径检测和修复 DNA 损伤来确保基因组的稳定性。用于修复 DNA 双链断裂的特定修复途径取决于损伤的类型和复杂性，主要有 NHEJ 和 HR 两种途径。这两条途径有着不同的底物需求，按不同的修复动力学进行，并且在细胞周期的不同时期被区别使用。最新研究表明，这两条途径的结合可以增强所有 DNA 的修复，从而保护基因组的完整性。受空间辐射后，植物细胞还会发生染色体畸变，导致环状染色体、重排的单着丝粒染色体、无着丝粒染色体和多着丝粒染色体等的产生。染色体畸变通常在 DNA 复制叉受损、缺失端粒的末端断裂以及染色体分离机制等过程中丢失，而稳定的重排型单着丝粒染色体则可以被保留，并作为空间辐射的生物标志物传递到子细胞。

除了激活 DNA 修复反应外，DNA 损伤也会激活其他信号通路，如参与细胞周期调节和细胞凋亡的信号通路。根据辐射类型、剂量、剂量率以及细胞类型和状态的不同，辐射可能会诱发细胞死亡、细胞衰老和 DNA 变异发生。因此，当细胞、器官或整个植物体长时间暴露于复杂且低剂量辐射时，可能引起基因突变、微核形成、染色体畸变等生物学效应，最终导致基因组的不稳定性，从而形成可遗传的变异。尽管空间辐射剂量率和总剂量很低，但其中 HZE 粒子的能量峰值可达 1×10^3 MeV，LET 可达到 100 keV/μm 以上，具有很强的穿透性和电离能力。研究表明，高 LET 辐射诱发的团簇性损伤往往难以精确修复，特别是在异染色质区域甚至是不可修复的。此外，细胞对低剂量辐射存在超敏感性（hyper - radiosensitivity，HRS）和反剂量率效应（inverse dose rate effect，IDRE）。因此，长期持续暴露于空间环境下低剂量率和低剂量、不同类型的复合辐照，可能产生相当可观的诱变效应。

6.2.3　空间辐射引起植物 DNA 变异的分子特征

随着高通量测序技术的发展成熟，为从基因组水平分析空间辐射的诱变机理和规律提供了强有力的新工具；同时，基于高通量测序技术进行基因定位，也为筛查致变基因提供了更高效、准确的新途径。

有研究表明，利用 Illumina 高通量测序技术结合高分辨率熔解曲线（high resolution melting，HRM）技术可以有效分析空间辐射诱发的基因组变异频谱及特征。华南农业大学植物航天育种研究中心的研究者们利用上述策略分析了籼稻 R173 经"神舟八号"搭载后的分子变异频谱。研究者利用三种变异检测软件 Mutect、Varscan 2 和 Shimmer，采用病变－正常配对样品（tumor/normal matched pair）策略检测单碱基变异（single nucleotide variation，SNV）和小的插入和缺失（insertion and deletion，InDel），并利用 HRM 技术对部分变异位点进行跟踪验证。研究结果表明，籼稻 R173 经过"神舟八号"空间飞行任务，在不考虑自然突变的情况下，平均每个诱变二代株系包含 70.76 个空间辐射诱发的变异位点。若考虑自然突变，则每个诱变二代株系包含 67.96 个空间辐射诱发的变异位点；以此计算籼稻 R173 经"神舟八号"搭载诱变的突变频率约为 1.79×10^{-7}，相当于植物自然突变频率（7×10^{-9}）的 25.55 倍。该研究首次探讨了空间辐射当代分子变异频率及其突变位点的遗传，其研究策略及方法对解析体细胞杂合突变具有参考价值。

已有的报道表明，尽管空间辐射后的诱变二代在株高、叶色和抽穗前等性状的突变频率低于 γ 射线辐照，但由于生理损伤轻，多数性状的诱变效率反而高于 γ 射线辐照处理；以化学诱变剂的方式进行植物诱变易产生严重的生理损伤，导致筛选群体数目的减少，反而降低了突变频率。而经过空间辐射后，诱变二代中符合育种需求的变异频率明显提高。从育种实践的角度，基于空间辐射或极低剂量率持续辐射的诱变育种效率可能更高于传统的理化诱变剂。研究者利用高通量测序比较了空间辐射、重离子辐射和伽马射线辐射所诱发的变异在全基因组水平上的差异。通过对不同辐照诱变的 34 个水稻稳定突变体进行重测序和突变检测发现，大多数突变体的突变数量在 100 个以内，只有 6 个超过 100；而其中的 3 个空间辐射诱发突变体，H153、H398 和 H399，突变数量超过 10 000 个，是其他突变体的 100 倍以上。在这三个空间辐射诱发的突变体中，检出的突变出现明显的不均匀分布和局部成簇性。超过 50 bp 的插入或缺失（定义为结构变异）仅在空间辐射诱发突变体 H153、H398、H399 和重离子辐射诱发突变体 H634 中检测到。以检出突变估算，H153、H398 和 H399 的突变频率分别为 7.1×10^{-4}、6.8×10^{-5} 和 6.6×10^{-5}，显著高于伽马射线和 EMS 诱发突变的频率；其他的 31 个突变体，突变频率均为 10^{-7} 数量级，与快中子束辐照水稻、拟南芥的诱变频率较为接近。

以往的研究表明，空间 HZE 粒子通量低，航天搭载的种子可能只有很少一部分被 HZE 粒子轰击而产生严重的基因组损伤，这些个体可能更易于产生表型变异而被鉴定到。但是，对于大多数种子而言，受到由 HZE 粒子穿透舱壁引发的次级粒子辐照的可能性更大，这种类型的辐射引起的变异可能较为微小而难以观察。已有的研究表明，仅少数空间辐射诱发突变体检测到大量突变，且突变具有不均匀和（或）成簇分布的特点，这可能是由于直接受到 HZE 粒子的轰击所致。由于种子茎端分生组织细胞受到 HZE 粒子轰击，染色体发生双链断裂或复杂突变，进而激活易错修复，最终导致了大量呈现成簇性分布的突变。相对于其他诱变剂，这种大量突变不均匀、成簇分布的现象，可能是空间辐射诱变最独特、最明显的特征。由此可见，低剂量率持续的空间辐射具有传统物理辐射不具备的独特特征，这也在一定程度上反映了空间辐射的育种价值。

6.2.4　空间辐射在植物育种中的应用

空间辐射诱变育种就是利用空间辐射，诱导植物种子或可繁殖组织发生变异，进而通过地面植株筛选新种质，培育新品种。空间诱变当代的生物学效应最显著的特征是生理损伤轻，甚至有刺激生长的作用，符合育种需求的变异频率较高。据不完全统计，我国通过空间诱变育成的作物新品种超过 200 个，累计种植面积超过 1 亿亩，推动粮食增产 12 亿 kg 以上。随着我国航天工程的推进，为空间辐射育种开拓了新途径。利用载人空间站，育种工作者先后开展了近 10 次诱变育种工作，并在水稻、小麦、玉米和部分园艺作物中培育了约 50 个新品种（材料）；在探月工程中，我国科学家利用"嫦娥五号"搭载了约 40 g 水稻种子，华南农业大学研究团队对其诱变后代进行了系统研究，这也是世界上首次研究深空环境辐射的诱变效应。目前，"嫦娥五号"搭载后代已完成 4 个育种世代的鉴定和研究。已有的数据表明，水稻种子绕月飞行后，苯丙烷代谢途径基因和代谢物显著富集，并且表皮细胞、薄壁细胞在空间飞行后显著增加；利用全基因组测序发现诱变当代基因组突变频率介于 $1 \times 10^{-6} \sim 1 \times 10^{-3}$，是自然突变频率的上百至上千倍；基于表型 – 基因型定向鉴定，筛选出具有多个育种价值的突变体。目前的初步结果显示，由于深空环境和近地环境在辐射剂量和辐射类型方面的显著差异，导致深空环境对生物体及遗传变异的影响具有量级的增加。在未来的载人深空探测及星际航行中，低剂量空间辐射的累积效应是必须考虑的重要问题。

植物种子经过航天器搭载的长时间飞行，所受到的空间因素影响可能产生累加作用。通过在"实践八号"卫星以 1g 离心机、铅屏蔽室和卫星舱同时搭载处理 3 个小麦品种，结果表明，空间综合环境诱发的突变频率大于辐射和微重力的单一因素，而空间微重力的突变效应要小于辐射。此外，空间搭载可能使基因组表观遗传修饰发生改变，进而激活植株体内的转座子，诱发基因突变和染色体畸变。研究者利用 189 个随机扩增多态性 DNA（random amplified polymorphic DNA，RAPD）对"神舟三号"搭载水稻种子的当代及后代植株进行基因组多态性检测，发现 30.2% 的植株与地面对照出现不同的扩增带；结合核径迹辐射探测装置的检测结果，发现直接受到 HZE 粒子轰击的 7 粒种子在当代植株都出现多态性；进一步从其中 3 粒 HZE 粒子轰击胚部的种子后代植株，筛选出了农艺性状明显变异的突变株系。

利用空间辐射诱变技术，目前已创制了大量种质资源和育成了一批植物新品种。福建农科院利用空间诱变技术育成恢复系航 1 号和航 2 号，组配出特优航 1 号、特优航 Ⅱ 号、Ⅱ 优航 1 号等 10 余个高产优质超级稻和再生稻品种，其中再生稻最高亩产超过 1 400 kg，累计推广应用 3 000 多万亩。华南农业大学利用空间诱变技术获得航恢 1173、航恢 1179、高抗稻瘟病种质 H4 等特异材料，并育成华航 1 号等 50 多个水稻品种，水稻新品种累计推广近 6 000 万亩。此外，利用航天育种技术在小麦、油料、棉花、蔬菜、花卉等品种选育方面也取得较大进展。中国农科院作物科学研究所和山东农科院利用空间诱变技术培育的小麦新品种鲁原 502，具备优秀的高产性、稳产性和广适性，2011 年通过国家审定，2018 年推广应用面积超过 2 000 万亩，成为我国第二大小麦品种，到现在推广面积已经超过 1 亿亩。黑龙江农科院、中国科学院遗传发育研究所等单位对青椒和番茄种子进行了航天搭载，选育出了高产、抗病和品质好的辣椒和番茄品种（宇番 1 号和 2 号）。西北农林科技大学利用空间诱变技术选育出丹参新品种"天丹一号"，该品种单株质量为普通丹参的 3 倍，有效成分含量显著高于对照。

近年来，现代高通量仪器的开发及与分子标记辅助选择技术的结合，形成了多种高效、准确、系统的空间诱变育种方法，如华南农业大学提出的空间诱变"多代混系连续选择与定向跟踪筛选技术"，在连续多个世代对诱变群体进行鉴定和定向筛选，鉴定出的突变新种质可直接培育成新品种或作为重要亲本间接培育新品种，提升了水稻空间诱变特异新种质选择效率和育种效果。四川省农业科学院提出以搭载材料为基础，田间选育、评价为核心，分子标记筛选为辅助，基因鉴定作补充的空间诱变育种思路，并利用这一技术思路育成一系列水稻新品种。

6.2.5 "实践十号"返回式卫星搭载对水稻的影响

1. 概述

"实践十号"返回式卫星于 2016 年 4 月 6 日 1 时 38 分发射，空间飞行 12.5 天，卫星轨道高度 252 km，轨道倾角为 43°，平均日剂量当量为 160 μSv，在 "实践十号" 设置了三个不同辐照位置 A、B、C，由硅望远镜、中子计数器 CR – 39 和 TLD 等设备测定了三个位置受到的不同辐射剂量，具体见表 6.1。

表 6.1 A、B、C 三个不同位置的辐射剂量

生物辐照盒	总吸收剂量/mGy	总剂量当量/mSv	辐射质量系数（Q factor）
A	0.970	2.132	2.20
B	0.837	1.937	2.31
C	0.914	2.045	2.24

搭载的水稻品系为粳稻东农 423（DN423），返回式卫星返回地面后，种子与相应的对照于 2016 年种植于黑龙江五常市营城子乡（北纬 45°10′3.82″，东经 126°57′13.78″）。

在"实践十号"返回式卫星三个不同位置（SPA、SPB、SPC）搭载模式植物东农 423 水稻种子，返回地面后探索空间环境对植物氧化应激效应的影响。在三叶期，空间飞行对于水稻株高的影响较大，出现了生长刺激现象，并在三个不同的飞行轨道存在差异，辐射剂量越小，刺激效应越明显。

近年来研究发现 ROS 在植物中的信号传导、控制生长、发育以及在响应生物和非生物环境胁迫的过程中起着重要的作用。空间飞行对水稻产生的氧化应激效应在三叶期就存在，且一直延续到成熟期，但空间飞行组中三叶期 ROS 含量与分蘖期和成熟期的变化规律并不相同，推测可能是由抗氧化相关因子不同所致的。

为了进一步验证分蘖期时 ROS 的结果，测定了三叶期时水稻的抗氧化酶系活性，发现 H_2O_2 代谢出现障碍，导致体内总体 ROS 含量的增加。成熟期时，空间飞行组 SPA 中 SOD 活力显著低于对照组，SPB 与 SPC 组则与对照组无显著差异。而 APX 活力在空间飞行组与地面辐照组中无显著差异，此时 ROS 含量在 SPA 中与对照组无差异可能是在该辐射剂量下由其他抗氧化酶如 CAT、POD 发挥作用所导致。而 ROS 含量在 SPB 与 SPC 组中高于对照组则可能由于在对应的辐射剂量下，植物体内的抗氧化酶还未来得及对 ROS 增加做出反应所导致。

2. 空间飞行对水稻线粒体三羧酸循环关键酶基因表达的影响

三羧酸（tricarboxylic acid，TCA）循环是联系三大物质代谢的枢纽，主要场所是线粒体，线粒体功能障碍必定会改变 TCA 循环的速率。同时也有研究表明，各种生物胁迫和非生物胁迫能使 TCA 循环过程中的关键蛋白丰度发生变化。已有研究表明经空间飞行后，TCA 循环中的一些关键蛋白丰度表现出显著的差异，而对于编码这些关键蛋白的基因表达情况却没有报道。

线粒体二氢硫辛酸脱氢酶是涉及 TCA 循环、光呼吸、支链氨基酸降解等多酶系统的组成成分。其在 TCA 循环中作为丙酮酸脱氢酶复合物的组成部分，是 TCA 循环限速酶之一，对三叶期 mtlpd 基因的表达进行分析，结果见图 6.2。

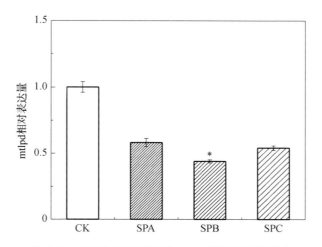

图 6.2　空间飞行对三叶期 mtlpd 基因表达的影响

注：与对照组（CK）相比，＊为 $P < 0.05$

如图 6.2 所示，三叶期时 mtlpd 基因在空间飞行组中表达均下调，但只有 SPB 与对照组差异显著（$P < 0.05$），说明空间飞行能影响该基因的表达。同时

三组空间飞行组之间没有表现出差异，说明在本实验的空间飞行条件下，三种不同的辐射剂量不能影响该基因的表达量。mtlpd 过表达促进 TCA 中的碳循环，增加细胞中 NAD$^+$/NADPH 的比率，提高植物的呼吸速率。飞行组中 mtlpd 表达均下调，这说明在三叶期时空间飞行可能导致植物 TCA 循环受到抑制。如图 6.3 所示，在分蘖期时该基因在 SPA、SPB、SPC 中的表达分别是对照组的 1.35、0.34、0.44，最高值出现在 SPA 组中，其表达量是对照组的 1.35 倍，但与对照组差异不显著。

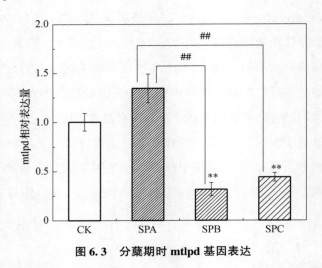

图 6.3　分蘖期时 mtlpd 基因表达

注：与对照组相比，** 为 $P < 0.01$；* 为 $P < 0.05$；与空间飞行组相比，## 为 $P < 0.01$。

　　柠檬酸合酶（citrate synthase，CS）是 TCA 循环的限速步骤，存在于线粒体基质中，此酶催化来自糖酵解或其他异化反应的乙酰–CoA 与草酰乙酸缩合合成柠檬酸的反应，控制 TCA 循环的入口，因此 TCA 循环的通量在某种程度上受到植物中柠檬酸合酶的限制。在三叶期时该基因在 SPA、SPB、SPC 中的表达分别是对照组的 0.61、0.37、0.36，在所有的空间飞行组中，该基因的表达均下调，但只有 SPB 组和 SPC 组与对照组存在显著性差异（$P < 0.01$）。在空间飞行组之间该基因的表达差异不显著。线粒体柠檬酸合酶主要由 cs4 与 cs5 两个独立的核基因编码，不仅 cs4 的蛋白质比 cs5 更丰富，而且 cs4 转录物在植物所有生长阶段中都比 cs5 转录物水平高。通过在植物中过表达 cs4 基因增强了植物对铝的耐受性。三叶期时，空间飞行组中的 cs4 表达下调，说明三叶期时 TCA 的速率受到

抑制，同时空间飞行也可能导致氧化应激的发生。在分蘖期，与对照组相比，cs4 基因在 SPA 组与 SPC 组中显著增加，为对照组的 2.80、1.63 倍。在 SPB 组中则显著下调，为对照组的 0.51。三个不同的空间飞行组之间该基因的表达差异显著。研究表明，敲除 cs 表达导致线粒体 ATP 产生低水平并引起能量代谢紊乱。其次，敲除 cs 表达导致线粒体超氧化物生成增加，引起氧化损伤。因此可以看出，在三叶期时空间飞行对水稻 TCA 循环产生的影响在分蘖期时还存在，且分蘖期时 SPA 与 SPB 的 TCA 循环速率可能比对照组高，同时空间飞行还可能影响水稻花粉的形成。在成熟期，在空间飞行组中 cs4 基因的相对表达量相对于对照组均发生显著增加，分别为对照组的 3.04、2.56、1.55 倍。三组空间飞行组间同样存在显著差异。这进一步说明由空间飞行导致的对 cs4 基因的影响在成熟期时还存在，并且不同的空间飞行条件对该基因的影响不同。

延胡索酸酶位于线粒体中，参与 TCA 循环。植物细胞中有两种编码延胡索酸酶基因，包括 fum1 与 fum2，它们分别编码线粒体形式与胞质形式延胡索酸酶。同时延胡索酸酶受丙酮酸、2 – 氧戊二酸和 ATP、ADP 和 AMP 浓度的调控，是 TCA 循环的重要控制点。因此，与其他大多数循环酶相比，该酶的下调将导致呼吸速率相对较大的降低。三叶期时空间飞行组中 fum1 基因的表达均下调，且只有 SPB 组与对照组差异显著（$P < 0.01$）。三个空间飞行组之间差异不显著。在低温胁迫下，延胡索酸酶基因的过表达会增强植物的抗逆性，同时增强适应低温环境下的光合作用以及 TCA 循环通量。实验中 fum1 基因表达下调说明空间飞行可能降低了在三叶期时植物的抗逆能力、TCA 循环通量以及呼吸作用。在分蘖期，fum1 基因的相对表达量在空间飞行组中均表现显著上调的趋势，分别为对照组的 3.71、2.50、3.36 倍。在空间飞行组中，SPB 组分别与 SPA、SPC 组之间存在显著差异，SPA 与 SPC 组间差异不显著。延胡索酸酶除了衡量 TCA 循环速度以外，研究还表明减少的延胡索酸酶表达和活性可以降低植物的鲜重，且可作为细胞坏死的生物标志物。同时延胡索酸酶也参与延胡索酸盐的产生。延胡索酸盐又作为第二信使或作为酶促辅因子在 DNA 修复的信号通路中发挥作用，同时延胡索酸盐与植物气孔开发程度呈负相关，从而对光合作用产生影响。结果发现，在分蘖期空间飞行组中，除水稻 TCA 循环速率可能增加以外，fum1 基因的过表达可能会增加延胡索酸盐的合成，从而增强在 DNA 修复途径中的信号传导，

用于修复经空间飞行导致的 DNA 链断裂。成熟期时空间飞行对 fum1 基因表达的影响，fum1 基因的相对表达量分别是对照组的 2.90、1.63、0.94，其中 SPA、SPB 组与对照组差异显著，而 SPC 组与对照组无显著差异。在空间飞行组中，SPC 组分别与 SPA、SPB 组存在显著差异，而 SPA 组与 SPB 组之间无显著差异，这些结果说明空间飞行对该基因表达量的影响在成熟期时还存在，且不同的空间辐射剂量对该基因的影响表现出不同。

3. "实践十号"返回式卫星搭载水稻光合作用的影响研究

以往研究表明，由于空间环境的复杂性和基因的多样性，在同一次空间飞行任务中，搭载不同的品种，其所呈现出的生理表型可能是不同的，因此要将不同品种分别与其相应的对照组进行比较，以下部分研究水稻 DN423 光合生理指标变化规律。水稻 DN423 处于分蘖期时，经过空间飞行后的实验组，水稻叶片的叶绿素含量与地面对照相比发生不同趋势的变化，其中叶绿素 a 含量显著上调，叶绿素 b 的含量明显降低，总叶绿素含量并没有发生显著的变化。叶绿素 a 加氧酶可以将叶绿素 a 结构中的甲基转化为甲酰基形式，来合成叶绿素 b。根据分析分蘖期时的叶绿素数据，可知空间飞行对水稻 DN423 生长后期体内的叶绿素合成过程产生影响，由于总叶绿素含量没有明显的改变，叶绿素 a 的含量升高，而叶绿素 b 的含量显著降低，说明此阶段水稻植株体内叶绿素 a 向叶绿素 b 的转化过程受到抑制，而从 L–谷氨酰–tRNA 到原卟啉IX的生物合成过程没有变化。空间飞行使水稻的叶绿素 a 含量增加，可能通过限制叶绿素 a 的分解和叶绿素 b 的合成来调节水稻体内叶绿素含量。综合分析三叶期和分蘖期的叶绿素含量结果，发现空间飞行对水稻叶绿素含量的影响随着水稻的生长而加大，水稻生长初期未发生明显变化，生长到分蘖期时，叶绿素的合成过程受到影响。

测定的叶绿素荧光参数包括 F_0 和 F_v/F_m。前者代表叶绿素 a 吸收光能产生的激发能量（未到达反应中心的能量），后者可以直接代表反应中心 PSII的光化学效率，进而反映出植物潜在的最大光合能力。通过数据，我们发现空间飞行对水稻 DN423 的 PSII系统的作用效果主要体现在水稻生长的后期，增大 PSII系统的电子传递效率。经过空间飞行后，水稻 DN416 处于三叶期，其 F_0 值与地面对照比没有显著差别，当生长到分蘖期时 F_0 值低于对照组（$P < 0.05$）；其 F_v/F_m 值，在三叶期和分蘖期时，实验组和对照组比有下调趋势，在三叶期显著下降

5%（$P < 0.05$），在分蘖期阶段飞行组要比地面对照显著下调 7.5%（$P < 0.05$）。水稻 DN416 在叶片充分暗适应后，PS Ⅱ 反应中心全部处于开放状态时，最小初始荧光量在三叶期时没有产生变化，PS Ⅱ 系统光合色素吸收能量的阶段没有受到影响，而在分蘖期时该值的下降说明植物体内吸收光能的叶绿素含量降低，减弱了到 PS Ⅱ 中心的能量。通过 F_v/F_m 的值可知，在水稻三叶期和分蘖期，空间飞行对水稻 DN416 的 PS Ⅱ 系统电子传递起到抑制作用，减慢电子传递速率，降低 PS Ⅱ 系统的效率。通过上述数据，我们可以发现空间飞行对水稻 DN416 的 PS Ⅱ 系统的作用效果从水稻生长的初期持续到分蘖期，抑制 PS Ⅱ 系统的电子传递效率，同时抑制水稻生长后期吸收光能的能力，即在水稻生长的分蘖期，光能的吸收和传递过程均受到阻碍。

在研究环境胁迫对植物光合能力的影响时，常常选取气体交换参数作为衡量的指标，如通过测定在干旱胁迫下，氯化钙处理后的烟草叶片气体交换参数，来判定氯化钙是否对干旱条件下烟草的光合作用能力具有修复作用。根据数据，得出空间飞行对水稻 DN423 的光合作用能力起到了促进作用，水稻气孔开放程度加大，吸收更多的外界 CO_2 并加快碳同化速率。实验结果中胞间 CO_2 浓度与净光合速率没有呈现正相关，与地面对照比并没有发生明显变化，由于测量时设置叶片外部 CO_2 浓度恒定不变，分析胞间 CO_2 浓度不变的原因可能是 CO_2 从气孔下腔传输到羧化位点的阻力减小导致的，即 CO_2 同化速率加快，暗反应效率提高。综合叶绿素含量和叶绿素荧光参数结果，发现水稻 DN423 在分蘖期时调节叶绿素 a 和叶绿素 b 的比例，增强能够吸收光能的叶绿素 a 含量，从而提高捕光能力，PS Ⅱ 系统的电子传递速率增强，到暗反应时，CO_2 同化速率增加，所测定的光合作用各个过程都有助于光合效能的提高，由此可以得出，经过空间飞行后，水稻 DN423 在三叶期时光合效能没有发生变化，在分蘖期时光合作用能力增强。

综上，可以表明空间飞行对水稻产生了氧化应激效应，氧化应激效应发生的场所包括线粒体与叶绿体，通过对三羧酸循环关键酶基因表达量的分析，确定了空间飞行产生的氧化应激效应将引起线粒体功能障碍。本研究为后续研究空间环境对水稻代谢产物以及能量代谢的影响提供了基础，同时为后续研究空间飞行与水稻线粒体功能紊乱和氧化应激效应之间的关系提供了重要的信息。

6.2.6　研究展望

诱发突变创制新的表型变异，并挖掘出致变基因，几十年来一直是植物基因组学研究的重要方向，其成果也对植物育种的发展起到重要推动作用。空间辐射的诱变效应研究，是涉及空间生物学、辐射生物学、遗传学、诱变育种学等多学科交叉的关键共性课题。尽管大量研究证实了空间辐射的诱变效应，并且通过空间辐射诱变的育种技术选育出系列品种，但是，目前对空间辐射诱发突变的分子特征、分子频谱和传递机制等仍缺乏深入研究。以下是未来值得关注的研究领域：①微重力与空间辐射的协同诱变效应解析；②空间辐射诱变因素的单因子解析及地面模拟；③空间辐射诱发变异的"从头"解析及变异的有性传递规律研究；④空间辐射诱发变异的单细胞突变图谱构建及遗传网络研究；⑤空间辐射诱发变异的高效鉴定及快速固定技术研究。单细胞测序、高通量测序、高通量检测技术的发展，为从全基因组水平研究空间环境诱变效应和加速遗传变异利用提供了有利条件。

6.3　空间辐射对模式生物的影响（王婷，卞坡）

6.3.1　概述

自 20 世纪 60 年代的首次太空旅行后，人类在外太空的活动频率和轨道高度都在显著增加，复杂的空间环境尤其是空间辐射已然成为人类深空探索中最大的限制因素，因此，阐明空间辐射对人体的影响并制定科学的防护策略成为空间辐射生物学研究的首要任务。然而，目前人们对长期暴露于太空辐射的遗传和生物学效应了解仍然非常有限；因此，利用模式生物尤其是模式动物在地基可控辐射条件下以及真实空间辐射条件下进行生物学效应研究便成为相关的空间辐射健康风险评估与防护措施制定的重要支撑。

空间飞行持续时间、培养条件以及在轨操作等客观条件限制了太空飞行模式动物的数量和种类。目前，进行过太空飞行的模式动物主要有无脊椎动物模型果蝇（*Drosophila melanogaster*）和秀丽隐杆线虫（*Caenorhabditis elegans*），以及有脊椎的大鼠（*Rattus norvegicus*）、小鼠（*Mus musculus*）、猕猴（*Rhesus monkey*）等。其中秀丽隐杆线虫更适宜也更频繁地应用于太空飞行尤其是长期空间站驻留，因为相比其他种类生物，秀丽隐杆线虫在太空辐射生物学效应研究方面具有以下优势：体积小，所需空间小；雌雄同体，可以在成分确定的液体培养基中存活，培养简单；发育周期短，可以在较短飞行期间内完成生长、发育、生殖等整个生命周期；基因组相对简单，基因数和人类相似，其中 40% 的基因具有同源性，与人类具有许多解剖学和基因组学的相似构成，如肌肉、神经、肠道和生殖系统，并且对辐射诱导 DNA 损伤应答修复过程类似。基于以上优点，目前秀丽隐杆线虫已经有将近 20 余次的太空飞行经历，远超其他的模式动物，并被广泛应用于胚胎分化、形态发生、发育、神经、免疫、行为衰老和肌肉萎缩等空间辐射生物学相关效应研究中。因此，本节内容主要以秀丽隐杆线虫为代表，综述空间辐射对模式生物的影响。

6.3.2 空间辐射对秀丽隐杆线虫的直接靶向效应

空间辐射环境异常复杂，来自太阳粒子事件的辐射强度高，一般为急性辐射，而来自银河系宇宙射线的辐射剂量低，为慢性辐射，这增加了空间辐射生物学效应研究的难度。由于这种真实空间辐射复杂环境在地基难以完美地模拟，因此，目前地基模拟实验研究更多集中于单一类型急性和慢性辐射暴露的生物学效应。秀丽隐杆线虫应用于辐射生物学效应的研究源于 1976 年，当时 Sydney Brenner 实验室构建了一种用于检测 X 染色体的无连锁重复隐性致死突变体系，利用 500 roentgens/min 的 X 射线对该体系雄虫进行辐射，用于研究辐射诱导的染色体重排。自此之后，秀丽隐杆线虫就广泛应用于辐射诱导生物学效应的研究，已有多篇文献对相关研究内容做过综述。在本节内容中，我们主要以线虫的三个主要敏感生物学终点来简要介绍辐照直接靶向效应。

1. 辐射对秀丽隐杆线虫寿命的影响

线虫的生命周期受温度影响较大，在 16 ℃时寿命大约为 23 天，在 25 ℃时为 9 天，一般线虫正常培养在 20 ℃，此时寿命为 2~3 周，这就使得其在衰老和寿命研究方面具有较强的优势。线虫的生命周期可分为胚胎发育阶段和胚后发育阶段，胚后发育主要包括 4 个幼虫阶段（L1~L4）和 1 个成虫阶段，每个阶段均有其明显的特征。线虫还有个特殊的生命阶段，当线虫的密度过大或食物稀缺时，线虫会进入 Dauer 期，该时期最长可维持数月；当食物充足时，线虫可直接从 Dauer 进入 L4 期继续发育。

辐射对寿命与衰老的影响是辐射生物学效应研究关注的一个重要方面。最早期的研究将野生型和辐射敏感的突变体暴露于 0.027 Gy/min 的 γ 射线（^{137}Cs）下，监测秀丽隐杆线虫不同发育阶段的寿命，大于 0.1 Gy 的辐射就能导致线虫寿命缩短，并且发现 Dauer 期最敏感，可能是由于发育停滞，而寿命为 8 天的成虫对辐射的抵抗力最强；而后期研究寿命时常利用线虫温度敏感突变体 glp－1 或 glp－4（温度大于 25 ℃时线虫不育，更有利于长期寿命的监测），进一步证明电离辐射能够加速线虫的衰老，并且衰老程度由受辐照时线虫发育周期、辐射类型（急性辐射和慢性辐射）和辐射品质（低 LET 辐射和高 LET 辐射）等决定，并从分子水平（蛋白质氧化损伤等）或信号调控通路（如胰岛素信号通路、氧化应激等）等多方面解析辐射诱导寿命缩短的机制。

2. 辐射对秀丽隐杆线虫生殖系统的影响

秀丽隐杆有雌雄同体和雄性两种性别，自然状态下绝大多数为雌雄同体，雄虫只占 0.1%~0.2%。秀丽隐杆线虫个体虽小，但其生殖系统占身体比例大，雌雄同体的成体有一对 U 形的生殖腺，包含有有丝分裂生殖细胞和减数分裂生殖细胞，生殖细胞具有完整的 DNA 修复能力，常用来研究 DNA 损伤响应途径。

利用高 LET 的质子和重离子辐射 L4 期线虫时发现了明显的生殖缺陷，后代数量显著减少，性腺和卵母细胞染色体畸变率增加，且和剂量呈现正相关。而在不同辐射方式对生殖影响的比较实验中发现，急性辐射能够显著降低线虫生存能力；而慢性辐射对线虫的产卵率没有显著的影响，但从卵到 62 h 成虫阶段的慢性辐射使得孵化的幼虫数量显著减少。对生殖的影响的相关机制研究关注辐射导致生殖细胞 DNA 损伤、细胞周期停滞、细胞凋亡、精子减数分裂受损、生殖器官阴门组织的增殖性细胞死亡等，进而降低辐照线虫的产卵率和孵化率，以及增加子代线虫的突变率；有些研究发现辐照后代的雄虫比例显著增加，表明辐射作为一种环境胁迫，有效地改变了秀丽隐杆线虫的生殖策略，通过增加后代的雄虫比提高后代线虫的交配概率从而提高产卵率。对于生殖毒性的机制研究主要围绕凋亡信号通路 CEP－1(P53 的同源基因）以及 DNA 双链断裂修复信号通路尤其是同源重组修复通路开展，免疫荧光分析结果表明，DNA 损伤反应的关键因子 RAD51 和 HUS - 1 在辐射后的蛋白水平明显增加。线粒体 DNA 拷贝数的增加也在长期暴露后的胚胎发育中发挥重要作用。

3. 辐射对秀丽隐杆线虫神经系统的影响

秀丽隐杆线虫的神经结构虽然简单，但也比较完善，雌雄同体的线虫具有 302 个神经元细胞，占体细胞的 1/3，这些神经元从形态上分为 118 种类型。根据功能可分为感觉神经元、运动神经元和中间神经元三种类型，具有 5 000 个化学突触、600 个间隙连接和 2 000 个神经肌肉接头。秀丽隐杆线虫包含有乙酰胆碱、多巴胺、5 - 羟色胺、谷氨酰胺等多种常见神经递质。这些神经结构和神经递质调控着线虫丰富的行为学特征，且与人类具有一定的保守性，因此被用来作为神经退行性疾病的研究模型，如阿尔茨海默病、帕金森病和亨廷顿舞蹈病等。

全身 γ 辐射（0. 33 Gy/min，50 Gy）导致线虫运动速率降低、头部摆动频率减少、觅食行为降低、记忆能力降低等，ROS 在这种辐射诱导的运动行为改变中起重要作用。有些研究发现，辐射能够导致其趋化行为的改变，如对 NaCl 的趋向性。最新的一项利用线虫模型研究电离辐射诱发神经系统功能障碍的工作发现，75 Gy ^{60}Co γ 全身照射后线虫头部摆动、避免接触和觅食等行为指标受损，多巴胺神经元退化。转录组测序和生物信息学分析发现，神经系统功能相关基因 nhr - 76 和 crm - 1 的表达水平在辐照后增加；利用 RNAi 技术抑制 crm - 1 的表达发现，crm - 1 的下调有效缓解了电离辐射诱导的行为障碍，表明 crm - 1 能够作为电离辐射引起的神经功能障碍的潜在治疗靶点。

目前利用模式生物秀丽隐杆线虫研究辐射的直接靶向效应的工作很多，这些工作为阐明空间辐射诱导的 DNA 损伤、衰老以及神经退行性病变等提供丰富的理论依据；但正如前面所说，这些研究多利用单一来源辐射，未充分考虑混合辐射场的作用，因此，未来的研究可关注混合辐射场的生物学效应。

6. 3. 3　空间辐射对秀丽隐杆线虫的非靶效应

空间辐射的能量高，但通量低。尽管生物个体在太空滞留期间可以积累一个相对地面较高的辐射，但是辐射的位点和时间都是离散的，因此，在太空停留的生物个体，在一段时间内只有少数的细胞能够受到空间辐射的直接作用，非靶向效应在空间辐射生物学效应中占比较高。辐射非靶效应是对以细胞核 DNA 为靶点的辐射生物学经典靶理论的重要补充。辐射非靶效应主要包括辐射旁效应、辐射适应性反应以及辐射诱导的基因组不稳定性。目前利用细胞、三维组织模型以及线虫、斑马鱼、虹鳟鱼、小鼠等多种模式生物已经广泛证实了辐射非靶效应的存在。

利用秀丽隐杆线虫探索辐射旁效应的研究早在 2006 年就已经开始，Sugimoto 等利用重离子微束照射 L4 期线虫生殖腺的远端区域的时候，检测到生殖细胞周期停滞，而在照射 Young Adult 期线虫生殖腺的粗线期区域，诱导同侧的该区域性腺的细胞凋亡，然而在邻近未照射细胞和另一侧性腺中没有发现细胞周期停滞和凋亡。该结果对线虫模型是否存在辐射旁效应提出质疑。然而，2009 年 Bertucci 等利用质子微束定点辐射线虫的尾部，在后肠道观测到应激反应，从而建立了线虫应用于辐射旁效应的研究模型。此后，多个研究组利用线虫模型进一步对辐射旁效应现象及其他非靶效应开展研究。

Guo 等在 2013 年开始利用单粒子质子微束定点辐照线虫的食道球部位，发现未受辐照的生殖细胞凋亡水平显著上升，表明旁效应同样介导了线虫的生殖系统辐射生物学效应，该工作另一个重要发现就是体细胞的定点辐射能够导致子代的遗传损伤，表明体细胞的辐射损伤能够传递到生殖细胞并导致后代的基因组不稳定性。Li 等证明，线虫辐射旁效应介导的 DNA 损伤反应通过神经酰胺通路调控非靶生殖细胞的凋亡的诱导。Peng 等发现受到辐照的线虫能够分泌 CPR - 4 (半胱氨酸蛋白酶 B)，导致了未受照线虫细胞死亡的抑制和胚胎死亡率的增加。

辐射非靶效应除了旁效应外，辐射适应性反应也是备受关注的非靶现象。Tang 等首先利用单粒子质子微束定点辐照线虫的食道球，再加以大剂量的全身辐照，结果发现食道球的定点辐照能够减轻全身辐照诱导的阴门细胞增殖性死亡，演绎了辐射旁效应和适应性反应的耦联过程。Chen 等以胚胎致死率作为检测终点，发现辐照的线虫能够通过释放气体信号分子诱导共培养线虫产生辐射适应性反应，进一步在群体水平展示了辐射旁效应和适应性反应的耦合关系。

相对离体细胞体系，目前在模式生物线虫个体上的辐射非靶向效应的研究依然较少。已有研究表明，一方面非靶效应导致邻近和远处的细胞组织发生 DNA 损伤，并诱发后代的基因组不稳定性，从空间（非靶细胞）和时间（子代细胞）

层面放大了辐射的损伤效应；另一方面，非靶效应也能诱导邻近或远处的细胞个体产生适应性反应，减轻后续辐照的影响，因此在研究空间辐射生物学效应时，同样也需深入了解非靶向效应在其中扮演的角色及其分子机制，才能为空间辐射防护提供全面合适的策略支撑。

6.3.4 真实空间环境对秀丽隐杆线虫的影响

基于太空实验的时间及场地限制，体积小且易培养的生物更有利于作为空间生物学效应研究的模型，而秀丽隐杆线虫具备太空实验必需的优势，很早就被应用于空间探索。

利用宇宙飞船有 5 次携带线虫开展实验的记录，分别是 STS-42、STS-65、STS-76、STS-95 和 STS-107。在 STS-42 上，线虫完成了整个生命周期的生长和成功交配。除了 STS-95 和 STS-107 由于意外情况未获得实验结果外，STS-42（辐射暴露 8 天，以 unc-22 基因为研究对象）、STS-65（辐射暴露 14 天，DNA 自由流电泳）和 STS-76（辐射暴露 9 天，以线虫 fem-3 基因为对象）3 次空间飞行实验表明，空间辐射能够显著提高线虫基因突变率，表明长期空中飞行有潜在致癌的风险。

相较于宇宙飞船，空间站提供更长时间、更完善的天基实验研究平台。2004年国际空间站秀丽隐杆线虫实验首次飞行（ICE-First）是第一个使用秀丽隐杆线虫作为模式生物来研究短期太空飞行的生物学效应的项目，检测了太空飞行期间发生的基因组突变（包括测量 poly-G/poly-C 束的完整性、确定 unc-22 基因中的突变频率、分析基因平衡器 eT1 突变）以及太空飞行对于肌肉生理影响等，提出秀丽隐杆线虫作为空间飞行生物剂量计显示出潜在应用前景。此后利用国际空间站和宇宙飞船开展了近 20 次的线虫实验，研究面也拓展到细胞凋亡、寿命、表观遗传、肌肉生理等多个方面，取得了一系列的进展。

我国的航天事业起步相对较晚，但已经借助"实践八号"返回式卫星和"神舟八号"飞船开展了以线虫为模型的科学实验。2006 年的"实践八号"返回式卫星在轨运行 15 天后，线虫肌肉出现萎缩，这更多归因于太空微重力的影响。而在 2008 年"神舟八号"任务中，SIMBOX 实验平台携带秀丽隐杆线虫 L1 期幼虫进行了 16.5 天的航天飞行，结果显示太空飞行不影响线虫的存活与繁殖；但在对其转录本进行分析后发现显著的转录本改变，且与蛋白质氨基酸去磷酸化和组氨酸代谢相关，并发现秀丽隐杆线虫的 microRNA 可能在空间环境胁迫下调节凋亡相关基因的表达。2022 年 11 月 29 日，"神舟十五号"飞船发射升空，其中携带的辐射计量与生物实验单元进入中国空间站，该单元通过微流控芯片流体控制的方式，对单个线虫进行培养、光学监测和分析技术，对辐射损伤标志物进行在轨检测，以期能够建立起空间辐射计量及生物损伤评估的方法，为空间辐射损伤评估和医学诊断与防护提供重要支撑。

6.3.5　展望

模式生物由于与人类具有重要的生物学相似性以及明确的基因结构，使得其在研究人体细胞运作及分子机制等基本生物学过程方面具有独特的优势，而在空间辐射生物学效应研究方面，如长时间太空飞行对航天员发育、生理、心理、衰老以及疾病发生等影响方面，模式生物也已经并将继续发挥越来越重要的作用。随着我国空间站的正式运行以及各种生命生态保障系统的建成，将会有越来越多的模式生物实验体系进驻。"神舟十六号"航天员开展我国首次舱外辐射生物学暴露实验，这次实验对辐射生物学和空间科学研究具有里程碑式的意义，并为空间辐射生物学效应、遗传变异、辐射防护药品的制备，以及辐射风险生物学评估研究提供了更为丰富全面的数据支撑，推进人类奔向更深更远的太空。

参考文献

[1] Bijlani S, Stephens E, Singh N K, et al. Advances in space microbiology [J]. iScience, 2021, 24: 102395.

[2] Liu C. The theory and application of space microbiology: China's experiences in space experiments and beyond [J]. Environmental Microbiology, 2017, 19 (2): 426 – 433.

[3] Milojevic T, Weckwerth W. Molecular mechanisms of microbial survivability in outer space: A systems biology approach [J]. Front. Microbiol., 2020, 11: 923.

［4］ Tapan K M, Awdhesh K M, Yugal K M, et al. Space breeding：The next － generation crops ［J］. Frontiers in Plant Science, 2021, 12：771985.

［5］ Satoshi F, Aiko N, Mitsuru N, et al. Space radiation biology for "Living in Space" ［J］. BioMed. Research International, 2020：4703286.

［6］ Chen Z, Zhou D, Guo T, et al. Research progress of rice space mutation bio － breeding ［J］. Journal of South China Agricultural University, 2019, 40 （5）：195 － 202.

［7］ Ou X F, Long L K, Zhang Y H, et al. Spaceflight induces both transient and heritable alterations in DNA methylation and gene expression in rice （*Oryza sativa* L.） ［J］. Mutat Res., 2009, 662 （1 － 2）：44 － 53.

［8］ Paul A L, Levine H G, Ferl R J, et al. Fundamental plant biology enabled by the space shuttle ［J］. American Journal of Botany, 2013 （1）：100.

［9］ 夏文艳. 实践十号返回式卫星搭载对水稻光合作用的影响研究 ［D］. 哈尔滨：哈尔滨工业大学, 2018.

［10］ 魏诗芸. 实践十号搭载水稻子一代光合作用差异蛋白与基因研究 ［D］. 哈尔滨：哈尔滨工业大学, 2019.

［11］ 曾德永. 实践十号返回式卫星搭载对水稻氧化应激效应的研究 ［D］. 哈尔滨：哈尔滨工业大学, 2018.

［12］ Ishioka N, Higashibata A. Space experiments using *C. elegans* as a model organism ［M］. Derlin：Springer, 2018.

［13］ Dhakal R, Yosofvand M, Yavari M, et al. Review of biological effects of acute and chronic radiation exposure on *Caenorhabditis elegans* ［J］. Cells, 2021, 10：1966.

第 7 章
载人航天的辐射防护

■ 7.1 载人航天辐射防护的实施 （唐波，涂彧）

航天任务期间除了飞船等固有防护外，航天员基本暴露于宇宙空间，必然接受一定的空间辐射剂量，剂量的大小因任务、轨道和飞行时间而异。太阳粒子事件等可能使航天员接受较大剂量的照射，因此，航天员应作为放射工作人员实施电离辐射暴露的控制和管理。载人航天辐射防护计划的实施应涉及载人航天器研制、航天员地面训练、轨道飞行和返回地面后康复的全过程。

7.1.1 载人航天器研发阶段

1. 载人航天器防护设计要求

根据具体的载人航天任务和预计飞行轨道，由航天员辐射剂量限值推出本型号任务的剂量约束值，从而进行载人航天器的辐射防护设计，确定乘员舱舱体的质量屏蔽厚度和材料种类以及舱体的结构形式。

质量屏蔽法是载人航天进行辐射防护的基本方法。一般来说，在不增加过多的载荷需求条件下，为降低航天员接受的空间辐射照射，航天器舱体的屏蔽质量厚度应不少于 $2.0~\mathrm{g/cm^2}$，以使能量低于 40 MeV 的质子和能量低于 4 MeV 的电子不能进入舱内，以减少工作人员的皮肤剂量。对高性能的屏蔽材料的要求是：单位质量的核反应截面最大，单位质量的电子数最大，而生成次级粒子最少。利用质量屏蔽对航天器进行辐射防护，通常要求尽量实现各向均匀分布，可将航天器舱内各种仪器、设备、燃料等物质进行优化布局，以获得航天器舱内敏感器件或航天员舱均匀的质量屏蔽厚度。然而，针对敏感器件、部组件或航天员及其敏感部位，为防范潜在的瞬态高强度空间辐射，例如太阳粒子事件，可采取局部屏蔽防护的方法，对敏感部位单独增加屏蔽层、屏蔽舱或者应急屏蔽室（对航天员），以实现在瞬态高强度环境下或者对较敏感器件的辐射屏蔽。美国已经投入了大量的人力和物力进行了辐射防护新材料和新方法的研究。根据 NASA 的研究，聚乙烯是一种较好的辐射防护材料，因此，美国在航天员休息区提供了由聚乙烯制成的睡袋，可以为航天员在睡眠时提供一定的辐射防护。当防护设计完成后，应向航天员辐射安全主管部门提供本航天器所具有的辐射防护能力。

　　当有出舱活动（extravehicular activity，EVA）任务时，需对出舱的时间和地点进行设计。出舱活动应安排在空间辐射环境较平静的时间，出舱地点应避开南大西洋异常区。对航天服进行防护能力的测算，根据测算结果和出舱区域的辐射环境，预估航天员接受照射的剂量水平，规划舱外的停留时间。图 7.1 是测算的美国航天飞机航天服的质量屏蔽状况，航天员眼睛的防护质量厚度约为 0.9 g/cm^2 等效铝，躯干的防护约 0.5 g/cm^2 等效铝，肢体约 0.2 g/cm^2 等效铝。这样的航天服屏蔽对于出舱活动显然是不够的，更先进的出舱航天服可对航天员躯体和头部提供 1.5 g/cm^2 以上的等效铝屏蔽。动物实验研究表明，用经过设计的防护屏蔽保护骨髓致密区，能使在 30 天内引起 50% 个体死亡所需的辐射剂量增加 3 倍，这说明对骨髓区的部分防护能明显地提高存活率。水是一种最为常见的辐射防护材料，尤其在具有生命保障系统的载人航天器上水的分布很多。设计可穿戴式的水辐射防护服，是一个具有实际应用前景的防护策略。这种辐射防护服可预防SPE 发生等紧急情况下的急性辐射风险。如果这种辐射防护服能设计得更加舒适，使得航天员在轨期间内均能穿戴，那么它还可以整体上降低载人航天器舱内的空间辐射风险。Vuolo 等利用蒙特卡罗仿真模拟程序 GEANT4 比较了不同的材料组合设计的防护服对太阳粒子事件（SPE）的辐射防护效能。结果发现，这种由水组成的辐射防护服（厚度为 2~6 cm，总质量为 35~43 kg）成为第一选择，且这种防护服可降低 SPE 对人体造血器官（blood forming organ，BFO）44%~57% 的吸收剂量；而若采用载人航天器舱体降低了 SPE 对 BFO 约 50% 的吸收剂量，则需要约 2.5 t 的铝材料。说明这种可穿戴式辐射防护服很好地降低了 SPE 的吸收剂量，极大地减少了载人航天器的载荷需求，是一种可供选择的新型空间辐射防护方法。Baiocco 等在此基础上，进一步设计了这种由水组成的辐射防护服原型，并在国际空间站的意大利科学应用系统中进行了在轨应用。

臂腿覆盖物质厚度	密度/ (g·cm^{-2})	厚度 /mm
热调节服	0.091	1.4
束缚的达可纶气囊织物	0.035	0.5
液冷通风服	0.039	0.7
总计	0.165	2.6

近似等效铝厚度≈0.2 g/cm²

上部躯干	密度/ (g·cm^{-2})	厚度 /mm
热调节服	0.091	1.4
纤维玻璃壳层	0.354	1.9
液冷通风服	0.039	0.7
总计	0.484	4.0

近似等效铝厚度≈0.5 g·cm^{-2}

眼睛屏蔽	密度/ (g·cm^{-2})	厚度 /mm
头盔罩	0.182	1.5
防护镜	0.182	1.5
太阳镜	0.190	1.5
中心眼罩	0.067	1.7
侧面眼罩	0.283	3.3
总计	0.859	9.5

近似等效铝厚度≈0.9 g·cm^{-2}

图 7.1　航天飞机航天服的质量分布

2. 载人航天器辐射源的管理

载人航天器遇到的天然辐射环境是不可控的，而航天器载荷中的人工源是可控的，为了尽量降低人工源对航天员的额外照射，应对人工辐射源严加控制和管理。人工辐射源包括航天器材料中所含有的以及设计使用的放射性核素，如核动力装置、利用射线的测量装置以及空间科学实验中使用的放射性核素等。为对航天器人工辐射源实施有效控制，在载人航天的实施过程中，需制定如下的一些具体的管理要求。

（1）航天器及载荷物品中使用含有放射性核素的材料应报航天员辐射安全主管部门审批。

（2）在航天器上必须使用放射性核素的单位必须通报航天员辐射安全主管部门下列信息：

①放射性核素的名称及射线种类；

②放射性核素的活度、测量日期和半衰期；

③放射性核素的物理、化学状态及包装条件等；

④放射性核素在飞船上的放置位置和放置时间；

⑤放射性核素的屏蔽状况及周围剂量场分布；

⑥放射性核素失控后的应急措施；

⑦航天员直接接触或摄入放射性核素的可能性。

3）航天员辐射安全主管部门审核使用单位提供的报告，提出意见并报上级主管部门批准，必要时可对航天器内放射性核素的影响实施检测与评价。

美国"双子星座"飞船针对船上辐射源镅 $-241(3.33 \times 10^7 \text{ Bq}(0.9 \text{ mCi}))$ 和航天员佩戴手表的发光表盘等进行了舱内辐射本底测量，结果是约 0.01 mGy/天。

7.1.2　地面训练阶段的防护

为使航天员辐射照射得到合理控制，除载人航天期间接受的空间辐射照射外，对地面期间可能接受的照射也需实施监控。这就需要为每名航天员建立辐射暴露的履历档案，对每年接受辐射照射的情况和受照剂量详细登记。每年进行一次电离辐射暴露的安全性评价，并将该信息通知主管医生。航天员入选后的地面训练阶段可能暴露的电离辐射源有：居住和活动场所的天然环境辐射、飞行训练的高空环境辐射以及医学体检和治疗使用的核医学设备发出的 X 射线源等。

同时，应对航天员进行培训，使其掌握空间辐射剂量学的基本知识，能正确使用个人剂量监测仪表，判明所处辐射环境的状态，能妥善使用和处理空间实验使用的人工放射性核素，能运用辐射防护方法进行个人的辐射防护。

7.1.3　轨道飞行阶段的防护

载人航天的辐射危险与飞行轨道是直接相关的。不同飞行任务由于所处飞行轨道不同，空间辐射源的时间和空间分布亦存在差异，而导致其辐射危险不相同。

近地轨道（LEO）低倾角（<57°）飞行，有地球磁场的屏蔽作用，辐射剂量贡献主要来源于银河宇宙射线（GCR）和南大西洋异常区，辐射环境相对稳定，辐射暴露剂量随轨道高度增加而迅速增高。

地球同步轨道（geostationary earth orbit，GEO）的辐射环境主要为 GCR，外带电子辐射及 SPE。由于失去了地磁屏蔽，GCR 的影响比 LEO 更为重要，而外带电子能量较低，易于屏蔽，对航天器舱内辐射影响不大；严重的 SPE 将会成为载人航天的重要威胁。

月球飞行任务中，几乎会遇到所有的辐射源，GCR 持续作用于全程，SPE 对辐射剂量产生极大的影响，同时高能 GCR 粒子撞击月球表面后，会产生次级粒子，特别是穿透性很强的中子，将对航天员产生较大影响。

火星飞行中，主要辐射源为 GCR 和 SPE，同时还应考虑高能粒子与大气和火星表面碰撞产生的中子辐射。与月球飞行任务相比，其稀薄的 CO_2 大气层可以对 GCR 和 SPE 起到一定的防护作用。

轨道飞行阶段的防护要合理规划飞行任务，飞行任务规划通常包括飞行人员的选拔（年龄、性别、辐射敏感性、辐射暴露史等），人员训练（辐射危险相关理论知识，任务中的辐射危险等），飞行任务策划（飞行路径、时间、任务及 EVA 计划，特别是 EVA 期间应避开南大西洋异常区），空间辐射环境监测、记录及预测，飞行任务中辐射应急事件处置预案策划等。首先选择合适的发射时间，对于低地球轨道飞行，发射时间的选择并非很重要，但对于登月飞行或火星飞行，需考虑太阳粒子事件发生的概率，应尽量选择在太阳活动低年发射。

根据轨道飞行任务的特点，需参考已掌握的资料和模型计算结果进行本次轨道飞行的辐射危险性分析，提出是否可能采取干预行动的意见，如有可能采取干预行动，应提出干预措施及防护行动的剂量水平。比如，应带何种辐射防护药物和个体局部防护装备，在何种剂量水平下需服用防护药物或使用防护装备，在何种剂量水平下应降低地球轨道飞行甚至应急返回地面等。

由于空间辐射环境的多变性，必需实施航天员个人和飞船舱内的辐射剂量监测。航天员应佩带个人剂量监测仪，航天员能实时读出个人接受的辐射剂量率和累积剂量，了解已接受的个人剂量和剂量限值的差距；为每名航天员设计由几种辐射探测器组成的个人剂量计包，布放在不同的体表位置，应能提供估算航天员有效剂量所需要的剂量学信息。飞船辐射监测包括让航天员和飞行指挥控制中心了解舱内外辐射环境的变化和太阳粒子事件发生和到达飞行轨道的有关信息，这些信息应实施遥测并显示于飞行指挥控制中心；记录并储存飞行期间舱内空间辐射的能谱、辐射粒子成分、剂量率和累积剂量等。地面天文台站需不间断地实施太阳活动观测，并将观测和近期预报结果提供飞行指挥控制中心。必要时，根据针对此次飞行制定的防护行动剂量水平设置声、光报警，及时向航天员提示辐射环境恶化的信息。

7.1.4　返回地面康复阶段的防护

航天员返回地面后，首先测读航天员不同体表部位剂量监测的被动剂量计，计算器官/组织剂量，进行本次飞行任务航天员个人接受辐射剂量的综合分析工作，给出本次飞行的辐射安全性评价报告及医学处理意见。当接受的辐射剂量较高时，可利用生物剂量计方法直接获得具有生物学效应意义的指标变化和生物剂量。

当航天员衣物或皮肤有可能沾染放射性核素时，辐射安全保障工作人员需立即进行衣物处理和航天员洗浴，并对去污效果进行放射性的核实检测和评价。当进行长期飞行后，航天员体内有可能产生不可忽视的感生放射性核素时，应对航天员体内放射性进行扫描测量，并记录于个人履历档案，必要时进行特殊的医学处理和治疗。

应根据航天员飞行期间接受的辐射剂量水平和以往累积的辐射剂量提出航天员康复的意见和建议。当航天员从事长期飞行或出舱活动接受的剂量水平较高时，返回地面后应进行辐射损伤医学治疗和康复疗养。

载人航天的辐射防护贯穿于整个载人航天过程中，要降低人员的辐射剂量，不仅要开发新型的防护材料，合理地设计载人航天器，更要准确预估太阳粒子事件等空间辐射环境，选择合适的发射窗口。同时，要加强航天人员的辐射防护培训和剂量监测，将每次的剂量监测结果与预估剂量进行比较，完善相应的剂量预估模型，并指导后续的空间飞行活动。

■ 7.2　辐射防护的剂量预估（唐波，涂彧）

空间辐射剂量预估是指在尚未进行过载人航天实践的情况下，对计划中或将来可能实施的载人航天活动所关心剂量点的剂量水平进行预先估计。

7.2.1　空间辐射剂量预估的概念

1. 空间辐射剂量预估的作用

空间辐射危险性分析主要是指空间辐射对载人航天乘员健康和安全的影响程

度，是载人航天辐射防护设计的重要依据。辐射危险性评估的重要参数是空间辐射将在航天器舱内产生的剂量水平，包括吸收剂量、剂量当量和人体器官剂量。所以，空间辐射剂量预估在辐射防护方案和辐射剂量监测方案以及航天的应急安全方案的制定中具有十分重要的应用价值。

2. 空间辐射剂量预估技术

空间辐射剂量与飞行轨道参数、空间辐射环境参数和航天器的质量屏蔽几何参数等有关，根据空间辐射剂量计算的有关参数，空间辐射剂量预估技术一般包括：建立空间辐射环境的模型；建立载人航天器质量屏蔽分布的模型；建立人体的计算机化解剖模型；建立各种类型粒子在物质中，尤其在人体组织中的输运模型和建立剂量学参数的计算方法等。

空间辐射剂量预估的计算程序可表示为图 7.2 的流程。根据应用目的选择预估的最终参数。对于微电子器件的辐射防护，最关心的是飞行过程中所暴露的粒子注量/注量率、能谱和 LET 谱，由此推断器件失效和发生单粒子事件的概率，以及对于航天员的辐射能照射的有效剂量，从而推断空间辐射对航天员健康的危害程度。

剂量预估的一个重要参量是轨道积分粒子注量或能谱，因此必须先根据轨道根数计算载人航天器每时刻的空间位置（高度、经度和纬度），再将表示该位置的地理坐标转换为地磁坐标，应用空间辐射环境模型计算带电粒子的轨道积分注量和能谱。

空间辐射剂量预估所使用的模型和计算方法必须引入一些简化，而这些简化必然会带来估计的不确定性，因此，还需在航天实践中与实际测量结果进行比较，以验证预估技术的可靠性。

7.2.2　空间电离辐射环境模型

空间电离辐射模型主要提供银河宇宙辐射、地磁捕获辐射和太阳粒子事件粒子的能量分布和空间分布，这是计算带电粒子轨道积分注量和能谱的基础，然后根据粒子的轨道积分能谱再计算有关的剂量学参量。

1. 银河宇宙辐射模型

主要是对能量范围在 $10 \sim 1 \times 10^5$ MeV/n，原子序数为 $1 \sim 28$ 的宇宙线成分的能谱进行剂量估算，其估算可表示为下式。

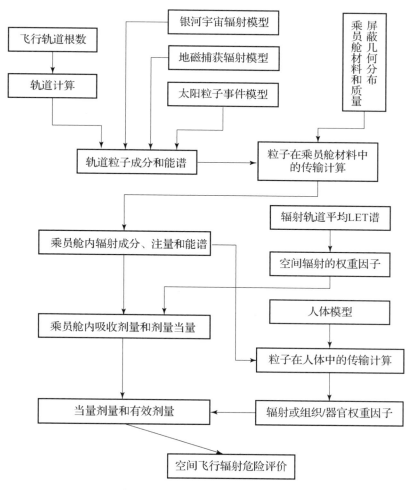

图 7.2　空间辐射剂量预估流程

$$F(E,t) = A(E)\sin\left[\omega(t-t_0)\right] + B(E)$$

2. 地磁捕获辐射模型

20 世纪 60 年代初，NASA 根据卫星观测资料开始建立的主要是捕获辐射质子和电子注量率的空间分布模型。因在地理坐标系中描述粒子数据的空间分布需要用三维坐标，不易进行数据处理，故发展了目前广泛应用的基于地球磁场的 $B-L$ 坐标系统，它使捕获辐射数据可组织在 $L-B$ 两维系统中。磁壳参数 L 和磁场强度 B 的精确计算可参阅地球磁场和地球辐射带的有关标准。对于同样的高度，纬度越高，L 值越大，而接近赤道的 L 值最低。L 和 B 的这些变化决定了地磁捕获辐射的纬度效应和经度效应。

目前应用较广泛的是 NASA 提供的 AP8 捕获质子和 AE8 捕获电子的分布模型。该模型能够提供太阳活动极大年和极小年不同能量质子（0.1～400 MeV）和电子（0.04～7 MeV）的平均注量率随空间 $B-L$ 坐标的分布，该分布以数据表和曲线的形式描述。模型给出的数据是平均的，并不反映随太阳活动周期的动态变化以及瞬时的注量率。我国地球辐射带标准中以数据表的形式提供了太阳活动极大年和极小年不同能量质子和电子的全向积分注量率随 $B-L$ 坐标的分布，利用该标准的数据或其线性内插值可获得轨道积分质子和电子的注量，这些数据和 AP8、AE8 模型数据是基本一致的。

NASA 根据最近 20 年 7 个 TIROS/NOAA 气象卫星的数据提出了一个新改进的低高度捕获质子的环境模型 NOAAPRO，预测能量 $E>16$ MeV、$E>36$ MeV 和 $E>80$ MeV 的质子单向注量率，可反映随太阳活动周期的动态变化以及地磁场的长期变化，且扩展到比 AP8 更低的磁壳参数 L 值。NOAAPRO 模型提供了几个用户可调用的 FORTRAN 子程序和数据文件 NOAAPRO. DAT。对于上述三个能量段和太阳活动的不同阶段，新模型数据约是 AP8 模型的 1.8～2.4 倍。

3. 太阳粒子事件模型

为了评估太阳粒子事件对载人航天的影响，一般参照以往发生过的典型的太阳粒子事件进行分析，或者按照可能发生最坏情况的太阳粒子事件来考虑。

太阳粒子事件能量高于 30 MeV 的质子积分能谱一般可表示为质子刚度的指数函数。

$$J(>R) = J_0 \exp(-R/R_0)$$

根据实际测量的事件质子能谱，通过数据拟合可获得事件的上述参数 J_0 和 R_0。由于所用测量数据不同，不同文献中计算的事件参数也有所差异。以往发生的太阳粒子事件的特征刚度在 20～250 MV 范围，几次典型的大太阳粒子事件的谱参数见表 7.1。太阳粒子事件中的 α 粒子和重离子也被认为具有与质子相同的能谱表达形式，只需用第 i 种粒子的 J_{0i} 代替 J_0 即可。

表 7.1　几次太阳粒子事件的谱参数

典型事件日期	$E > 30$ MeV 的注量$/cm^{-2}$	R_0/MV
1956 – 02 – 23	1.0×10^9	195
1959 – 07 – 16	9.1×10^8	80.1
1960 – 11 – 12	9.0×10^9	124.6
1972 – 08 – 04	8.1×10^9	85
1989 – 08 – 12	1.4×10^9	60.6
1989 – 09 – 29	1.4×10^9	102.0
1989 – 10 – 19	4.2×10^9	77.4

经对一些特大太阳粒子事件的能谱进行统计，得到特大事件的积分能谱可表达为下式。

$$J(> E) = 79 \times 10^9 \exp\left(\frac{30 - E}{26.5}\right)$$

在太阳粒子事件剂量的预估中，参考较多的事件是 1956 年 2 月 23 日（具有最大特征刚度 R_0）、1960 年 11 月 12 日和 1972 年 8 月 4 日的事件（具有最高积分注量）。1956 年 2 月事件能谱可表示为下式。

$$J(> E) = 15 \times 10^9 \exp\left(-\frac{E - 10}{25}\right) + 3 \times 10^8 \exp\left(-\frac{E - 100}{320}\right)$$

假定在航天中有可能发生的一种恶劣情况是 1972 年 8 月事件具有 1956 年 2 月事件的刚度，这样的太阳粒子事件能谱见图 7.3。

需指出，银河宇宙辐射和太阳粒子事件模型均是按地磁场外的数据构建的，应用于低地球轨道时，需根据轨道的地磁截止刚度谱和粒子的入射方向对数据进行修正。

7.2.3　用于人体器官剂量计算的模型

当完成航天器舱内所关心剂量点的剂量预估后，则可获得载人航天辐射危险程度的一般性评估。由于空间辐射在航天员体内的剂量分布是不均匀的，对人体暴露于空间辐射的危害评价必须获得各重要器官或组织的当量剂量，进而得到整

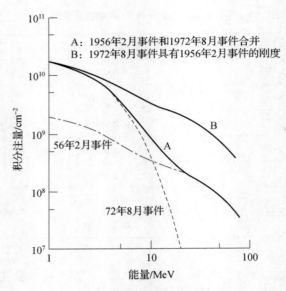

图 7.3　较坏情况太阳粒子事件能谱

体的、可进行危害程度比较的有效剂量。为获得人体重要器官或组织当量剂量的直接测量数据，必须在航天器舱内放置模拟人体组织的假人，但这一方案需要较大的有效载荷，而且，其结果的推广应用也存在较大的局限性，因为每次飞行的辐射环境和屏蔽分布特性是不同的。目前应用较多的是利用适当的人体模型通过计算获得空间辐射的器官剂量。

1. 简化几何形体模型

在剂量计算中，当剂量预估所使用的粒子能谱存在较大的不确定性时，一般常使用简单的几何形体模型，如所采用的能谱具有较高的精度，则可使用计算机化的解剖模型。

国际辐射单位与测量委员会（International Commission on Radiation Units and Measurements，ICRU）建议的参考模型是一个简单的 30 cm 直径的球体，由密度为 1 g/cm³ 的软组织等效材料构成，将它作为人体躯干模型进行有效剂量计算。软组织等效材料的成分为：氧为 −76.2%、氢为 −10.1%、碳为 −11.1%、氮为 −2.6%。在单向入射带电粒子的辐射场中，经常使用平板组织等效模型。为模拟不同方向入射的照射条件，也常使用组织等效球体模型。图 7.4 和图 7.5 是俄罗斯载人航天辐射安全国家标准中提出的由两个椭圆柱体构成或由多段几何形体构成的人体模型，剂量预估计算时，图 7.4 各剂量代表点的位置坐标见表 7.2。
两椭圆柱体的曲面方程如下式。

$$\text{I 头颈部}\quad (x-70)^2 + (y/100)^2 = 1$$

$$\text{II 躯干}\quad (x/200)^2 + (y/100)^2 = 1$$

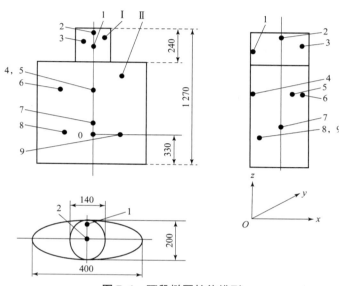

图 7.4　两段椭圆柱体模型

1，4，5，8，9—造血系统；2—中枢神经系统；3—眼晶体；6—皮肤；7—消化系统

表 7.2　两椭圆柱体模型剂量代表点的坐标

代表点号码	坐标/mm			代表点号码	坐标/mm		
	x	y	z		x	y	z
1	0	90	800	6	100	-86,53	530
2	0	0	870	7	0	0	210
3	30	-86,73	820	8	100	30	100
4	0	70	530	9	-100	30	100
5	0	-70	530				

　　由多段圆柱体和椭圆柱体构成的模型更为接近人体形状。图 7.5 中也标示了
各剂量代表点的位置以及所代表的器官和组织。

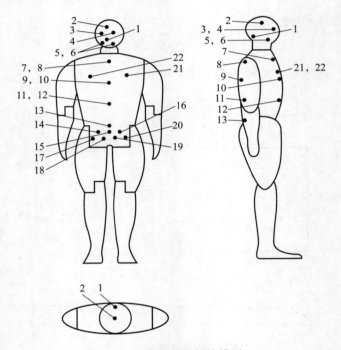

图 7.5　多段椭圆柱体模型

1，5~13，17~20—造血系统；2—中枢神经系统；3，4—眼晶体；14~16—消化系统；21，22—皮肤

这些简化几何形体模型一般不包含各重要器官的边界，且为均质模型，即由同种组织等效材料构成，用以计算组织中不同深度器官的吸收剂量或剂量当量以及人体的平均组织吸收剂量。

2. 计算机化人体解剖模型

上述简化模型难以计算重要器官或组织的平均剂量，而且人体的整体形状也存在较大失真，这对计算人体自身屏蔽将产生影响。随着计算机断层成像（X 射线断层成像或磁共振成像）技术的发展，可以使任何实体变成计算机文件，从而获得更为逼真的人体解剖模型。

1）数学描述的人体模型

（1）MIRD 模型。

20 世纪 60 年代中期发展了用于核医学体内辐射剂量计算的 MIRD 模型，模型所依据的"参考人"身高 174 cm，体重 70 kg，胸围 97 cm。该模型由 3 个主要体段构成：一个椭圆柱体表示臂、躯干和臀部；用截椭圆锥表示腿和脚；一个椭圆柱体表示头和颈，见图 7.6。该模型已广泛应用于核医学辐射防护的器官剂量计算，与上述简单几何形体模型的根本区别在于它包括了 ICRP 规定的重要器官和组织。

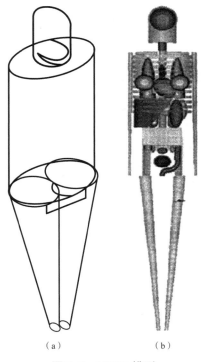

（a）　　　　　　　　　　（b）

图 7.6　MIRD 模型

（a）外部轮廓；（b）内部骨架和器官

（2）CAM 模型。

NASA 基于航天器质量屏蔽分布的几何扫描技术发展了数学描述的计算机化解剖人体模型 CAM，该模型有立姿和坐姿两种形式，用于空间辐射的器官剂量计算，是由 CAM/CAMERA 程序提供的，并能提供通过剂量点的 x、y、z 向剖面图形，如图 7.7 所示。模型依据的人体参数为：身高 175.5 cm，体重 72.9 kg，包括大约 1 100 个唯一的、无重叠的曲面。这些曲面由二次曲面方程描述，而每个区域由包围它的曲面指标、区域内某点的坐标、区域的材料构成和密度来标识。1990 年在 CAM 模型基础上，通过 0.92 的三维缩比因子和添加女性器官乳房、子宫和卵巢而形成计算机化的女性解剖模型 CAF。

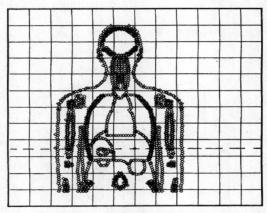

图 7.7　通过胃的 CAM 模型剖面图

2）图像化人体模型

德国 GSF 环境与保健研究中心（The GSF – National Research Center for Environment and Health）根据人体全身 CT 扫描图像构造了人体解剖模型，该模型由一系列经过处理的断层图像构成，而不是数学的描述。对于 CT 扫描图像，处理的器官或组织具有真实的形状。但忽略了单个器官内的灰度值的变化，这对于大多数器官不会有显著的误差，但对于骨骼系统中硬骨髓和骨髓其误差显著，磁共振成像（MRI）技术对软组织的分辨率较高，这恰恰弥补了 CT 图像的不足，将 CT 和 MRI 技术混合应用将会获得质量较高的图像模型。

美国提出了一个可视化图像人体模型 VHP，是通过尸体的大量剖面光学照相完成的，剖面间距为 1 mm。第 1 个体模为 38 岁男性，身高 186 cm，体重 90 kg。模型体积元是 0.33 mm×0.33 mm×1 mm，全身包括约 $4.7×10^9$ 个体积元。第 2 个体模为 59 岁女性，身高 167 cm，体重 72 kg，全身模型包括约 $14.1×10^9$ 个体积元。随后，为进行辐射输运计算，在 VHP 模型基础上开发了 VIP 模型（$3.7×10^9$ 个体积元）。VIP 模型可容易地改变人体尺度，以便符合"参考人"的身高和体重。VIP – Man/MCNP/X 提供了人体模型和光子、中子、质子剂量计算的软件。

美国空间辐射分析小组提出了自动绘制和缩放成年男女混合模型的方法，利用自动缩放程序对男性或者女性的体模进行调整，使其与激光测量的航天员外部轮廓相匹配, 进而得到航天员数字体模, 再通过蒙特卡罗方法计算剂量学参数。
NASA 也专门研发了针对太阳粒子事件的 BRYNTRN(baryon transport) 程序, 结合拟人化解剖模型, 模拟计算航天员在太阳粒子事件中的器官剂量沉积。

利用蒙特卡罗方法结合数字体模进行空间辐射剂量计算是国内目前采取的主要研究方法, 我国研究人员采用 Fortran90 语言编写了空间辐射剂量计算程序, 结合 CNMAN(Chinese adult male voxel phantom) 人体数字模型, 计算航天员器官的通量——器官剂量转换因数, 并估算出航天员在空间辐射中所受的剂量。同时, 建立了基于 MRI(magnetic resonance imaging) 和辐射数据库的男性体素人体模型, 采用蒙特卡罗粒子输运程序 Geant4 计算得到各器官的剂量沉积。

3. 中国 "参考人"

"参考人" 是根据大量人体测量数据经统计而获得的推荐数值。我国的王继先和陈如松等提出了中国 "参考人" 解剖生理和代谢数据。中国 "参考人" 的体格参数见表 7.3 和表 7.4。随着影像技术的发展, 我国先后建立了用于空间人员剂量评价的航天员体素模型、中国女性参考人体素模型和中国男性参考人体素模型。该模型先用于外照射剂量转换系数和内照射活体测量方面的研究, 研究证明, 在 0.01~10 MeV 能量范围内中国参考人体素模型的器官吸收剂量以及有效剂量的计算结果与 ICRP116 号出版物的计算结果基本一致。目前建立完成的中国参考人体素模型划分器官细致, 基本满足辐射防护剂量计算的总体需要。为了使剂量计算更精确, 针对具体器官或组织的进一步研究工作正在进行, 主要包括精细乳房模型和微观骨模型的建立及应用。

表 7.3 中国 "参考人" 的体格参数推荐值

年龄/岁	男性					女性				
	身高/cm	体重/kg	坐高/cm	头围/cm	胸围/cm	身高/cm	体重/kg	坐高/cm	头围/cm	胸围/cm
0	50.5	3.4	33.5	34.0	32.5	50.0	3.3	33.0	34.0	32.5
0.25	63.0	7.0	—	—	—	62.0	7.0	—	—	—
1	78.0	10.5	48.0	47.0	46.5	77.0	10.0	47.0	46.0	45.5
5	111.0	19.0	62.5	52.0	55.5	110.0	18.0	62.0	51.0	54.0

年龄/	男性					女性				
岁	身高/cm	体重/kg	坐高/cm	头围/cm	胸围/cm	身高/cm	体重/kg	坐高/cm	头围/cm	胸围/cm
10	139.0	32.0	74.5	53.0	65.0	140.0	32.0	76.0	53.0	64.0
15	168.0	55.0	89.5	56.0	81.0	158.0	50.0	86.0	54.0	76.5
20~30	170.5	60.0	—			159.0	52.0			
20~50	170.5	60.0	92.0	57.0	88.0	158.0	52.0	86.0	55.0	84.0

表 7.4　中国"参考人"的其他体格参数推荐值　　　　　　cm

性别	头全高	头最大宽	头最大长	颈围	肩宽	胸宽	胸厚	腰围	上臂长	前臂长	大腿长	小腿长	足高
男性	22.5	15.5	18.5	37.0	38.0	28.5	21.5	74.0	31.5	24.0	47.0	37.0	7.0
女性	22.0	15.0	18.0	34.0	35.5	26.0	20.0	77.0	29.0	21.5	44.0	35.0	6.5

7.2.4　人体组织剂量的计算

带电粒子进入物质后，与轨道电子发生作用，引起物质的电离和激发。由于带电粒子的质量比轨道电子大很多，仅有一小部分能量转移，而且，因库仑力作用距离长，电子在物质中占有的空间大，因此，可视为连续的慢化过程。尽管在某一路程长度上，粒子损失的能量有涨落，但涨落量级一般不超过百分之几，对于空间辐射研究意义不大。带电粒子发生弹性散射和核反应碰撞的平均自由程比与电子碰撞的平均自由程分别大 3 个和 8 个量级，故粒子能量损失的主要方式是电离和激发。

1. 粒子输运方程

基于粒子贯穿小体积元中因核碰撞引起粒子增加或丢失所产生注量变化的平衡关系，由粒子一维前向直线输运的近似，可得到简化的一维质子输运玻耳兹曼方程。在粒子输运计算中最常使用的计算方法是蒙特卡罗（Monte Carlo）物理模拟算法和玻耳兹曼方程的简化数值解方法，如线性化方法和无约束稳定数值解法等（见 BRYNTRN 程序）。

　　2. 基于"射程 – 能量"关系的剂量转换因子技术

　　根据质子的射程 – 能量关系可以确定质子穿过某一材料厚度的能量损失和质子的剩余能量，由此可获得初级质子的剂量转换因子。剂量转换因子表示具有特定能量的单个粒子穿过某一屏蔽厚度到达剂量点所产生的剂量。剂量转换因子方法是一种较简单而精确的参数化计算方法。

　　剂量转换因子方法比较精确且计算迅速，很适合空间辐射剂量预估的计算，它可应用于任何类型的辐射和航天器。该方法将不同飞行任务的剂量计算归结为独立的两个步骤：一是计算某一能量粒子在剂量点周围屏蔽物质中的输运，这一计算仅需进行一次，产生一个作为粒子入射能量和物质深度函数的剂量转换因子表；二是根据入射粒子的能谱和剂量转换因子迅速地计算剂量点的剂量。

$$D = \int_{E_{\min}}^{E_{\max}} N(E)\,\mathrm{DCF}(z,E)\,\mathrm{d}E$$

式中　D——剂量点处的剂量，Gy；

　　　　$N(E)$——质子的微分注量分布，$\mathrm{cm}^{-2} \cdot \mathrm{MeV}^{-1}$；

　　　　$\mathrm{DCF}(z,E)$——剂量转换因子，$\mathrm{Gy} \cdot \mathrm{cm}^2$；

　　　　z 是由边界到剂量点的距离，cm。

　　从上式不难看出，剂量转换因子 DCF 仅是入射粒子微分能谱的一个简单权重。DCF 不仅是粒子能量的函数，而且随粒子入射点到剂量点的物质质量厚度而变化。

　　$\mathrm{DCF}(z,E)$ 由两部分构成，一部分是初级质子的剂量转换因子，另一部分是核反应产生的次级粒子的剂量转换因子。因此，$\mathrm{DCF}(z,E)$ 可表示为下式。

$$\mathrm{DCF}(z,E) = \left[1 + \frac{\mathrm{DCF}_{\mathrm{S}}(z,E)}{\mathrm{DCF}_{\mathrm{P}}(z,E)}\right] \mathrm{DCF}_{\mathrm{P}}(z,E) = B(z,E)\,\mathrm{DCF}_{\mathrm{P}}(z,E)$$

　　引入 $B(z,E)$ 是因为它是能量的平滑函数，可拟合为下式。

$$B(z,E) = (A_1 + A_2 z + A_3 z^2)\exp(-A_4 z)$$

式中，参数 A_i 是与能量相关的，由蒙特卡罗方法计算的值见表 7.5。

表7.5　$B(z,E)$ 的参数值

E/MeV	剂量当量				吸收剂量			
	A_1	A_2	A_3	A_4	A_1	A_2	A_3	A_4
30	1.00	0	0	0	1.00	0	0	0
60	1.20	0	0	0.030 0	1.07	0.010	0	0.010 0
100	1.40	0.020	0	0.030 0	1.10	0.040	0	0.026 0
150	1.50	0.070	0	0.038 5	1.12	0.060	0	0.031 0
200	1.60	0.090	0	0.040 0	1.15	0.062	0	0.032 0
300	1.70	0.110	0	0.033 0	1.20	0.068	0	0.026 0
400	1.90	0.130	0	0.022 8	1.24	0.071	0	0.022 8
730	3.40	0.156	0.000 35	0.015 0	1.40	0.090	0.000 1	0.015 0
1 200	4.32	0.167	0.001 45	0.013 0	1.67	0.094	0.000 8	0.012 2

注：对于任一能量的参数值，可用2阶拉格朗日内插获得。

由上述分析可见，质子的剂量转换因子由三部分构成：一是 $B(z,E)$，它包含着次级粒子剂量与初级质子剂量之比；二是 $P'(E)/P'(E_{\mathrm{r}})$，它反映初级质子因发生核反应而造成的数量上的减少，而减少的部分构成次级剂量贡献；三是阻止本领 $S(E_{\mathrm{r}})$，它反映在深度 z 存留初级质子的能损率。表7.6列出用此近似参数方法计算的垂直入射到 30 cm 厚组织平板模型不同深度的剂量转换因子，同时也列出 $B(z,E)$ 因子的值。该方法得到的剂量转换因子与蒙特卡罗方法精确计算结果是很接近的。

表7.6　质子的注量－剂量转换因子（$10^{-9}\mathrm{Gy}\cdot\mathrm{cm}^2$）

组织深度 /cm	DCF 和 $B(z,E)$	质子能量/MeV									
		50	100	150	200	250	300	350	400	500	600
0	DCF	2.058 9	1.263 9	0.961 7	0.814 9	0.726 3	0.666 7	0.624 4	0.593 4	0.555 8	0.536 9
	$B(z,E)$	1.050	1.100	1.120	1.150	1.177	1.200	1.221	1.240	1.284	1.332

续表

组织深度/cm	DCF 和 $B(z,E)$	质子能量/MeV									
		50	100	150	200	250	300	350	400	500	600
2	DCF	5.147 2	1.417 2	1.036 2	0.854 6	0.757 9	0.642 0	0.655 6	0.622 2	0.584 7	0.567 5
	$B(z,E)$	1.047	1.120	1.166	1.195	1.231	1.268	1.297	1.320	1.378	1.441
4	DCF	0	1.671 9	1.103 7	0.887 4	0.783 2	0.609 2	0.681 5	0.645 9	0.608 1	0.593 0
	$B(z,E)$		1.136	1.201	1.230	1.275	1.327	1.364	1.391	1.462	1.541
6	DCF	0	2.249 3	1.195 6	0.916 8	0.802 1	0.569 4	0.702 0	0.664 9	0.627 3	0.613 8
	$B(z,E)$		1.146	1.229	1.256	1.309	1.376	1.421	1.453	1.538	1.632
8	DCF	0	0	1.286 9	0.947 6	0.819 6	0.584 1	0.718 1	0.679 7	0.642 0	0.630 2
	$B(z,E)$			1.249	1.274	1.335	1.417	1.470	1.507	1.605	1.715
10	DCF	0	0	1.424 9	0.972 9	0.832 5	0.659 2	0.730 0	0.690 2	0.653 2	0.643 1
	$B(z,E)$			1.262	1.285	1.354	1.450	1.511	1.552	1.665	1.789
15	DCF	0	0	2.882 0	1.062 0	0.857 3	0.794 0	0.744 8	0.703 4	0.667 7	0.660 9
	$B(z,E)$			1.269	1.287	1.372	1.503	1.584	1.637	1.785	1.944
20	DCF	0	0	0	1.235 7	0.878 9	0.799 3	0.600 0	0.703 0	0.666 5	0.663 0
	$B(z,E)$				1.260	1.359	1.522	1.622	1.686	1.866	2.060
25	DCF	0	0	0	2.162 2	0.914 9	0.799 6	0.622 6	0.691 9	0.654 6	0.653 0
	$B(z,E)$				1.213	1.324	1.514	1.631	1.705	1.916	2.141
30	DCF	0	0	0	0	0.995 8	0.799 7	0.722 9	0.670 6	0.634 6	0.634 3
	$B(z,E)$					1.271	1.485	1.617	1.701	1.940	2.192

　　表 7.6 中的 "0" 数据表示该深度已超出入射质子的射程。分析表中数据可发现：①剂量转换因子 DCF 随质子能量增加而减小，随深度增加而增大，这主要是由于 $S(E)$ 随能量的变化规律确定的，在布拉格峰区，DCF 达到最大值；②次级粒子的剂量贡献随能量增高和深度加深而增大；③在布拉格峰区以外，转换因子 DCF 在 $(0.6 \sim 1.0) \times 10^{-9}$ Gy·cm² 范围，这提供了一种剂量的粗略估计

方法。当已知到达某一深度的质子注量时，可用此注量乘 0.8×10^{-9} Gy·cm^2 作为剂量的估计值。

航天器材料大多为铝合金，在空间辐射照射到航天员身体前受到一定厚度铝的减弱作用。则经过一定厚度 z_s 铝屏蔽的质子在人体组织内的剂量转换因子为

$$\mathrm{DCF}(z + \hat{z}_s, E) = R_p(z + \hat{z}_s, E) + R_s(z + \hat{z}_s, E)$$

对于不同类型的辐射，如电子、质子、重带电粒子和次级粒子，必须使用不同的技术获得剂量转换因子。

7.2.5　某些空间飞行的预估剂量

1. 低地球轨道的预估剂量

1）太阳平静期

在没有大太阳粒子事件发生的情况下，低地球轨道载人航天器内的辐射剂量可以较准确地预估。航天器舱内剂量极大地依赖于轨道参数和航天器的质量屏蔽状况。为较准确地预估某剂量点的剂量，需要对该剂量点周围的质量分布进行较精确的测绘。"双子星座"、"阿波罗"、某些航天飞机以及长期辐射暴露装置（LDEF）均进行过此项测绘。与实际测量结果的比较表明，对于低 LET 辐射的预估不确定度约在 200% 以内。针对某型号航天器舱内某一具体剂量点的预估结果虽精度高些，但不适用于其他型号航天器和其他感兴趣的剂量点，因而不具有普遍的意义。为揭示某些因素在辐射危险中的作用，常假定航天器是具有均匀质量屏蔽厚度的球或圆柱体。设圆柱形空间站的质量厚度为 1.37 g/cm^2（0.508 cm 等效铝），倾角 28.5°，预估的航天员造血器官和皮肤剂量随轨道高度的变化表明：①太阳活动极大年的剂量比太阳活动极小年低；②造血器官剂量比皮肤剂量低，约为皮肤剂量的 1/2；③无论皮肤剂量还是造血器官剂量均随轨道高度增加而迅速增加。

舱内剂量随质量屏蔽厚度和轨道倾角的变化的计算结果表明：剂量随屏蔽质量厚度的增加而迅速降低，低于 1 g/cm^2 的屏蔽厚度，57° 和 97° 倾角的轨道剂量高于 28.5° 和 7° 倾角的轨道剂量，而对于 1 g/cm^2 以上的屏蔽，28.5°、57° 和 97° 倾角的轨道剂量未出现明显差异，而 7° 倾角的轨道剂量明显低于上述倾角的轨道剂量。

低地球轨道飞行剂量预估的另一方法是将实际测量的航天器舱内剂量结果和已知的有关轨道参数建立联系。目前载人航天活动大多集中在低地球轨道（飞

船、航天飞机和空间站），所发表的剂量数据绝大部分是 LiF 热释光剂量计的平均测量结果。因各型号航天器的质量分布不同，且发表的资料很少，难以作为自变量进行分析。因此，一般只考虑太阳活动、轨道倾角和轨道高度。

根据 95 例航天器舱内实际测量数据及其对应的轨道参数和飞行时的太阳活动状态（平滑的月平均太阳黑子数），用逐步回归方法拟合的曲线表明：轨道高度是影响舱内剂量水平的主要因素，成二次曲线形式。太阳活动的影响相对于轨道高度来说是弱的。200～300 km 的低地球轨道飞行时，轨道倾角对舱内剂量的影响不明显，尽管高、低倾角轨道的辐射环境有所不同。

2）太阳粒子事件

太阳粒子事件对低地球轨道载人航天的影响也是最受关注的问题之一。使用球体模型对大太阳粒子事件和一般规模事件在低地球轨道航天器舱内的剂量进行预估，结果表明：①对于 57° 和 97° 倾角，轨道高度的影响较小，因此，对于特大太阳粒子事件的辐射应急情况，采取降低飞行轨道的方案并不是很有效。②10 g/cm^2 屏蔽厚度的航天器舱内，一般粒子事件的年剂量约为 0.5 Sv，这与一次特大粒子事件的剂量大体相同。特大太阳粒子事件每个太阳活动周期发生 1～3 次，在太阳活动极大年进行高倾角飞行的辐射问题应引起足够重视。③太阳粒子事件的重离子不会构成载人航天的辐射安全问题，其剂量当量比质子剂量低 2 个量级以上。若发生类似 1956 年 2 月 23 日的特大太阳粒子事件，对美国航天飞机（400 km/50°）最大和最小屏蔽位置预估的辐射剂量见表 7.7。

表 7.7　1956 年 2 月事件在航天飞机舱内的剂量水平

位置	造血器官		皮肤		眼晶体	
	cGy	cSv	cGy	cSv	cGy	cSv
最大屏蔽	2.6	4.9	4.0	6.8	4.1	7.6
最小屏蔽	3.4	5.9	6.0	9.4	6.0	10.0

迄今为止，低地球轨道载人航天期间遇到大太阳粒子事件的为数极少，但根据已知事件的注量和舱内实际测量剂量间的关系也可对一些未知的特大太阳粒子事件的影响做出经验估计，但这种估计能力是很有限的，主要是航天器屏蔽结构

和轨道参数难以一致。

"和平"号空间站在 1989 年遇到 9 月和 10 月的大太阳粒子事件，9 月 29 日事件 30 MeV 以上质子注量为 $1.4 \times 10^9 / cm^2$，事件特征刚度 $R_0 = 102$ MV，舱内剂量增加 0.375 cGy，剂量 – 注量比为 2.68×10^{-10} cGy·cm^2；10 月 19 日事件的质子注量为 $4.2 \times 10^9 / cm^2$，特征刚度 $R_0 = 77.4$ MV，能谱比 9 月事件稍软，但伴随地磁扰动，舱内剂量增加 1.5 cGy，事件的剂量 – 注量比为 3.57×10^{-10} cGy/cm^2。假如"和平"号空间站遇到 30 MeV 以上质子注量为 $8.1 \times 10^9 / cm^2$ 的 1972 年 8 月事件，按较高的剂量 – 注量比估计，则事件将在舱内产生约 3 cGy 的剂量，如品质因子 Q 按 2 估计，则事件的预估剂量当量约为 6 cSv。对于其他的太阳粒子事件，也可按此法估计。

2. 地磁场外银河宇宙辐射的预估剂量

1）太阳平静期

地磁场外空间载人飞行，在无太阳粒子事件爆发时的辐射源仅是银河宇宙辐射，因此，预估不同质量屏蔽厚度内银河宇宙辐射的剂量是辐射危险评估的主要依据。剂量预估计算所采用的屏蔽一般为平板模型或球壳模型。实际上，对于垂直入射粒子在平板模型某一深度 t 的剂量等同于各向同性入射粒子在厚度为 t 的球壳中心的剂量。

太阳活动极小年银河宇宙辐射和次级成分在不同厚度铝屏蔽内的剂量比较见表 7.8。总剂量当量中银河宇宙辐射重离子的贡献是主要的，这是由于重离子具有较大能损率和品质因数。当屏蔽厚度较大时，次级中子也因具有较大的 Q 值而剂量贡献变得明显起来。总体来看，质量屏蔽对银河宇宙辐射剂量的减弱作用并不十分显著，当屏蔽厚度增加到 30 g/cm^2 时，剂量才降低约 1/2。

表 7.8　不同铝屏蔽厚度内 GCR 造成辐射的剂量分布（太阳活动极小年）

屏蔽厚度/ (g·cm^{-2})	剂量当量/(cSv·年$^{-1}$)					
	中子	质子	靶裂片	α 粒子	HZE	总剂量当量
1	0.4	7.5	5.9	3.5	69.4	86.8
2	0.8	8.2	5.9	3.4	64.5	82.8

续表

屏蔽厚度/	剂量当量/(cSv·年⁻¹)					
(g·cm⁻²)	中子	质子	靶裂片	α 粒子	HZE	总剂量当量
3	1.2	8.6	5.9	3.3	59.9	79.0
4	1.6	9.0	5.9	3.2	55.7	75.4
5	2.0	9.4	5.9	3.2	51.9	72.2
6	2.4	9.7	5.8	3.1	48.4	69.4
8	3.1	10.2	5.8	2.9	42.4	64.4
10	3.8	10.6	5.8	2.8	37.4	60.3
15	5.3	11.5	5.7	2.4	27.9	52.7
20	6.6	12.0	5.5	2.1	21.3	47.6
30	8.7	12.7	5.3	1.6	13.1	41.3

　　为比较不同材料的屏蔽效能，计算了银河宇宙辐射在不同厚度的铝、水和液氢屏蔽材料内的造血器官剂量，见图 7.8。计算的太阳活动极大年和极小年的银河宇宙辐射在水屏蔽内的皮肤剂量见图 7.9。

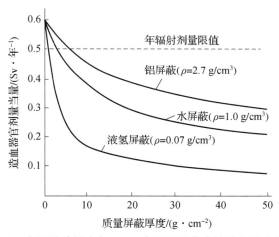

图 7.8　太阳活动极小年 GCR 在不同屏蔽内的造血器官剂量

　　预估结果表明，无论什么屏蔽材料，对剂量降低效能最大的是质量屏蔽厚度为 20~30 g/cm² 时，再增加屏蔽厚度对剂量降低的效能就大大降低了。低原子序数和高氢含量的物质很适合用作屏蔽材料，同样质量厚度的屏蔽效能比铝高得多，

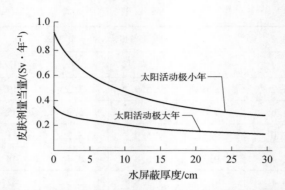

图 7.9　太阳活动极小年 GCR 在水屏蔽内的皮肤剂量

这是因为这些材料对质子有较高的阻止本领且产生较少量的次级粒子。在低于 30 g/cm² 水屏蔽条件下，太阳活动极小年的皮肤剂量当量约是极大年的 2 倍。

　　2）太阳粒子事件

　　因为太阳粒子事件的粒子注量随事件差异很大，在剂量预估中一般以历史上观测过的特大事件为例。

　　1956 年 2 月 23 日的粒子事件在不同屏蔽厚度内器官剂量的剂量预估结果见表 7.9。表中 k_n 是具有相同屏蔽厚度 n 的皮肤、眼晶体当量剂量与造血器官当量剂量之比。对于实际的 6~7 g/cm² 或更厚些的铝屏蔽内（如"阿波罗"飞船），由皮肤到骨髓的剂量降低不超过 2.5 倍。但在薄屏蔽内的剂量是很高的，尤其是皮肤和眼晶体。大于 10 g/cm² 的屏蔽，剂量下降较为缓慢，对于 5~10 g/cm² 的屏蔽厚度，航天员深部器官的剂量可估计为皮肤剂量的 1/2。

表 7.9　1956 年 2 月太阳粒子事件在不同厚度屏蔽内的当量剂量/cSv

事件日期	器官或组织	铝屏蔽厚度/(g·cm⁻²)									
		1.0	k_1	3.0	k_3	5.0	k_5	10	k_{10}	20	k_{20}
1956 – 02 – 23	皮肤	264	5.6	91	2.3	62	1.8	38	1.3	27	1.1
	眼晶体	207	4.4	99	2.5	66	1.9	40	1.3	28	1.2
	造血器官	47	1.0	40	1.0	35	1.0	30	1.0	24	1.0

　　若星际飞行期间遇到 1972 年 8 月的太阳粒子事件，针对铝结构和聚乙烯结

构航天器计算的重要器官的吸收剂量和剂量当量见表 7.10。这些预估剂量表明，对于薄屏蔽（≤1 g/cm²）航天服和压力舱的预估剂量超过 1.5 Gy，达到致死剂量水平，但是 5 g/cm² 以上的屏蔽可使剂量显著降低。

表 7.10 1972 年 8 月太阳粒子事件的剂量预估

结构	部位	航天服 (0.4 g/cm²)		压力舱壁 (1 g/cm²)		仪器设备舱室 (5 g/cm²)		应急屏蔽室 (10 g/cm²)	
		Sv	Gy	Sv	Gy	Sv	Gy	Sv	Gy
铝结构飞船	皮肤	9.350	4.830	3.560	2.120	0.427	0.294	0.110	0.076
	眼睛	3.820	2.400	2.140	1.420	0.367	0.263	0.101	0.071
	造血器官	0.217	0.157	0.180	0.130	0.065	0.047	0.024	0.017
聚乙烯结构飞船	皮肤	6.770	3.620	2.510	1540	0.267	0.184	0.058	0.040
	眼睛	3.530	2.080	1.810	1.150	0.251	0.171	0.057	0.038
	造血器官	0.212	0.151	0.174	0.120	0.050	0.034	0.016	0.010

如果深部空间飞行的时间较长，遇到两次大太阳粒子事件相继发生，假如一次如 1972 年 8 月事件，另一次如 1956 年 2 月事件，那么两次事件造成的累积剂量和剂量当量如表 7.11 所示。

表 7.11 两次事件综合的累积剂量

铝屏蔽厚度 /(g·cm²)	皮肤剂量		眼晶体剂量		造血器官剂量	
	Gy	Sv	Gy	Sv	Gy	Sv
2.0	9.47	14.2	7.83	11.3	1.18	1.64
20.0	0.28	0.43	0.28	0.43	0.20	0.31

假如飞行中遇到 1972 年 8 月事件的注量而具有 1956 年 2 月事件的能谱，此时在深部空间飞行的预估剂量见表 7.12。2 g/cm² 铝屏蔽厚度的飞船内的剂量水平是致死性的，即使具有 20 g/cm² 的铝屏蔽厚度，造血器官剂量也达到 2.6 Sv，此时可发生严重的急性效应，甚至有生命危险。

表 7.12　1972 年事件具有 1956 年事件能谱硬度的预估剂量

铝屏蔽厚度 /(g/cm²)	皮肤剂量		眼晶体剂量		造血器官剂量	
	Gy	Sv	Gy	Sv	Gy	Sv
2.0	10.3	15.5	8.95	13.0	3.04	4.40
20.0	1.99	3.02	2.00	3.04	1.71	2.62

过去对于星际空间飞行遇到太阳粒子事件的危险评估对 α 粒子和重离子重视不够。实际上，α 粒子和重离子的品质因数较大，尽管吸收剂量可能较小，但对剂量当量的贡献却不容忽视。用 NASA 的 CAM 模型估计了 1989 年 9 月 29 日和 1960 年 11 月 12 日太阳粒子事件 α 粒子和重离子在不同铝屏蔽厚度内的剂量，结果见表 7.13。1960 年 11 月 12 日事件，α 粒子对皮肤、眼晶体和造血器官剂量的贡献是很显著的，而重离子的剂量贡献也有 10%～15%。

表 7.13　太阳粒子事件的 α 粒子和重离子剂量　　　　cSv(cGy)

粒子类型	屏蔽厚度/(g·cm⁻²)Al	1989 年 9 月 29 日事件			1960 年 11 月 12 日事件		
		皮肤	眼晶体	骨髓	皮肤	眼晶体	骨髓
α 粒子	3	15(3.3)	11(3.8)	2.6(0.4)	54(19.8)	86(25.4)	12(8.9)
	10	1.3(0.3)	0.8(0.3)	0.2(0.1)	14.3(5.2)	13.3(5.1)	4.6(3.3)
重离子	1	19	11	0.21	168	102	3.4
	3	1.9	1.4	0.10	—	—	—
	5	0.54	0.44	0.07	8.3	7.0	1.0
	10	—	—	—	1.6	1.5	0.44

3. 辐射品质因数的估计

辐射品质因数 Q 是剂量当量估计中的一个重要因子，其估计主要依赖于 Q - LET 关系。因为空间辐射环境的多样性，航天器舱内不同位置的 LET 谱也不相同，因此，某一飞行轨道的品质因数 Q 是指平均意义上的 $\bar{Q}$。

美国 1986 年给出的品质因数估计见表 7.14，是根据各种辐射成分的微分能谱计算的，计算中未考虑次级辐射成分。20 世纪 90 年代实际测量表明，这一估

计值比实际测量的 Q 值偏低 25% 左右。NCRP – 132 最新给出的 Q 值为 1.6 ~ 1.9（与飞行轨道有关），银河宇宙辐射的 Q 估计值为 3.2 ~ 3.5。

表 7.14　各种轨道的辐射品质因数 Q

飞行轨道	倾角/(°)	高度/km	屏蔽厚度/$(g \cdot cm^{-2})$	$\overline{Q}$
低地球轨道	28	450	1	1.1
低地球轨道	57	450	1	1.3
低地球轨道	90	450	1	1.3
同步轨道		36 000	2	1.1
登月飞行			4	2.9(GCR)

俄罗斯辐射标准 RD – 50 – 25645.220 – 90 给出太阳活动极小年 52°倾角、不同高度和屏蔽厚度轨道平均品质因数的估计，结果见表 7.15。对于目前大多数载人航天的轨道，平均 Q 值变化不大，在 1.4 ~ 2.5 范围。这些 Q 估计值与飞行试验的测量结果基本吻合。

表 7.15　太阳活动极小年 52°倾角轨道的品质因数

铝屏蔽厚度/ $(g \cdot cm^{-2})$	轨道高度/km			
	300	400	500	600
1.0	1.9	1.5	1.4	1.3
2.0	2.7	1.8	1.5	1.3
3.0	3.1	1.9	1.5	1.3
4.0	3.2	2.2	1.6	1.4
5.0	2.9	2.2	1.7	1.4
6.0	1.9	1.7	1.5	1.4

鉴于复杂的空间辐射对生物体的损伤独特、缺乏地面人群数据、地面实验条件限制以及从动物模型和离体模型外推到人体数据的局限性等复杂因素，空间辐射防护剂量的预估存在巨大的不确定性。需要综合利用现有的轨道舱进行轨道辐射环境、舱内辐射环境、航天员个人受照剂量的研究，通过对轨道环境和舱内环

境的实时辐射监测，获得辐射环境的准确数据，并将各类数据与现有的预估模型相互验证，提高剂量预估的准确性。

■ 7.3　辐射的生物医学防护（马宏）

在空间环境中，基于传统的时间、距离和屏蔽的辐射防护原则变得难以实施。此外，太空复杂的辐射环境、长期暴露以及混杂的各种变量使得创建适当航天员暴露风险评估模型的过程变得更为复杂。因此，药物为减轻航天员辐射暴露的急性和晚期影响提供了希望。抗辐射药（anti-radiation drug）是指照射前或照射后应用，能减轻电离辐射对全身或局部的损伤，并有助于治疗和恢复损伤的药物。自1949年发现半胱氨酸的抗辐射效应后，截至目前已对抗辐射药物有较广泛、深入的研究。为了降低半胱氨酸毒性，延长作用时间，研究人员对其进行了结构改造，用脒基取代巯基，得到氨乙基异硫脲（aminoethylisothiourea，AET）。AET防护作用时间较半胱胺酸长，且能口服，预防效果较好，但缺点是副作用较大。Walter Reed陆军研究所从4 000多种化合物中筛选，得到了现在公认的防护作用最好的药物氨磷汀。含硫类抗辐射药物也取得了较大进展，但这类药物副作用较大，中毒剂量接近于治疗剂量，限制了其临床应用。之后又陆续发现了激素、细胞因子、非甾体类抗炎药物等的抗辐射作用。与西药相比，天然中草药副作用小，活性成分丰富，是新的研究热点。理想的抗辐射药物应是安全、方便口服、能迅速吸收、价格低廉，因此在临床抗辐射药物研究基础上寻找理想的空间辐射防护药物对保障载人航天飞行持续发展具重要意义。

7.3.1　含硫类化合物

含硫化合物可在辐射暴露的早期抑制自由基的形成和自由基对生物大分子的损伤，从而减少损伤并提供保护，通常选择在辐照前使用。其代表性药物有氨磷汀（amifostine，AMF）、N-乙酰半胱氨酸（N-acetyl-L-cysteine，NAC）等。氨磷汀是有选择性的广谱细胞保护剂，临床主要用于预防放疗和铂毒性引起的口干。氨磷汀能清除自由基和增进DNA的修复活性，从而保护细胞免受辐射所致的DNA损伤。Koukourakis等发现氨磷汀可通过阻止辐射诱导的自噬、脂质吞噬等作用发挥细胞保护功能。其发挥作用的具体分子机制为：在正常细胞膜上的酶水解下脱磷酸，生成 WR-1065，进入细胞，清除自由基，从而降低 DNA 损伤。同时，WR-1065 还能进一步代谢成与多胺结构相似的二硫化物 WR-33278，促进 DNA 损伤修复。尽管氨磷汀对细胞的生长影响较小，但氨磷汀在临床上的副作用较大，因此研究者试图改变药物剂型从而减轻副作用。Varghese 等发现与静脉注射相比，WR-1065 经导管直接递送至小鼠颌下腺可显著降低血压，减轻副作用。Ranganathan 等使用颅骨成骨细胞测定口服氨磷汀药物的药代动力学特征，发现口服氨磷汀制剂在不产生严重副作用的情况下仍能保持辐射保护作用。半胱氨酸是最早发现的能够预防急性辐射损伤的一种药物。N-乙酰半胱氨酸是半胱氨酸的乙酰化产物，可清除细胞内过多的 ROS，调节细胞内氧化还原平衡，对许多氧化应激介导的细胞损伤具有保护作用。研究中昆明小鼠连续 7 天给药 NAC（300 mg/kg）后经 4Gy X 射线辐照，发现 NAC 能够预防辐射导致的卵巢衰竭并恢复卵巢储备。

7.3.2　细胞因子

细胞因子是一类高活性、小分子量的蛋白质。在机体受辐照后大量的炎症因子可从受损细胞中释放出来，引起免疫反应，导致应激反应信号诱导的局部和全身损伤。辐照后造血系统受到抑制，适量补充如粒细胞-巨噬细胞集落刺激因子（granulocyte-macrophage colony-stimulating factor，GM-CSF）、粒细胞集落刺激因子（granulocyte colony-stimulating factor，G-CSF）、白介素 3（interleukin-3，IL-3）、促红细胞生成素（erythropoietin，EPO）、促血小板生成素（thrombopoietin，TPO）、白介素 11（interleukin-11，IL-11）、干细胞因子（stem cell factor，SCF）等造血细胞因子能够促进受照机体造血功能的恢复。补充免疫细胞因子，如白介素 1（IL-1）、白介素 4（interleukin-4，IL-4）、干扰素-γ（interferin-γ，IFN-γ）等也有促造血功能恢复作用。

7.3.3　激素类

激素及其衍生物在辐射前后使用都具有辐射防护作用，机制主要为调节人体的新陈代谢。具有抗辐射效应的激素类药物主要包括褪黑素、甾体类化合物。褪黑素是松果体分泌的一种具有抗氧化作用的吲哚类激素。放疗的副作用许多都与治疗期间或长期治疗后的炎症反应有关。褪黑素是一种新型的抗炎剂，是人体的天然产物，具有低毒、高亲水性等特性，能够进入所有器官和亚细胞成分。已有研究发现褪黑素能减少 X 射线造成的基因毒性，减少线粒体氧化应激以及随后的 NLRP3 炎症小体激活，从而延缓放射治疗诱导的肠道毒性的发展。

7.3.4　天然提取物

近年来，合成放射性保护剂（如氨磷汀）等抗辐射药物的研究已经有巨大的进展，但它们的副作用限制了其临床应用。从天然药物中寻找抗辐射药物是一种替代策略。天然产物具有多样的生物活性和化学结构，以及一定程度的对人体的顺应性，以其作为活性先导化合物进行研究是一种较为重要的创新药物的思路。在中医理论中，辐射属于"火热毒邪"，主要是热毒、津液受损，导致气血两虚，治疗方法为清热解毒、活血除淤、补血补气、养阴活血。已有研究的主要内容为从抗辐射作用的中药植物中，寻找其抗辐射活性成分。

多糖可以通过清除自由基，减少免疫损伤及造血系统的损伤发挥防辐射损伤作用。Zbikowska 等发现从蔷薇科/菊科中提取的多酚 – 多糖偶联物可以防止蛋白硫醇的辐射氧化，并显著提高血浆的总抗氧化能力，具有较好的抗辐射能力。Paithankar 等通过研究各生命阶段对辐射抗性水平不同的黑腹果蝇，发现果蝇体内海藻糖含量高的阶段表现高耐辐射性，说明海藻糖在辐射防护中具有重要作用。

人参皂苷和大豆皂苷可以减少辐照诱导的骨髓细胞染色体畸变，促进辐照后造血功能的恢复。Kim 等评估人参的保护性能及机制，发现人参皂苷可用于放射性肝损伤的治疗。Abernathy 等发现大豆异戊酮促进表达 Arg – 1 的肺髓源性抑制细胞，其对肺有辐射保护和下调炎症的作用。

多酚可清除自由基如过氧化物阴离子（$O_2^{-\cdot}$）和羟基自由基（OH·），保护生物组织。白藜芦醇是一种多酚化合物，能清除自由基。Koohian 等发现白藜芦醇可以显著抑制辐射诱导的 DNA 损伤。迷迭香酸是一种从唇形科植物迷迭香中分离出来的水溶性天然酚酸化合物，可以清除自由基，Xu 等发现迷迭香酸具有良好的辐射防护作用。

黄酮类化合物可以清除超氧阴离子和脂质自由基，帮助造血功能恢复及提高免疫力，从而发挥辐射防护作用。曲克芦丁是一种存在于茶、各种水果和蔬菜中的黄酮类化合物，Panat 等发现其能清除超氧化物、一氧化氮，保护不同类型的细胞免受过氧基诱导的细胞凋亡、坏死和有丝分裂死亡。Fatehi 等发现强抗氧化剂水飞蓟素能清除自由基，保护正常的精母细胞免受 γ 射线辐射诱导的细胞损伤。

7.3.5　展望

如前所述，目前临床应用的主要辐射保护剂为含硫化合物、激素、细胞因子和天然化合物。但由于开发周期长、副作用严重、剂量需求大等因素限制了这些药物在临床上的应用。药用植物来源的辐射保护剂，由于在意外暴露、肿瘤放疗、空间探索，甚至在核战场等辐射环境下的潜在效力而得到了深入的研究及发展。简而言之，我们需要探索一种安全、有效、稳定、低毒、廉价的抗辐射药物，传统中医药学已经成为研究者关注的新目标。

■ 7.4　中药的抗辐射作用（李博）

7.4.1　概述

辐射损伤可以引起细胞周期变化、染色体畸变和细胞死亡等生物学损伤，辐射间接作用产生的自由基可造成生物大分子如蛋白质、核酸、脂质分子的结构损伤，进而造成机体免疫系统、心脑血管系统、造血系统等的作用失常。中医认为，辐射乃火热之邪，为六淫之属，辐射基本病机为伤阳耗气，不但干扰肝、脾、心、肺、肾等脏器的功能，还会使气血失调，从而导致人正气不足、抗病能力低下。在我国传统医学中，由于大黄、人参等中药早期就已被用于治疗自由基介导的疾病，如肝炎、动脉硬化、白内障等。因此，中药也被列作潜在的辐射防护药物进行研究。中医临床常用人参、当归、黄芪、红景天、刺五加、西洋参和枸杞等补虚类中药抗辐射损伤。人参、当归和西洋参等补虚类中药具有提高免疫和保护造血功能等多种抗辐射作用，含有这些药的方剂，如四君子汤、当归补血汤、益气解毒方等，也具有提高免疫、促进造血功能和保护生殖系统等多种功能。

　　抗辐射药物是防护和救治辐射损伤最为直接和有效的手段，在机体辐射前或者辐射后早期给药均能减轻辐射损伤，改善机体免疫力，加速辐射损伤恢复到正常水平。辐射诱导机体产生损伤的原因是极为复杂的，目前认为机体辐射损伤可能与骨髓造血抑制、氧化应激、炎症反应和免疫抑制等有关。现在所研究的防辐射药物主要包括化学药物、生物药物、天然药物和复方中药等。

　　中医药具有整体治疗的特点，对辐射引起的多器官损伤具有广泛的保护作用。常见的抗辐射损伤的中药中的主要活性物质为黄酮类、多糖类、皂苷类、多酚类和生物碱等多种抗辐射活性成分。研究发现多糖类成分可通过免疫调节、抗病毒、抗氧化和抗炎等作用来保护辐射损伤。目前抗辐射的研究主要集中于中药多糖（如当归多糖、枳壳多糖）、海洋生物多糖（如螺旋藻多糖、海带多糖和半叶马尾藻多糖）和真菌多糖（如灰树花多糖、灵芝多糖）。黄酮类在抗辐射方面的显著功效主要为降低机体的氧化应激损伤。黄酮类化合物结构中含有的酚羟基能够还原自由基，并且可以通过提高超氧化物歧化酶活性，发挥其抗氧化作用，缓解对辐射敏感细胞的损伤程度并降低其凋亡率。如黄芪总黄酮、大豆异黄酮、银杏叶黄酮以及花青素、槲皮素中的黄酮类成分。皂苷类主要存在于豆科植物中，已有研究表明，人参皂苷对辐照大鼠的小肠上皮细胞具有保护作用，人参皂苷 Rh2 可明显减轻 X 射线诱导的外周血 DNA 损伤和骨髓微核形成。刺五加皂苷可以提高辐照小鼠血清中超氧化物歧化酶的活性。

　　根据中医辨证施治的理论，中药方剂由两种以上的中药配伍而成，是中医防治疾病的主要形式。许多中药复方具有显著的抗辐射作用，例如人参复方口服液（含有人参、灵芝、云芝、香菇、怀山药和木耳提取物）能够改善辐射后的白细胞减少，提高超氧化物歧化酶活性，降低骨髓嗜多染红细胞微核率，促进造血恢复。参芪扶正注射液（含有党参和黄芪等）能刺激放疗后机体的骨髓造血功能，促进外周血白细胞数目的增加，还可以促进 T 淋巴细胞转化，增强免疫细胞活性，提高机体免疫力。

　　此外，其他一些具有补气益血、滋肝补肾、健脾和胃、滋阴清热解毒功能的中药也表现出不同程度的抗辐射作用。中药治疗与化学合成药物相比，具有较低的毒副作用，其作用机制通常是诱导机体自身产生免疫能力和适应性从而提高机体抵御辐射损伤的能力。

7.4.2　中药对组织器官的抗辐射作用

1. 中药对辐射致神经系统损伤的防护作用

神经系统作为辐射的主要敏感器官，对学习记忆以及行为、脑血流、脑电图等均有严重的影响。辐射损伤以后，脑组织会出现明显的生化改变，包括物质代谢和能量代谢障碍、神经递质和神经肽异常变化、细胞因子改变，以及核酸和转录因子的变化等。研究表明黄芪甲苷在由辐射所致的脑损伤中通过 PI3K/Akt 信号通路的激活发挥保护作用，其机制可能与降低 GSK – 3β 活性并提高环磷腺苷效应元件结合蛋白活性、增加突触后致密蛋白（postsynaptic density protein 95，PSD95）表达和 Arc、c – fos 基因的转录水平有关。黄芪汤可通过促进重离子辐射脑损伤模型鼠脑组织 B 淋巴细胞瘤 – 2（Bcl – 2）基因表达和蛋白表达、抑制其细胞凋亡促进基因 Bax、半胱氨酸天冬氨酸蛋白酶 3（Caspase 3）的基因表达和蛋白表达及核因子 κB（NF – κB）蛋白表达来抑制受损脑组织的细胞凋亡，从而进一步延缓受损脑组织的病理形态改变，发挥抗辐射保护作用。黄芪汤主要由黄芪、熟地、麦冬、人参、枸杞子、五味子配伍而成。熟地、枸杞子具有滋补肝肾、滋阴清热功效；五味子有滋肾养阴，益气生津功效；麦冬有润肺清心、养阴生津功效；黄芪有补中益气功效；人参大补元气，有补脾益肺、生津养血功效。诸药合奏发挥益气滋阴、生津养血之功效，使得"正气存内，邪不可干"，起到防护辐射损伤的作用。刺五加中的皂苷成分能够改善辐射小鼠的空间记忆能力与神经敏感性，改善 g – 氨基丁酸能神经元能、乙酰胆碱能系统的损伤，刺五加中的皂苷还能改善辐射造成的脑组织海马和大脑皮质的损伤，减少细胞空洞，增加神经元数量；刺五加多糖能够改善辐射造成的去甲肾上腺素能损伤等。枸杞多糖对体外培养的脊髓神经元辐射损伤具有保护作用，可能与其促进自噬相关蛋白 LC3 Ⅱ/Ⅰ 表达有关。

龙血竭是百合目龙舌兰科植物剑叶龙血树的树脂，为有光泽的红棕色至黑棕色不规则块片（如图 7.10 所示）。龙血竭是我国传统名贵傣药，具有活血化瘀、镇痛止血和生肌敛疮的功效，临床广泛用于外伤、骨折、月经不调、慢性出血、消化道溃疡等疾病。近年来，现代医学对龙血竭的化学成分和药理作用进行了深入的研究。目前已从龙血竭中分离得到 140 多种化合物，含有黄酮类、酚类、甾体皂苷类、三萜类、脂肪醇及其酯类等类型的化学成分。其中，黄酮类化合物主要分为查耳酮、二氢查耳酮、黄烷、黄酮和二氢黄酮等。

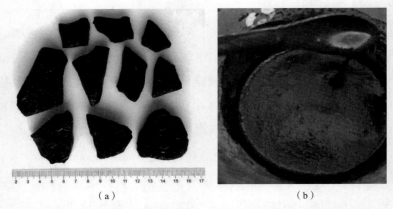

图7.10　块状龙血竭（a）与粉末状龙血竭乳浊液（b）

　　龙血竭的抗辐射作用主要与其提取物的抗氧化和抗炎特性有关。电离辐射可直接引起生物大分子的电离，激发产生生物分子自由基，从而造成其功能结构损伤。也可通过与机体中的水相互作用产生大量的活性氧自由基（ROS），蛋白质、核酸和脂质是 ROS 的主要攻击靶点，可产生 DNA 链断裂、DNA 蛋白交联和脂质过氧化物。这些有毒物质在分子水平上引发细胞基础物质蛋白质、核酸和脂质的结构变化，改变微环境的细胞因子含量，影响抗氧化系统的平衡。研究发现，脂多糖刺激的 RAW 264.7 细胞经龙血竭提取物处理后，细胞内人核因子 κB 抑制蛋白 $\alpha(I\kappa B-\alpha)$ 水平升高，细胞核内 NF－κB 水平降低。这表明龙血竭提取物可能通过抑制 NF－κB 介导的炎症基因 iPS 和诱生型 COX－2 来抑制炎症反应。龙血竭可以通过抑制 COX－2 的诱导和细胞内钙浓度来阻断一种速激肽 P 的合成和释放，从而发挥抗炎镇痛作用。龙血竭醇提物还可以抑制脂多糖引起的炎症因子的表达，从而抑制一氧化氮和前列腺素 $E_2（PGE_2）$ 的产生，发挥抗炎作用；同时龙血竭醇提物也可以激活巨噬细胞中 HO－1 的表达，从而发挥抗氧化作用。

　　屠鹏飞等从龙血通络胶囊中分离出了抗神经炎症的活性成分、保护神经细胞损伤的活性成分以及保护血管内皮损伤的活性成分，表明龙血竭对辐射致脑损伤有一定的保护作用。龙血竭对辐射致脑损伤的保护作用主要体现在降低氧化应激反应及炎症水平、抑制线粒体功能障碍、促进神经细胞再生等方面。全脑照射模型中，龙血竭保护组有效提高大脑中 SOD 和谷胱甘肽（GSH）水平，降低丙二醛（MDA）和过氧化氢（H_2O_2）水平，变化趋势基本同血浆检测水平。在全脑照射下，龙血竭可显著降低辐照后脑组织中的炎症因子如 TNF – α、干扰素 – γ（INF – γ）以及 IL – 6 水平。龙血竭乙醇提取物可以有效地抑制内毒素诱导的 NO、PGE_2、IL – 1β 和 TNF – α 的释放，以及 iNOS、p65 和 COX – 2 的表达。辐照后，脑组织快速生成自由基，自由基的强烈释放会在辐照不久后通过磷脂的过氧化损伤线粒体。龙血竭中提取的龙血素 B 可以抑制内质网应激诱导的线粒体功能障碍，激活 Akt/GSK – 3β 通路，对轴突再生和运动功能恢复具有积极作用。辐照可显著降低小鼠海马中脑源性神经营养因子（brain derived neurotropic factor, BDNF）的表达水平，导致 Caspase 蛋白的活性增加和记忆缺陷。而龙血竭能够抑制辐射损伤大鼠脑组织神经元的凋亡，显著提高 BDNF 表达水平，降低 Caspase 3 水平，使重离子辐射损伤大鼠脑组织 c – fos 的表达维持在正常水平；对 c – jun 的表达具有明显的抑制作用。在辐射条件下，龙血竭提取物能显著促进照射小鼠外周血细胞尤其是血小板的恢复，在骨髓组织学特征下表现为造血细胞数量增加和细胞凋亡减少（如图 7.11 所示）。龙血竭提取物通过降低 Bax/Bcl2 比值，减少活化的 Caspase 3 表达，减轻细胞凋亡和细胞周期停滞。

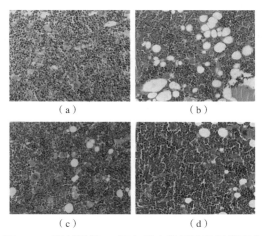

（a）　　　　　　　　　（b）

（c）　　　　　　　　　（d）

图 7.11　照射后第 23 天各组大鼠骨髓组织学观察

（a）对照组；（b）辐照组；（c）注射粒细胞集落刺激因子后辐照组；

（d）注射高剂量龙血竭提取物辐照组

2. 中药对辐射致免疫系统损伤的防护作用

机体受到急性辐射损伤以后，与免疫功能相关的 IL、TNF、IFN 等免疫细胞表面分子、细胞因子及相关信号分子发生了明显的变化。在抗辐射损伤药物研究中发现，中药对免疫系统具有良好的调节作用，许多中药及其有效成分在体外和体内模型中均通过免疫刺激活性发挥辐射防护作用。黄欢等对 X 射线照射后的小鼠骨髓单核细胞立即施加 800 mg/mL 枸杞多糖，免疫印迹实验结果显示给药组细胞的凋亡抑制基因 Bcl-2 表达增加，细胞色素 C 以及凋亡下游关键蛋白 Caspase 3 表达下降，表明枸杞多糖通过作用于 Caspase 3、细胞色素 C 和 Bcl-2 所在的线粒体途径来防止免疫细胞凋亡。此外，香菇多糖、松茸多糖等均可提高免疫细胞对电离辐射的抗性，促进免疫功能恢复。胡桃楸叶中的乙醇提取物（主要成分为黄酮类和酚类物质）也对 X 射线所致的小鼠免疫功能损伤有保护和修复作用，表现在其高、低剂量组的辐射小鼠外周血白细胞数、淋巴细胞绝对值、淋巴细胞百分数、脏器指数以及脾淋巴细胞增殖反应能力均高于模型组。此外，白藜芦醇、人参皂苷 Rh2、人参皂苷 Rg1 等单体成分可显著抑制细胞间炎症因子 IL-1、IL-6、TNF-α 和 INF-γ 等的产生，起到免疫调节作用。放射性脑损伤急性期主要表现为以血管为中心的炎性反应，小鼠 20 Gy X 射线全脑辐照后连续 4 周施加中药复方参芪扶正注射液（主要成分是党参和黄芪等）后炎症因子 TNF-α 和 IL-1β 得到明显抑制，p65 基因表达下降，研究表明其分子机制可能与抑制 NF-κB/p65 胞质胞核转位，减轻炎症因子的产生，从而改善放射诱导的脑损伤有关。

在不同辐射源损伤下，被辐照大鼠的白细胞、淋巴细胞数量下降。龙血竭本身具有活血化瘀的作用，对机体免疫、血液系统有调节作用，龙血竭对血液中白细胞、淋巴细胞、血小板数目的恢复具有一定的促进作用。龙血竭还能够改善造血功能，减轻造血细胞减少、脂肪组织增生等程度，由此可以推断龙血竭对辐射损伤大鼠的骨髓造血多能干细胞的分化具有一定的促进作用，向着有利于机体免疫功能重建的方向发展。龙血竭和龙血竭提取物可以防止 4 Gy ^{60}Co-γ 全身辐射诱导的小鼠氧化应激损伤和恢复脾脏抗氧化状态和组织病理学变化。实验结果表明，与单纯照射组相比，龙血竭和龙血竭提取物处理组脾脏中 MDA 含量有明显的下降，SOD、过氧化氢酶（CAT）活性及 GSH 水平显著升高。龙血竭和龙血竭提取物对胸腺指数的恢复也有显著影响。组织学观察显示，龙血竭和龙血竭提取物治疗后的脾脏的损伤明显减轻，并改善了辐射后脾脏的形态。此外，龙血竭还能够明显减轻 X 射线（2.0 Gy）对小鼠脾脏指数和胸腺指数的降低程度，且随着龙血竭给药浓度的增加脾脏指数和胸腺指数升高的程度更加明显。电离辐射可引起内分泌系统发生异常变化。在应激状态下，机体会过多分泌促肾上腺皮质激素（adrenocorticotropic hormone，ACTH），以增加对外界的抵抗力，但如果分泌过量，就会对机体各个系统产生损害作用。龙血竭对辐射损伤大鼠早期血中 ACTH 的释放具有一定的调节作用，进而影响神经 – 内分泌 – 免疫系统之间的相互作用，使机体在应激状态下维持正常的生理功能。此外，龙血竭对重离子、中子和 ^{60}Co – γ 射线辐射损伤大鼠内分泌系统损伤均有不同程度的防护作用，包括对辐照后血中 ACTH 和醛固酮（aldosterone，ALD）水平变化的影响。结果表明在辐射后 3 天和 7 天，龙血竭对重离子辐射损伤大鼠血中 ACTH 的过度释放具有一定的抑制作用，调节幅度超过 20%。

3. 中药对辐射致造血系统损伤的防护作用

造血系统是电离辐射的主要危害器官。机体受到辐射后，造血祖细胞、造血干细胞以及造血微环境等都会产生与照射剂量相关的损伤而影响造血机能。辐射诱导造血系统损伤最先表现出来的是白细胞、红细胞、血小板和淋巴细胞等外周血细胞的减少，外周血细胞变化的严重程度和照射剂量呈正相关。在动物模型中，电离辐射除了引起外周血白细胞、红细胞及血小板异常外，还可抑制和破坏造血干/祖细胞的增殖和分化，以及造血细胞凋亡和坏死等，表现为骨髓造血抑制。研究发现，中药中的多酚、多糖、皂苷等单体成分及复方药剂均表现出不同程度抗辐射造血损伤的作用。对 3 Gy 的 X 射线照射小鼠提前给予党参多糖可使造血干细胞 G1 期阻滞明显降低，p53、p21、Bax 蛋白表达下调、Bcl – 2 蛋白表达上调，其辐射防护作用机制可能与 p53 – p21 信号通路，Bax 与 Bcl – 2 凋亡途径有关。鱼腥草总黄酮可以促进 4Gy X 射线辐照大鼠外周血细胞、淋巴细胞和体重的恢复。在 6.5 Gy ^{60}Co – γ 射线诱导小鼠模型中，人参皂苷 Rg1 明显调控小鼠外周血白细胞、红细胞、血小板数量增高并通过 SIRT6/NF – κB 信号通路发挥辐射致造血干细胞保护作用。同时，对 C57BL/6 小鼠的骨髓单个核细胞体外实验发现白藜芦醇与 NOX 抑制剂二苯基氯化碘盐对 4Gy ^{137}Cs 源辐射造成的骨髓造血干/祖细胞损伤具有一定的协同保护作用。此外，人参复方口服液（人参、灵芝、

云芝、香菇、怀山药和木耳提取物）能够拮抗辐射后的白细胞减少，提高 SOD
活性，降低骨髓嗜多染红细胞微核率，促进造血恢复。芪术口服液、康艾注射
液、天屏养生胶囊和四物汤等也具有明显的抗辐射造血损伤的作用。

Lewis 肺癌小鼠在接受 $^{60}Co-\gamma$ 射线辐射治疗后，造血功能受到显著的影响，
与荷瘤模型组相比，表现为外周血白细胞、红细胞、血小板及淋巴细胞数目显著
降低。给予龙血竭干预 Lewis 肺癌小鼠放疗后，血小板下降幅度明显降低，且能
有效地促进荷瘤辐射后的小鼠血小板的恢复。研究发现龙血竭和龙血竭提取物能
有效地减轻辐射对骨髓的损伤。给予龙血竭和龙血竭提取物可显著增加全身暴露
于 $4Gy$ $^{60}Co-\gamma$ 射线中的 BALB/C 小鼠的骨髓源性干细胞/祖细胞的外周血细胞数
量和集落形成单位。与照射组相比，龙血竭和龙血竭提取物组降低了血清中 IL -
6、TNF - α 和 IFN - γ 等炎性细胞因子水平和氧化应激损伤水平。此外，龙血竭
还能显著改善骨髓组织病理学形态，这可能与龙血竭和龙血竭提取物的抗氧化和
抗炎特性有关。

此外，通过对龙血竭对重离子、中子和 $^{60}Co-\gamma$ 射线辐射损伤大鼠免疫、血
液系统变化的影响研究发现，重离子辐射后 24 h，模型组的白细胞数与正常对照
组比较下降超过 60%，其中淋巴细胞绝对值下降超过 80%。给与龙血竭药物组
的大鼠白细胞和淋巴细胞较模型组分别升高了 33% 和 66% 左右。研究表明龙血
竭能够减轻骨髓组织造血细胞减少、脂肪组织增生等症状。从辐射后 24 h 开始，
龙血竭对辐射损伤大鼠血液中与免疫相关的白细胞和淋巴细胞计数具有一定的改
善作用，能够升高白细胞数目和淋巴细胞绝对值，最高增幅达到 66.7%，表明龙
血竭对辐射造成的血液系统损伤具有明显的改善作用。

4. 中药对辐射致生殖系统损伤的防护损伤

生殖系统对电离辐射高度敏感，其中睾丸又是生殖系统中最敏感的组织。电
离辐射不仅使精细胞损伤、细胞畸形、变性、凋亡和精子生成减少，还可使卵巢
细胞发生氧化损伤，细胞凋亡增加，细胞增殖受到抑制。当全身受照射剂量较大
时，最终可导致生殖功能障碍或永久性不育等。研究表明，许多单味中药及其提
取物可有效减轻电离辐射对生殖系统的损伤。研究发现大鼠受 $^{60}Co-\gamma$ 射线慢性
照射后，海带多糖可使其睾丸组织 MDA 下降、GSH 升高，SOD、乳酸脱氢酶
（LDH）、谷胱甘肽过氧化物酶（GSH - Px）等活性升高，睾丸组织损伤减轻，精

子数及精子活存率增加。海带多糖可维持大鼠性腺轴的稳定，减轻睾丸组织的辐射损伤，促进睾丸组织抗氧化体系恢复，改善生精功能，加速睾丸生精细胞及其细胞线粒体的恢复，抑制生精细胞的凋亡。此外，海带多糖可调控照射后大鼠睾丸组织应激蛋白基因的异常表达，促进细胞 DNA 的损伤修复。枸杞多糖可抑制受照后大鼠睾丸重量指数下降和生精细胞的损伤，促进其损伤后的恢复，并且可改善辐射导致的大鼠性功能下降，刺激雄性激素水平和性能力的恢复。枸杞多糖通过提高大鼠抗氧化酶活力，清除体内过多的自由基，抑制脂质过氧化及已存在的过氧化自由基对 DNA 等大分子的损伤，阻断细胞死亡，从而促进生精功能的恢复。枸杞多糖还可通过降低促凋亡基因 Bax、Fas、Caspase 3、P53 等蛋白的表达，减少大鼠生精细胞凋亡百分率，增加睾丸细胞线粒体膜电位，降低细胞内 Ca^{2+} 浓度，调节凋亡细胞线粒体通路，抑制电离辐射诱导的生精细胞凋亡，减轻睾丸损伤。

5. 中药对辐射致消化系统损伤的防护作用

一方面，放射线的直接杀伤作用可引起快速增殖的肠上皮细胞死亡。另一方面，细胞内活性氧类增加，细胞核 DNA 损伤，引发细胞凋亡。两方面均导致肠上皮更新速度减缓，肠道屏障破坏。辐射损伤早期可致恶心呕吐、腹泻以及小肠黏膜上皮的损伤等，影响胃肠道的运动、吸收和分泌功能，使胃排空延迟、胃酸分泌减少。人参皂苷对辐射致肠 IEC - 6 细胞损伤具有保护作用，通过促进 PI3K/AKT 的表达，进而抑制 IEC - 6 细胞凋亡，促进存活，并保持其良好的增殖活性。归芪白术方对 X 射线照射诱发的肠道机械屏障、免疫屏障、微生物屏障损伤有预防保护作用，该保护作用可能与调节细胞因子和肠道菌群的平衡有关。白藜芦醇可明显减少受照后小鼠肠系膜淋巴结淋巴细胞的凋亡，提高肠黏液中免疫球蛋白 sIgA 的含量，降低门静脉血内毒素含量。方格星虫多糖对 $^{137}Cs - \gamma$ 射线造成的 HIEC 细胞损伤有较好的防护作用，能显著提升其存活率，显著上升且与浓度呈正相关。其机制可能与方格星虫多糖清除细胞内自由基、减缓细胞凋亡有关。龙血竭能够改善辐射损伤大鼠的肝脏、胃肠道的病理改变，包括缓解肝脏的点状坏死，并对胃肠糜烂，胃及小肠黏膜绒毛顶部上皮细胞变性、坏死、脱落，黏膜固有层的炎细胞浸润等症状具有一定的改善作用。

6. 中药对辐射致皮肤损伤的防护作用

辐射是导致肿瘤和皮肤衰老损伤的危险因素。天然药物在抗衰老方面具有独特的作用，人参、丹参、黄芪、银杏叶等在传统中医学中均为有效的抗衰老药物。人参皂苷对皮肤细胞具有损伤保护作用，对紫外线诱导的皮肤细胞转化作用具有明显的抑制作用，提示了它在皮肤细胞的癌变机制中的预防作用，其机制可能是通过抑制 p38 – MAPK 通路起作用。栀子油局部给药可以减少紫外线（UVB）辐射所致的皮肤损伤，减轻皮肤基底膜分解、表皮增生、胶原降解、炎症浸润，其作用机理可能与抑制基质金属蛋白酶 – 2（metalloproteinase – 2，MMP – 2）、MMP – 9 的表达有关。表没食子儿茶素没食子酸酯（epigallocatechin gallate，EGCG）对人皮肤 HaCaT 细胞具有辐射保护作用，可通过抑制 X 射线引起的 ROS，从而抑制细胞凋亡及降低辐射诱导的细胞 G2／M 期阻滞发挥辐射保护作用。甘草黄酮能增强皮肤组织抗氧化能力，促进皮肤胶原蛋白合成、氧自由基清除，防护小鼠的皮肤损伤，保护造血系统、免疫系统，减轻射线所致氧化损伤的程度，发挥抗辐射作用。甘草苷还可促进 HaCaT 细胞的增殖，降低细胞总凋亡率，有效地抑制皮肤的光老化。

龙血竭外敷加口服可明显加快裸鼠皮肤创面修复。利用大鼠背部机械损伤模型证明了灌胃龙血竭提取物可使创口明显缩小并显著提高血管内皮生长因子的表达。龙血竭软膏可明显缩短背部圆形全层皮肤切除所致的大鼠创面愈合时间。将龙血竭提取物用于人成纤维细胞培养，发现适宜浓度的龙血竭提取物可以促进人成纤维细胞增殖，增加透明质酸的分泌。辐照皮肤早期反应主要是表皮细胞受损，随照射剂量的增高，真皮细胞可能发生延迟反应，皮肤变薄、变脆，还可见到血管扩张，这说明血管结构受到损伤。有文献报道龙血竭治疗放射性湿性脱皮和溃疡伤口愈合有确切效果。龙血竭胶囊对大鼠放射性皮肤损伤有防护作用，其机制可能为提高机体的抗氧化酶和抑制细胞凋亡。实验结果表明龙血竭胶囊可以降低皮肤和血清 MDA 的含量，增加 GSH – Px 和 SOD 的活性，增加皮肤 Bcl – 2 蛋白水平，降低 Bax 和活化的 Caspase 3 蛋白水平，对 ATP 酶活性无影响。

7.4.3 展望

空间辐射损伤的防护问题是长期太空旅行需解决的关键问题之一。目前基于中医药对于辐射的生物学防护研究大多依赖于地面的辐射模拟装置，但是受限于实验条件，很难在地面准确地模拟太空中真正的空间辐射环境。地面模式实验研究的辐射大都是在短时间内（几秒钟到几分钟）单一种类的照射；但在长期载人航天的环境下，航天员的辐射剂量累积长达数个月至数年。并且太阳周期、屏蔽以及在任何特定时间产生的二次中子和核碎片的变化，都使得地面上很难预测航天员遭受的辐射剂量。

日冕物质抛射和太阳耀斑等太阳粒子事件可以在短短几个小时内在航天员体内沉积大量辐射且在时间上无法预测，这些太阳粒子事件是航天员在地球磁层外执行长期任务时导致辐射病的主要来源，是太空中重要辐射的主要来源。多组学癌症模型整合了基因组学、基因组构象、转录组学和表观基因组学，可用于预测癌症突变的表型效应，近期也用于预测太空飞行辐射和微重力导致的细胞骨架重塑与 DNA 修饰畸变如何影响航天员。2020 年，Gertz 等整合了转录组和蛋白质组数据，对太空飞行如何影响先天免疫进行了研究。

空间辐射环境会从基因到蛋白质等多层次影响航天员的身体健康，研究表明长期太空飞行环境会引起肌肉与骨质流失、神经系统损伤、免疫系统受损、神经性衰退等身心障碍。我国研制的中药"太空养心丸"自 2012 年一直用于航天员的在轨防护，可帮助航天员调节心血管功能，在太空中有效稳定血压和心率。

由于暴露于空间辐射环境有可能产生比地面暴露更复杂的生物学后果，需要利用人类数据、临床前模型和计算模型进行辅助研究。中药及天然产物具有广谱抗辐射的作用，但同时具有多组分和多靶点的特点，特定成分或多种成分对具体细胞、受体、靶点或蛋白信号通路的直接或协同作用的相关研究仍然较少。深入研究中药抗辐射作用的有效成分和作用机制，对开展抗辐射新药研究将具有十分重要的意义。

■ 7.5　其他生物医学辐射防护方法（刘宁昂）

7.5.1　概述

如何在现有物理屏蔽条件的基础上，设计新颖的辐射防护策略，进一步优化空间辐射防护方案，以减轻航天员执行空间任务，特别是执行出舱任务或长周期深空探索任务时空间辐射对机体的损伤，已经成为当今国内外空间生物医学研究的重点和难点。

7.5.2　细胞辐射敏感性的时间依赖性及其辐射防护应用前景

昼夜节律是指机体为应对外界环境的各种刺激，在生化、生理、个体行为上产生的细胞自发和自体维持的周期约为 24 h 的循环变化。研究发现哺乳动物体内 2% ~ 10% 的基因表达具有节律性，而机体的免疫调节、细胞增殖、物质及能量代谢等诸多生物学过程都表现出时间节律，DNA 损伤修复也不例外，而 DNA 损伤修复能效的高低则是决定机体辐射敏感性强弱的关键因素之一。生物钟在 DNA 损伤检验点、DNA 修复以及细胞凋亡等细胞过程中发挥着重要的调控作用。小鼠皮肤的 DNA 修复呈现出时间节律，早晨 DNA 修复速率最低，下午、晚上高，紫外照射引起皮肤癌的致病率，早晨显著高于傍晚。小鼠大脑、肝脏等的 DNA 修复效率则在中午时最高。接受 X 射线照射的小鼠脾淋巴细胞，其在光相的修复效率更高。氧化应激导致的 DNA 损伤及其修复同样可能与 DNA 修复基因的节律表达相关。

细胞 DNA 损伤修复的节律性主要由生物钟基因调控。Period(Per) 是第一个被发现的生物钟基因，在鼠和人体内存在 Per1、Per2、Per3 三种亚型，它们在机体组织中的表达部位和时相上有一定差异。Per 在生物钟系统中处于核心地位，它是生物钟反馈环路的重要组分，其表达由生物钟基因蛋白 Clock 和 Bmal1 形成的异二聚体所激活。Clock/Bmal1 异二聚体结合在钟基因 Per 和 Cry 启动子的 E - box 原件上并激活其转录，使 Per 和 Cry 蛋白在细胞质中积累。接着 Per 被磷酸化激活后与 Cry 形成异二聚体并再次入核。在细胞核内，Per/Cry 复合物识别并结合 Clock/Bmal1 异二聚体，进而抑制自身的转录，从而形成周期性的负反馈环。Per1 是人体内 Per 基因表达产物的三种亚型之一，在外周器官中起调控节律的周期和振幅的作用。已有研究表明，生物钟基因 Per1 能与同源重组修复调控蛋白 ATM 发生相互作用并参与细胞辐射敏感性的调节。Per1 过表达会通过与 ATM 互相作用而影响其激活，进而增加 DNA 损伤导致的细胞凋亡，而 Per1 的表达下降则会抑制辐射损伤引起的凋亡过程进而促进癌细胞的增殖。另一方面，同属于

Per 家族的 Per2，其基因突变的小鼠在 γ 射线照射后，与野生型小鼠相比对辐射的敏感性增加，发生肿瘤的风险更高。Per2 突变后，Cyclin D1、Cyclin A、MDM2 和 Gadd45α 等与辐射损伤后细胞周期检验点调控及凋亡相关的基因表达发生紊乱。Per2 功能的缺失可造成钟基因 Bmal1 表达的下调进而引起癌基因 c－Myc 的活化，从而引起基因组稳定性维持能力的下降。此外，Per2 缺陷也可引起抑癌基因 p53 功能的减弱，从而造成基因组受损细胞启动凋亡淘汰的能力下降，导致辐射后基因受损细胞的存活及其中基因突变的累积，最终造成机体辐射敏感性的显著升高以及肿瘤发生率的上升。

近年来，关于机体组织细胞辐射敏感性的时间依赖特征，已经在临床上取得了一些证据，例如对肿瘤病人开展时辰放疗，其根据人体组织器官生理功能昼夜周期差异的特点，在特定的昼夜时间窗口对肿瘤进行放射治疗，在保证疗效的同时达到减轻正常组织辐射损伤的效果。临床研究发现，不同时间对肿瘤患者开展放射治疗，癌旁组织所受射线引起的毒副作用不同。例如，非小细胞肺癌患者选择在晚间进行放疗时的肿瘤消退率高，毒副反应低；鼻咽癌病患在晚间进行放疗，其辐射引起的急性口腔黏膜反应相较上午更低；在宫颈癌的时辰放疗研究中发现，上午放疗患者的放射性皮肤黏膜炎发生率高于下午的患者。这些发现均表明人体的辐射敏感性存在昼夜节律依赖性。苏州大学周光明和刘宁昂等由此提出了航天员辐射抗性较强的时间窗口出舱执行任务时健康风险相对较低的新型防护策略，并率先开展了人体不同组织器官辐射敏感性的时辰规律研究。

7.5.3　低代谢技术在空间辐射防护中的应用探索

低代谢是指在保持最佳营养的同时利用各种方法将机体代谢率降至基础代谢率以下，进而降低能量和物质消耗。休眠是动物为应对极端气温（寒冷或高温）和食物匮乏等恶劣环境条件而进化形成的适应性生理功能，是动物实现低代谢的重要形式之一，休眠动物的代谢及能量消耗抑制可为载人深空星际航行的低代谢调节模式提供重要参考。该理论研究由来已久，早在 20 世纪 60 年代，Hock 等就已前瞻性地提出休眠低代谢在长周期深空探索中的潜在应用可能。在长期载人深空探索飞行期间让航天员大部分时间处于休眠低代谢状态，不仅可以大幅降低食物、水和氧气的消耗量、大大降低飞行载荷、有效减缓航天员心理压力和人际关系矛盾，而且具有增强机体对空间不利环境因素抗性的效果。

近年来，国内外针对人工诱导低代谢休眠进行了一系列研究，通过多种降低体温及代谢的物理和化学方法，研究了人工诱导低代谢休眠对辐射损伤的保护作用，并进行了相关机制的探讨。研究表明，通过物理低温诱导的大鼠脑部低代谢可以增强大脑对辐射的抗性，减轻组织的辐射损伤水平。化合物丙基硫脲嘧啶（propylthiouracil，PTU）可以降低细胞的代谢水平，其可通过减少活性氧代谢物和增强细胞抗氧化能力两方面作用，减轻大鼠甲状腺组织的辐射损伤水平。休眠能提高受到致死剂量照射的松鼠的存活率。休眠期间动物组织细胞的辐射抗性明显高于非休眠动物。低代谢引发的低体温虽然可引起辐射后 DNA 双链断裂修复活性的减弱，但组织细胞的辐射损伤水平显著低于正常代谢的对照细胞。近期研究还发现，代谢减缓可减少果蝇的基因突变，甚至可完全绕过致死突变的不利影响。这些研究均提示，人工休眠或许是航天员在执行长周期载人深空探索任务时，降低空间辐射损伤的有效策略。

国内外针对空间低代谢休眠技术也进行了一系列开创性研究。2013 年，NASA 创新先进概念（NASA Innovative Advanced Concepts，NIAC）计划资助Spaceworks 公司的一项研究，研究将低代谢休眠应用于载人航天深空飞行，探索让漫长火星旅行的航天员进入亚低温休眠状态的可行性。此外，NASA 也在不同研究计划中布局基于代谢控制的空间飞行环境适应性研究。2018 年，中国载人航天工程启动了空间飞行低代谢调节技术概念研究，利用我国传统养生术以及西方断食/轻食疗法，辅助以养生操、冥想等心理调节方法降低人体代谢水平，旨在探寻适用于空间环境的低代谢调节技术及其可行性。2019 年欧洲航天局评估了休眠给载人火星探索任务带来的优势，发现休眠或冬眠可能是进行长时间星际飞行的合适方法，并将实现休眠方式登陆火星。

7.5.4 展望

1997 年 4 月 29 日，美国和俄罗斯联合测量了"和平"号空间站航天员出舱活动期间的辐射剂量和剂量率。结果表明，出舱活动期间航天员所暴露的辐射剂量和剂量率分别是此期间舱内对照人员的 2.74 倍和 4.23 倍，健康风险因此成倍增加。而大量研究表明，细胞 DNA 损伤的修复效率存在时间节律依赖性，因此，辐射导致的机体生物医学后果必然受到昼夜节律的影响。在航天舱内人工授时的"一天"24 h 中，辐射损伤的修复能效也应该存在节律周期性波动。因此，选择辐射损伤修复能效较高的时间段，在此期间人体对辐射的抗性较强，即便受到辐射，其损伤的修复率较高，因而辐射损伤的后果也相对较轻。对于航天员而言，如果在这个时间窗口期执行出舱任务，空间辐射诱发的健康风险则可能相对较低，可以在不增加设备和成本的情况下，进一步降低舱外作业时空间辐射对航天员的健康危害。

在执行长周期深空探索任务时，航天员所需要应对的空间环境并不仅限于空间辐射，而是包括微重力、亚磁场和长期的社会隔离等多种空间特有因素在内的耦合环境，这个复杂的空间极端环境对航天员生命健康带来了巨大的挑战。为应对这一漫长而复杂的环境和身心挑战，低代谢休眠可能是未来一种理想的解决方案。然而，目前对于人工诱导低代谢休眠的研究仍然存在一些需要解决的问题。例如，在生理机制方面，休眠诱导、维持和保护生理低代谢的分子机制是什么；需要评估低代谢休眠在正常人体中应用的安全性、代谢消耗变化以及休眠期间的营养补充方案，以最大限度降低长期休眠对机体组织器官的损伤程度；低代谢休眠结束的唤醒技术研发，如何最大限度在唤醒后尽快恢复航天员的生理、心理功能到正常生理水平。只有解决了这些关键问题，才可尝试将人工诱导低代谢休眠技术应用于人体，最终实现人工诱导低代谢休眠在载人长周期深空探索任务中的应用。

参考文献

[1] 祁章年，陈酒，李向高. 载人航天器舱内辐射剂量及其预估 [J]. 空间科学学报，1993，3：239-244.

[2] 周永增. 剂量和剂量率对辐射随机性效应的影响——剂量和剂量率效能因子 [J]. 辐射防护，1995，15（5）：357-364.

[3] 潘羽晞，邱睿，刘立业，等. 辐射防护用中国参考人体素模型建立、应用及最新进展 [J]. 2014，34（7）：199-205.

［4］ 呼延奇，吴正新，周强，等. 载人登月航天员辐射剂量分析与防护建议 ［J］. 载人航天，2020，26（4）：485－536.

［5］ 蔡明辉，杨涛，许亮亮，等. 可穿戴太阳质子应急辐射防护服的仿真设计 ［J］. 载人航天，2022，28（2）：190－195.

［6］ 张昭，方美华，杨航. 不同等效屏蔽厚度下体模器官空间辐射剂量计算的 研究 ［J］. 载人航天，2022，28（3）：286－290.

［7］ Patt H M，Tyree E B，Straube R L，et al. Cysteine protection against X irradiation ［J］. Science，1949，110（2852）：213－214.

［8］ 赵斌，张军帅，刘培勋. 辐射防护剂研究现状及其进展 ［J］. 核化学与放射 化学，2012，34（1）：8－13.

［9］ 李敏，赵德华，王继生. 抗辐射药物研究进展 ［J］. 实用药物与临床， 2017，20（12）：1435－1440.

［10］ 卢学春，朱宏丽，迟小华. 氨磷汀作用的研究进展 ［J］. 中国药物应用与 监测，2008，5（1）：48－51.

［11］ Koukourakis M I，Giatromanolaki A，Fylaktakidou K，et al. Amifostine protects mouse liver against radiation－induced autophagy blockage ［J］. Anticancer Res.，2018，38（1）：227－38.

［12］ Grdina D J，Shigematsu N，Dale P，et al. Thiol and disulfide metabolites of the radiation protector and potential chemopreventive agent WR－2721 are linked to both its anti－cytotoxic and anti－mutagenic mechanisms of action ［J］. Carcinogenesis，1995，16（4）：767－74.

［13］ Prager A，Terry N H A，Murray D. Influence of intracellular thiol and polyamine levels on radioprotection by aminothiols ［J］. International Journal of Radiation Biology，1993，64（1）：71－81.

［14］ Varghese J J，Schmale I L，Mickelsen D，et al. Localized delivery of amifostine enhances salivary gland radioprotection ［J］. J. Dent. Res.，2018，97（11）：1252－1259.

［15］ Ranganathan K，Simon E，Lynn J，et al. Novel formulation strategy to improve the feasibility of amifostine administration ［J］. Pharm Res.，2018，35

（5）：99.

［16］ Gao W, Liang J X, Ma C, et al. Corrigendum to "The protective effect of N − acetylcysteine on ionizing radiation induced ovarian failure and loss of ovarian reserve in female mouse" ［J］. Biomed Res Int. , 2021, 2021：9817842.

［17］ Schaue D, Kachikwu E L, McBride W H. Cytokines in radiobiological responses：A review ［J］. Radiat Res. , 2012, 178（6）：505 − 523.

［18］ Neta R. Role of cytokines in radioprotection ［J］. Pharmacology & Therapeutics, 1988, 39（1 − 3）：261 − 266.

［19］ Kamran M Z, Ranjan A, Kaur N, et al. Radioprotective agents：Strategies and translational advances ［J］. Med. Res. Rev. , 2016, 36（3）：461 − 93.

［20］ Widyarini S, Domanski D, Painter N, et al. Estrogen receptor signaling protects against immune suppression by UV radiation exposure ［J］. Proc. Natl. Acad. Sci. USA. , 2006, 103（34）：12837 − 12842.

［21］ Najafi M, Shirazi A, Motevaseli E, et al. Melatonin as an anti − inflammatory agent in radiotherapy ［J］. Inflammopharmacology, 2017, 25（4）：403 − 413.

［22］ Moslehi M, Moazamiyanfar R, Dakkali M S, et al. Modulation of the immune system by melatonin；Implications for cancer therapy ［J］. Int. Immunopharmacol, 2022, 108：108890.

［23］ Dragicevic N, Copes N, O'Neal − Moffitt G, et al. Melatonin treatment restores mitochondrial function in Alzheimer's mice：A mitochondrial protective role of melatonin membrane receptor signaling ［J］. J. Pineal Res. , 2011, 51（1）：75 − 86.

［24］ Tan D X, Manchester L C, Terron M P, et al. One molecule, many derivatives：A never − ending interaction of melatonin with reactive oxygen and nitrogen species? ［J］. J. Pineal Res. , 2007, 42（1）：28 − 42.

［25］ Rostami A, Moosavi S A, Dianat Moghadam H, et al. Micronuclei assessment of the radioprotective effects of melatonin and vitamin C in human lymphocytes ［J］. Cell J. , 2016, 18（1）：46 − 51.

［26］ Beatriz F G, Moneim A E A, Ortiz F. Melatonin protects rats from radiotherapy −

induced small intestine toxicity [J]. PloS One, 2017, 12 (4): e0174474.

[27] 张再重. N-乙酰半胱氨酸与清热补益中药对辐射损伤相关肠屏障功能障碍防护作用的实验与临床研究 [D]. 福州: 福建中医学院, 2008.

[28] Yun K L, Wang Z Y. Target/signalling pathways of natural plant – derived radioprotective agents from treatment to potential candidates: A reverse thought on anti – tumour drugs [J]. Biomedicine & Pharmacotherapy, 2017, 91: 1122 – 1151.

[29] Zbikowska H M, Szejk M, Saluk J, et al. Polyphenolic – polysaccharide conjugates from plants of Rosaceae/Asteraceae family as potential radioprotectors [J]. Int. J. Biol. Macromol, 2016, 86: 329 – 337.

[30] Paithankar J G, Raghu S V, Patil R K. Concomitant changes in radiation resistance and trehalose levels during life stages of Drosophila melanogaster suggest radio – protective function of trehalose [J]. International Journal of Radiation Biology, 2018, 94 (6): 576 – 589.

[31] Kim H G, Jang S S, Lee J S, et al. Panax ginseng Meyer prevents radiation – induced liver injury via modulation of oxidative stress and apoptosis [J]. J. Ginseng Res. , 2017, 41 (2): 159 – 168.

[32] Abernathy L M, Fountain M D, Joiner M C, et al. Innate immune pathways associated with lung radioprotection by soy isoflavones [J]. Front Oncol. , 2017, 7: 7.

[33] 凌关庭. 有 "第七类营养素" 之称的多酚类物质 [J]. 中国食品添加剂, 2000 (1): 28 – 37.

[34] Koohian F, Shanei A, Shahbazi – Gahrouei D, et al. The radioprotective effect of resveratrol against genotoxicity induced by γ – irradiation in mice blood lymphocytes [J]. Dose Response, 2017, 15 (2): 1559325817705699.

[35] Xu W, Yang F, Zhang Y, et al. Protective effects of rosmarinic acid against radiation – induced damage to the hematopoietic system in mice [J]. J Radiat Res. , 2016, 57 (4): 356 – 362.

[36] Panat N A, Maurya D K, Ghaskadbi S S, et al. Troxerutin, a plant flavonoid,

protects cells against oxidative stress – induced cell death through radical scavenging mechanism ［J］. Food Chem. , 2016, 194：32 – 45.

［37］刘颖, 金宏, 许志勤, 等. 谷氨酰胺对电离辐射损伤小鼠抗氧化作用的影响 ［J］. 中国预防医学杂志, 2004, 5 (5)：330 – 332.

［38］王坤平, 徐勇, 李长燕. 抗辐射药物研发进展 ［J］. 军事医学, 2015, 39 (6)：464 – 467.

［39］郝必烈. 还原型金属螯合物对辐射引起的小鼠骨髓毒性的改善作用 ［J］. 国外医学 (放射医学核医学分册), 2002, 26 (3)：141 – 142.

［40］约瑟夫·莫葛洛比, 达芙妮·阿特拉斯, 萧珊娜·凯南. 抗氧化、抗炎、抗辐射、金属螯合的化合物及其用途 ［P］. 以色列：CN105837659A, 2016 – 08 – 10.

［41］Kouvaris J R, Kouloulias V E. , Vlahos L J. Amifostine：The first selective – target and broad – spectrum radioprotector ［J］. Oncologist, 2007, 12 (6)：738 – 747.

［42］Brizel. Phase Ⅲ randomized trial of amifostine as a radioprotector in head and neck cancer ［J］. Journal of Clinical Oncology, 2000, 18 (24)：3339 – 3345.

［43］徐冰心, 岳茂兴. 航天辐射危害及其防护剂研究进展 ［J］. 中华航空航天医学杂志, 2005, 16 (1)：72 – 74.

［44］刘琳, 黄荣清, 肖炳坤, 等. 激素类抗辐射药物的研究进展 ［J］. 医药导报, 2010, 29 (6)：744 – 746.

［45］刘巍, 郭丽, 卢日峰, 等. 基因重组人源超氧化物歧化酶抗辐射作用的研究 ［J］. 中国实验诊断学, 2009, 13 (2)：182 – 183.

［46］陈伟, 沈先荣. 细胞因子抗辐射作用研究进展 ［J］. 海军医学杂志, 2006, 27 (4)：363 – 367.

［47］Singh V K. , Yadav V S. Role of cytokines and growth factors in radioprotection ［J］. Experimental and Molecular Pathology, 2005, 78 (2)：156 – 169.

［48］Schooltink H, Rose – John S. Cytokines as therapeutic drugs ［J］. Journal of Interferon and Cytokine Research, 2002, 22 (5)：505 – 516.

［49］陈立, 董俊兴. 多糖抗辐射作用研究进展 ［J］. 癌变·畸变·突变, 2004,

16（6）：80－382.

[50] 武晓丹，邹翔. 海洋藻类多糖的药理研究 [J]. 哈尔滨商业大学学报：自然科学版，2005，21（2）：136－139.

[51] 李磊，王卫国. 真菌多糖药理作用及其提取、纯化研究进展 [J]. 河南工业大学学报：自然科学版，2008，29（2）：87－92.

[52] 祝寅淏，王帅，李瑶，等. 黄酮类化合物药理作用的研究进展 [J]. 吉林医药学院学报，2018，39（3）：219－223.

[53] 王振华，赵卫平，刘箐，等. 人参皂苷 RH2 对小鼠 X 射线辐射损伤的防护作用 [J]. 中华放射医学与防护杂志，2010，30（2）：143－146.

[54] 潘京一，叶于薇，俞筱琦，等. 人参复方口服液对辐射危害的辅助保护作用观察 [J]. 上海预防医学杂志，2006（1）：9－10.

[55] 王昌军，杜崇民，潭君峰. 中药抗辐射作用的研究进展 [J]. 中国医药，2008，3（7）：447－448.

[56] Hosoi Y, Kurishita A, Ono T, et al. Effect of recombinant human granulocyte colony － stimulating factor on survival in lethally irradiated mice [J]. Acta Oncologica, 1992, 31（1）：59－63.

[57] 王德文，彭瑞云. 电磁辐射的损伤与防护 [J]. 中华劳动卫生职业病杂志，2003，21（5）：321－322.

[58] Nowak E, Etienne O, Millet P, et al. Radiation － induced H2AX phosphorylation and neural precursor apoptosis in the developing brain of mice [J]. Radiation Research, 2006, 165（2）：155－164.

[59] Kim S H, Lim D J, Chung Y G, et al. Expression of TNF － alpha and TGF － beta 1 in the rat brain after a single high － dose irradiation [J]. Journal of Korean Medical Science, 2002, 17（2）：242－248.

[60] 马亮. 黄芪甲苷通过 PI3K/Akt 信号通路保护辐射诱导的脑细胞损伤 [D]. 兰州：兰州大学，2020.

[61] 颜春鲁，安方玉，刘永琦，等. 黄芪汤对 12C6＋离子辐射脑损伤模型鼠 Bcl－2/NF－κB 信号通路的调控机制研究 [J]. 中国现代应用药学，2021，38（01）：1－7.

［62］李思佳. 刺五加中改善辐射小鼠脑损伤的功能成分研究［D］. 哈尔滨：哈尔滨工业大学，2019.

［63］关素珍，德小明，庞克华，等. 枸杞多糖对脊髓神经细胞辐射损伤后的保护作用研究［J］. 癌变·畸变·突变，2019，31（01）：45 – 48.

［64］陆小鸿. "活血圣药"龙血竭［J］. 广西林业，2017（8）：18 – 19.

［65］胡迎庆，屠鹏飞，李若瑜. 剑叶龙血树中芪类化合物及真菌活性的研究［J］. 中草药，2001，32（2）：104 – 106.

［66］胡迎庆，宫飘，屠鹏飞. 龙血树属植物化学成分及生物活性研究进展［J］. 国外医学植物药分册，2000，15（1）：5 – 8.

［67］Pang D R, Pan B, Sun J, et al. Homoisoflavonoid derivatives from the red resin of Dracaena cochinchinensis［J］. Fitoterapia, 2018, 131：105 – 111.

［68］徐曾涛. 龙血竭化学成分的研究现状［J］. 北方药学，2015，1：105 – 106.

［69］Kalpana K B, Devipriya N, Thayalan K, et al. Protection against X – ray radiation – induced cellular damage of human peripheral blood lymphocytes by an aminothiazole derivative of dendrodoine［J］. Chem. Biol. Interact, 2010, 186：267 – 274.

［70］Mansour H H. Protective role of carnitine ester against radiation – induced oxidative stress in rats［J］. Pharmacol Res., 2006, 54：165 – 171.

［71］Sharma N K. Modulation of radiation – induced and mitomycin C – induced chromosome damage by apigenin in human lymphocytes in vitro［J］. J. Radiat Res., 2013, 54：789 – 797.

［72］Tominaga H, Kodama S, Matsuda N, et al. Involvement of reactive oxygen species（ROS）in the induction of genetic instability by radiation［J］. J. Radiat Res., 2004, 45（2）：181.

［73］Qian L, Cao F, Cui J. et al. The potential cardioprotective effects of hydrogen in irradiated mice［J］. J. Radiat Res., 2010, 51：741 – 747.

［74］Prasad N R, Menon V P, Vasudev V, et al. Radioprotective effect of sesamol on gamma – radiation induced DNA damage, lipid peroxidation and antioxidants levels in cultured human lymphocytes［J］. Toxicology, 2005, 209：225 – 235.

［75］ Finkel T, Holbrook N J. Oxidants, oxidative stress and the biology of ageing ［J］. Nature, 2000, 408: 239 – 247.

［76］ Patrick B. IκB – NF – κB structures: At the interface of inflammation control ［J］. Cell, 1998, 95 (12): 729 – 731.

［77］ Choy C S, Hu C M, Chiu W T, et al. Suppression of lipopolysaccharide – induced of inducible nitric oxide synthase and cyclooxygenase – 2 by Sanguis Draconis, a dragon's blood resin, in RAW 264. 7 cells ［J］. Journal of Ethnopharmacology, 2008, 115 (3): 455 – 462.

［78］ Li Y S, Wang J X, Jia M M, et al. Dragon's blood inhibits chronic inflammatory and neuropathic pain responses by blocking the synthesis and release of substance P in rats ［J］. J. Pharmacol Sci. , 2012, 118 (1): 43 – 54.

［79］ 孙晶, 陈孝男, 刘佳妮, 等. 基于组效关系的龙血通络胶囊抗缺血性脑损伤活性成分研究 ［J］. 中国中药杂志, 2019, 44 (1): 158 – 165.

［80］ Xin N, Li Y J, Li X, et al. Dragon's blood may have radioprotective effects in radiation – induced rat brain injury ［J］. Radiat Res. , 2012, 178 (1): 75 – 85.

［81］ Yoshida T, Goto S, Kawakatsu M, et al. Mitochondrial dysfunction, a probable cause of persistent oxidative stress after exposure to ionizing radiation ［J］. Free Radic Res. , 2012, 46 (2): 147 – 153.

［82］ Wang Q, Cai H, Hu Z, et al. Loureirin B promotes Axon regeneration by inhibiting endoplasmic reticulum stress: induced mitochondrial dysfunction and regulating the Akt/GSK – 3β pathway after spinal cord injury ［J］. Journal of Neurotrauma, 2019, 36 (12): 1949 – 1964.

［83］ Son Y, Yang M, Kang S, et al. Cranial irradiation regulates CREBBDNF signaling and variant BDNF transcript levels in the mouse hippocampus ［J］. Neurobiol LearnMem. , 2015, 121: 12 – 19.

［84］ Kim D H, Zhao X. BDNF protects neurons following injury by modulation of caspase activity ［J］. Neurocrit Care, 2005, 3 (1): 71 – 76.

［85］ Xin N, LiY J, Li X, et al. Dragon's blood may have radioprotective effects in radiation – induced rat brain injury ［J］. Radiat Res., 2012, 178 （1）: 75 – 85.

［86］黄欢, 庞华, 王英, 等. 枸杞多糖对电离辐射所致小鼠骨髓单核细胞凋亡的抑制作用 ［J］. 环境与职业医学, 2018, 35 （10）: 933 – 937.

［87］付青姐, 李明春, 柳迎华. 辐射对小鼠脾脏损伤及香菇多糖的保护作用 ［J］. 中国现代应用药学, 2013, 30 （6）: 606 – 609.

［88］周国清, 蓝蕾, 姜颖, 等. 姬松茸多糖对辐射损伤大鼠的免疫调节作用 ［J］. 实用医药杂志, 2015, 32 （12）: 1116 – 1117.

［89］杨赛, 赵星宇, 李静, 等. 胡桃楸对电离辐射损伤小鼠免疫功能的影响 ［J］. 吉林大学学报: 医学版, 2008, 34 （1）: 120 – 123.

［90］王辉, 张恒, 王浩, 等. 白藜芦醇对辐射诱导调节 T 细胞紊乱的调节作用 ［J］. 国际医学放射学杂志, 2016, 39 （6）: 603 – 606.

［91］张健, 张瑞光, 蔡茜, 等. 参芪扶正注射液对放射性脑损伤保护的分子机制探讨 ［J］. 中华放射医学与防护杂志, 2015, 35 （6）: 419 – 422.

［92］Yuanyuan, Ran, Wang, et al. Dragon's blood and its extracts attenuate radiation – induced oxidative stress in mice ［J］. Journal of Radiation Research, 2014.

［93］张静. 龙血竭对 X 射线辐射损伤小鼠防护作用的研究 ［D］. 长春: 吉林大学, 2016.

［94］Guo C Y, Luo L, Urata Y, et al. Sensitivity and dose dependency of radiation – induced injury in hematopoietic stem/progenitor cells in mice ［J］. Scientific Reports, 2015, 5: 8055.

［95］李义波, 杨柏龄, 侯茜, 等. 党参多糖对小鼠造血干细胞衰老相关蛋白 p53 p21 Bax 和 Bcl – 2 的影响 ［J］. 解放军药学学报, 2017, 33 （2）: 120 – 124.

［96］李宗生, 王洪生, 洪佳璇, 等. 鱼腥草总黄酮与利血生抗辐射功效的对比研究 ［J］. 航空航天医学杂志, 2016, 27 （6）: 669 – 673.

［97］李渊, 周玥, 王亚平, 等. 人参皂苷 Rg1 基于 SIRT6/NF – κB 信号通路对辐射致造血干/祖细胞衰老的保护作用 ［J］. 中草药, 2017, 48 （21）: 4497 – 4501.

［98］ 黄颂. 白藜芦醇与 NOX 抑制剂 DPI 联用对造血系统辐射损伤的防护作用的研究［D］. 北京：北京协和医学院，中国医学科学院，清华大学医学部，北京协和医学院中国医学科学院，2015.

［99］ 潘京一，叶于薇，俞筱琦，等. 人参复方口服液对辐射危害的辅助保护作用观察［J］. 上海预防医学杂志，2006（1）：9 - 10.

［100］ 王昌军，杜崇民，潭君峰. 中药抗辐射作用的研究进展［J］. 中国医药，2008，3（7）：447 - 448.

［101］ 戴荣继，余博文，王冉，等. 龙血竭对 Lewis 肺癌小鼠放疗模型的辅助治疗效果［J］. 科技导报，2015，33（18）：68 - 71.

［102］ Ran Y，Wang R，Hasan M，et al. Radioprotective effects of dragon's blood and its extracts on radiation – induced myelosuppressive mice［J］. Journal of Ethnopharmacology，2014，154（3）：624 - 634.

［103］ 王月娇，袁素娥. 电离辐射对医务人员生殖系统的影响及防护的研究进［J］. 护理研究，2017，31（11）：1291 - 1295.

［104］ 刘军，罗琼，崔晓燕，等. 海带多糖对多次小剂量电离辐射致小鼠睾丸组织损伤的影响［J］. 中华放射医学与防护杂志，2010，30（2）：173 - 176.

［105］ 崔晓燕. 枸杞多糖对低剂量电离辐射所致雄性大鼠睾丸组织损伤及其恢复作用的影响［D］. 武汉：武汉大学，2010.

［106］ 王毓国，窦永起，赵森. 人参皂苷 Rg1 对辐射致肠 IEC - 6 细胞损伤保护作用的体外实验［J］. 解放军医学院学报，2020，41（03）：284 - 288 + 293.

［107］ 李斌，潘粉丽，常崇旺. 白藜芦醇对辐射损伤后小鼠肠粘膜免疫屏障的保护作用［J］. 贵州大学学报：自然科学版，2008，25（6）：645 - 648.

［108］ 高春丽，石特，张俊玲，等. 方格星虫多糖对人肠上皮细胞辐射损伤的保护作用［J］. 辐射研究与辐射工艺学报，2019，37（3）：24 - 32.

［109］ 叶才果，周湘君，潘海燕，等. 人参皂苷对皮肤细胞紫外线的辐射损伤的保护作用［J］. 中国热带医学，2009，9（4）：636 - 637.

［110］ 陈国杨，吕圭源，尹超，等. 栀子油对紫外辐射致 ICR 小鼠皮肤损伤的保护作用研究［J］. 中药药理与临床，2018，34（1）：96 - 100.

［111］ 葛杨杨，谷庆，刘静，等. 表没食子儿茶素没食子酸酯对人皮肤 HaCat 细

胞的辐射保护作用 ［J］. 辐射研究与辐射工艺学报, 2013, 31 （3）: 10 - 15.

［112］ 陈东波, 曾繁涛. 甘草黄酮对紫外线照射无毛小鼠皮肤的防护作用 ［J］. 宜春学院学报, 2014, 36 （6）: 17 - 19, 91.

［113］ 傅云. 甘草苷对 UVB 诱导 HaCaT 细胞光老化的保护作用及机制研究 ［D］. 哈尔滨: 黑龙江中医药大学, 2018.

［114］ 刘爱军, 朱永红, 赵钟祥, 等. 龙血竭对组织工程皮肤修复皮肤缺损的作用 ［J］. 广州中医药大学学报, 2009 （03）: 260 - 262, 315 - 316.

［115］ Liu H, Lin S, Dan X, et al. Evaluation of the wound healing potential of Resina Draconis （*Dracaena cochinchinensis*） in animal models ［J］. Evidence - Based Complementray and Alternative Medicine, 2013 （6）: 709865.

［116］ 于浩飞, 张兰春, 莫娇, 等. 龙血竭软膏促进大鼠皮肤创伤愈合作用研究 ［J］. 中药药理与临床, 2013 （02）: 91 - 93.

［117］ Li D, Hui R, Hu Y, et al. Effects of extracts of Dragon's blood on fibroblast proliferation and extracellular matrix hyaluronic acid ［J］. Chinese Journal of Plastic Surgery, 2015, 31 （1）: 53 - 57.

［118］ 李彦华, 武霞. 龙血竭联合康复新液治疗宫颈癌同步放化疗引起皮肤损伤的临床研究 ［J］. 山东医学高等专科学校学报, 2018, 40 （6）: 404 - 406.

［119］ 许明君, 杨静. 龙血竭胶囊治疗放射性皮肤损伤的临床疗效观察 ［J］. 赣南医学院学报, 2011, 31 （6）: 739 - 740.

［120］ 许明君, 郭海亮, 袁军, 等. 龙血竭胶囊对 SD 大鼠放射性皮肤损伤防护作用及机制的初步研究 ［J］. 赣南医学院学报, 2019 （5）: 460 - 464.

［121］ Ran Y, Xu B, Wang R, et al. Dragon's blood extracts reduce radiation - induced peripheral blood injury and protects human megakaryocyte cells from GM - CSF withdraw - induced apoptosis ［J］. Phys Med., 2016, 32 （1）: 84 - 93.

（曹毅，秦粉菊） 第 8 章

空间非电离辐射及其防护

非电离辐射是指量子能量低于 12 eV，不能使物质原子或分子产生电离的电磁辐射。空间天然非电离辐射主要来自太阳的光辐射和射频辐射，而人工非电离辐射主要来自航天照明设备的光辐射和电子设备的射频辐射。和电离辐射相比，非电离辐射生物学是一门相对新的学科，许多效应还没有明确的结论，作用机制不明确，影响因素多。非电离辐射生物学研究需要同时具备较深的物理学和生物学知识。阐明空间非电离辐射对人体及非人类物种的效应及其机制是空间辐射生物学的重要内容。

8.1 非电离辐射及其来源

8.1.1 非电离辐射的分类

辐射是以粒子或者波的形式传递的能量。按照辐射粒子能否引起传播介质的电离，把辐射分为电离辐射和非电离辐射。非电离辐射是指频率在 30 ~ 3 000 MHz 的电磁波，由于其单个量子的能量不足以引起分子及原子电离，故称为非电离辐射。非电离辐射按照频率从低到高可以分为无线电波、微波、红外线、可见光、紫外线等。表 8.1 概括了常见非电离辐射的波长、频率和能量。

表 8.1　非电离辐射波谱

分类	波长/m	频率/Hz	能量/eV
无线电波	$1 \sim 10^4$	$3 \times 10^4 \sim 3 \times 10^8$	$1.24 \times 10^{-10} \sim 1.24 \times 10^{-6}$
微波	$1.0 \times 10^{-3} \sim 1$	$3 \times 10^8 \sim 3 \times 10^{11}$	$1.24 \times 10^{-6} \sim 1.24 \times 10^{-3}$
红外线	$7.8 \times 10^{-7} \sim 1.0 \times 10^{-3}$	$3 \times 10^{11} \sim 3.8 \times 10^{14}$	$1.24 \times 10^{-3} \sim 1.59$
可见光	$(3.8 \sim 7.8) \times 10^{-7}$	$(3.8 \sim 7.9) \times 10^{14}$	$1.59 \sim 3.26$
紫外线	$1.0 \times 10^{-8} \sim 3.8 \times 10^{-7}$	$7.9 \times 10^{14} \sim 3 \times 10^{16}$	$3.26 \sim 12.4$

随时间变化的电场产生磁场，随时间变化的磁场产生电场，两者互为因果，形成电磁场（electromagnetic field，EMF），其频率范围为 0~300 GHz。随时间变化的电磁场在空间以一定的速度传播就形成电磁波，电磁波是电磁场的一种运动形态。电磁振荡频率高时，能量以电磁波的形式向空间传播出去，就是电磁辐射。频率为 0~300 Hz 的电磁场称为极低频电磁场（extremely low frequency，ELF），其中频率为 0 Hz 的电场或磁场称为静电场（static electric field）或静磁场（static magnetic field），频率为 50 Hz 或 60 Hz 的电磁场称为工频电磁（power frequency EMF）。射频电磁场又称射频辐射（radio frequency radiation，RFR），指频率为 100 kHz~300 GHz 的电磁辐射，其中频率范围在 300 MHz~3 THz 的电磁辐射又称微波辐射（microwave radiation）。

8.1.2　非电离辐射的物理量和单位

1. 光辐射的常用单位

辐射能 Q：以光辐射形式传递的能量，其单位是焦耳（J）。

辐射通量 $Ö$：单位时间内传递的辐射能，单位为瓦（W），或者焦耳每秒（J/s）。

辐射通量密度 E：单位时间内，单位面积上通过的辐射能量，单位为 W/m^2 或 mW/cm^2。

2. 射频辐射的常用单位

电场强度（E）：表示电场的强弱和方向的物理量，是处于电场中某点的电荷所受静电力跟它的电荷量的比值。电场强度的单位是 V/m。

磁感应强度：表示单位体积、面积里的磁通量。在国际单位制（SI）中，磁感应强度的单位是特斯拉（T）。在高斯单位制中，磁感应强度的单位是高斯（Gs）。

功率密度（P）：空间某点单位面积上射频辐射的辐射功率，单位为 W/m^2。

8.1.3 空间非电离辐射源

空间非电离辐射源分为天然辐射源和人工辐射源。

1. 天然辐射源

（1）连续的太阳辐射：太阳以电磁波的形式向外传递能量，称为太阳辐射。地球大气上界的太阳辐射光谱 99% 以上的波长为 0.15~4.0 μm。大约 50% 的太阳辐射能量在可见光谱区，7% 在紫外光谱区，43% 在红外光谱区，最大能量在波长 0.475 μm 处。在空间由于无大气层的屏蔽，太阳辐射强度比地球表面高得多。

（2）太阳耀斑事件：太阳耀斑是太阳活动的重要表现，太阳表面局部区域突然和大规模向外释放能量，发射各种电磁辐射，电磁辐射波长横跨整个电磁波谱。太阳耀斑产生的电磁辐射可能会干扰航天器电子设备的工作。

（3）太阳系以外星体产生的电磁辐射：太空中除太阳系以外的恒星、星系及其他天体都会发出电磁辐射，但由于强度很低，不会对载人航天产生明显影响。

（4）磁场：空间磁场由宇宙和星体内部的电流在空间产生，或者由空间的电流体系产生。空间磁场会影响空间带电粒子的运动与分布，间接影响航天员的健康和航天器安全。

2. 人工辐射源

空间人工非电离辐射主要来源于航天器上的仪器设备，主要有通信设备（雷达、无线电和微波发射机、天线和有关设备）、激光设备、照明设备、电源系统及其他。

■ 8.2 非电离辐射的健康效应

不同类型非电离辐射的健康效应和作用机制不同。影响航天员健康的非电离辐射主要是紫外线和射频辐射。

8.2.1 紫外线辐射健康效应

紫外线（ultraviolet ray，UV）是电磁波谱中波长为 100 ~ 400 nm 辐射的总称。紫外线波长短，光子能量大，健康效应明显。UV 主要包括 UVA（315 ~ 400 nm）、UVB（280 ~ 315 nm）和 UVC（100 ~ 280 nm）三个波段。空间紫外线辐射主要来自太阳辐射。UVA 穿透力强，可穿透云层、玻璃及防护性能较差的衣物，到达肌肤真皮层，破坏弹性纤维和胶原蛋白纤维，将皮肤晒黑，故 UVA 又称为长波黑斑效应紫外线。UVB 可穿透空气和石英，但无法穿透玻璃，只能到达肌肤的表层，引起皮肤红斑，故 UVB 又称为中波红斑效应紫外线。UVB 部分能够使皮肤中的 7 - 脱氢胆固醇转变为维生素 D，促进钙磷的吸收，具有抗佝偻作用。UVC 在生物学领域称为短波灭菌紫外线，对人体的伤害很大，短时间照射即可灼伤皮肤，长期或高强度照射会造成皮肤癌。

紫外线过度暴露对人体的损伤主要集中在皮肤、眼和免疫系统三方面。世界卫生组织（WHO）已确定紫外线暴露引起 9 种健康危害，即皮肤黑色素瘤、皮肤鳞状细胞癌、皮肤基底细胞癌、角膜或结膜鳞状细胞癌、光老化、灼伤、皮质性白内障、翼状胬肉和唇疱疹再激活。2006 年 WHO《太阳紫外线的全球疾病负担》报告估计，全球每年有多达 6 万人死于紫外线辐射过度照射。其中 4.8 万人死于恶性黑色素瘤，1.2 万人死于皮肤癌。全球每年因过度暴露于紫外线丧失 150 多万个残疾调整生命年（disability - adjusted life year，DALY）。

1. 紫外线对皮肤的效应

适当的紫外线照射能促进皮肤合成 VD_3，增强交感神经 - 肾上腺系统的兴奋性和应激能力等。过量的紫外线会引起皮肤红斑、色素沉着等有害效应，长期紫外线暴露还会引起皮肤老化，诱发皮肤肿瘤。

1）皮肤红斑

皮肤受到过量紫外线照射后，引起毛细血管扩张、内皮间隙增宽、通透性增强、白细胞游出、皮肤水肿，表皮中出现角化不良细胞，表现为肉眼可见的红斑。研究表明，红斑是由活性氧与光化学反应间接或直接作用于靶细胞引起的。

红斑的出现与 DNA 损伤，尤其是嘧啶二聚体的形成密切相关。皮肤对紫外线的敏感程度通常用最小红斑剂量来描述。

引起红斑的阈值与紫外线波长和暴露时间有关。中波紫外线是引起皮肤红斑的主要波段，产生的红斑更严重，持续时间更长。对于未晒黑的浅色皮肤，最小红斑剂量范围是 $6 \sim 30$ mJ/cm^2，皮肤晒黑或角质层加厚能使最小红斑剂量至少增加一个数量级。皮肤的不同部位对紫外线红斑作用的敏感程度也不同，躯干部最为敏感，手足部最不敏感。

2）皮肤光老化

皮肤老化是一种持续渐进的生理过程。紫外线照射会加速皮肤老化。光老化是指皮肤长期暴露于紫外线下，使皮肤过早地出现老化性改变，临床主要表现为皮肤粗糙、增厚、干燥、松弛，皱纹面积增大，沟纹加粗加深，皮脊间融合，局部有过度的色素沉着或毛细血管扩张、扭曲、管壁增厚。

氧化应激反应、炎症反应、免疫抑制、DNA 损伤等是皮肤光老化形成的重要机制。通路分析发现，UVA 显著诱导 NRF2 控制的氧化应激反应，核蛋白 1 作为转录因子调控 NRF2 通路。研究表明血管生成在光损伤皮肤中起重要作用，紫外线暴露引起血管发育相关基因 TGFBR1、TGFBR2、TGFBR3、KDR、FGF2 和 VEGFC 的表达水平上调，脂质代谢相关基因，尤其是在表皮屏障功能中起作用的 LIPN、LIPK 和 SMPD3 基因表达水平显著下调。还有研究表明，紫外线照射可刺激血管生成因子分泌增加，从而促进黑素细胞形成黑色素，这与皮肤光老化色素沉着有关。

3）皮肤癌

紫外光谱致癌作用最强的部分是中波紫外线（UVB）。紫外线诱发的皮肤恶性肿瘤主要有恶性黑素瘤（malignant melanoma，MM）和非黑素瘤皮肤癌（nonmelanoma skin cancer，NMSC），其中非黑素瘤皮肤癌又包括基底细胞癌（basal cell carcinoma，BCC）和鳞状细胞癌（squamous cell carcinoma，SCC）两类。

研究表明，居住在太阳辐射较强地区的居民受到的紫外线辐射强度大，皮肤肿瘤发病率也较高。在美国和澳大利亚，越靠近赤道地区，非黑素瘤皮肤癌的发病率就越高。研究发现，机体紫外线暴露部位与皮肤癌发生部位有很好的一致性，80% 以上的非黑素瘤皮肤癌发生在经常暴露于阳光的部位，60% 以上分布在头和颈部。白人与有色人种在非黑素瘤皮肤癌发病率上有明显的差异。调查显示，白人的非黑素瘤皮肤癌发病率为 232.6/10 万，而黑人仅为 3.4/10 万。

暴露于化学药品、免疫抑制剂、高温、高湿等因素可增强生物体对紫外线致癌作用的易感性。动物实验证明，煤焦油、血卟啉、补骨脂素、巴豆油、维生素 A 酸、卡氮芥和几种多环碳氢化合物可增强紫外线的致癌作用。遗传差异也会影响生物体对紫外线致癌的敏感性，实验证明不同种类小鼠在光致癌作用的遗传敏感性方面差异很大。遗传性着色性干皮病患者对日光的致癌作用特别敏感。

紫外线致癌作用机制主要有两种：①紫外线照射引起皮肤细胞 DNA 损伤，没有修复，引起恶性转化；②紫外线引起免疫抑制，减弱机体对癌变细胞的免疫应答。有研究表明，UVB 诱导的免疫抑制的主要靶细胞是皮肤朗格汉斯细胞（Langerhans cell，LC），而 LC 是表皮最重要的抗原提呈细胞。受到紫外线照射后，LC 迁移到淋巴结，通过激活产生白 IL-4 的自然杀伤 T 细胞表现出免疫抑制活性。此外，紫外线损伤的 LC 可以诱导调节性 T 细胞产生 IL-10，而 IL-10 也是一种免疫抑制细胞因子。

2. 眼效应

紫外线的辐射能主要由眼组织的载色体吸收，角膜吸收了 100% 波长短于 295 nm 的紫外线，40% 波长为 320 nm 的紫外线。UVB 和大部分 UVA 被晶体吸收。紫外线对眼睛的急性效应主要有光致角膜炎和光致结膜炎；对眼睛的慢性效应主要包括致翼状胬肉、结膜鳞状细胞癌和白内障。

1）白内障

白内障（cataract）是紫外线暴露的主要健康危害之一。白内障是一种晶状体透明度降低或者颜色改变所导致的视觉障碍性疾病，是目前全球范围内最重要的致盲性眼病。WHO 报告，在所有与白内障有关的疾病负担中，有 5% 可直接归因于紫外线暴露。

波长为 290~320 nm 的中波紫外线可以穿过角膜、房水被晶状体吸收。透射的紫外线影响并损伤晶状体上皮细胞和其后的皮质纤维，导致晶状体蛋白聚集、光解，晶状体损伤。此外，紫外线的强烈照射还可以使体内的磷离子与晶状体的钙离子结合为不溶解的磷酸钙，从而导致晶状体硬化与钙化，出现白内障。

紫外线所产生的晶体损伤主要是光的氧化性损伤，累及晶体的广泛部位：①通过氧化晶体中芳香族氨基酸，产生 p-苯醌、犬尿素等光化学产物，使蛋白质所含的巯基氧化后发生二硫键交联，形成大分子蛋白质。②紫外线氧化损伤晶体上皮细胞的 DNA，DNA 损伤后未修复或错误修复。研究发现紫外线照射后的晶体上皮细胞有大量胸腺嘧啶二聚体堆积，几个月后，由赤道部细胞分化，迁移形成皮质纤维混浊。③一些氧化晶体的重要的抗氧化酶，如过氧化氢酶、谷胱甘肽还原酶、葡萄糖-6-磷酸脱氢酶等，使其结构破坏而失活。④氧化晶体细胞膜结构，损害晶体的氧离子泵和脂质结构，降低其通透性。⑤氧化应激引起晶状体上皮细胞凋亡及原癌基因（fos/jun）过度表达。

紫外线对晶状体的损伤程度主要取决于辐照度和暴露时间。低强度长时间的暴露对于白内障的形成影响很大。除自然环境中紫外线暴露外，人工环境中紫外线暴露也会影响白内障的发生发展，例如荧光灯的使用。有报道显示每年荧光灯紫外线暴露引起眼睛损伤增加 12%，其中白内障的患病人数增加 3 000 例，睑裂斑增加 7 500 例。

2）光性角膜炎和光性结膜炎

角膜上皮细胞和结膜吸收过量紫外线会引起上皮细胞损伤，发生急性炎症，称为光性角膜炎（photokeratitis）和光性结膜炎（photoconjunctivitis），特点是在照射和效应出现之间有几个小时的潜伏期，在此潜伏期内角膜上皮细胞开始死亡，在每个死亡的细胞周围会引起一些神经末梢暴露，产生痛感，出现炎症和水肿。引起光性角膜炎和光性结膜炎的紫外线以 295~315 nm 的紫外线作用为主。曾有过度的 UVB 暴露导致 150 人同时患上角膜炎的报道。

紫外线刺激角膜表层上皮，产生一些炎症应激分子，如白介素、细胞因子和金属蛋白酶等，抑制有丝分裂，产生核碎裂和上皮层的松动，使基底膜蜕化导致损伤。角膜炎初始症状常常是由上皮细胞损伤导致的眼睛畏光、流泪，随后的角膜水肿可能导致视觉减退，进一步的紫外线照射会导致上皮脱落。紫外线所致角膜炎的症状一般发生于照射后 6 h 内，潜伏期长短与照射的严重程度有关，常常在 8~12 h 内自发消退，对航天人员作业有较大影响。结膜炎的发生更缓慢些，可能在眼睑周围的面部伴随出现红斑。结膜炎的患者有眼内进入异物的感觉，可能有畏光、流泪和睑痉挛等症状，不适感一般在 48 h 内消失，很少会引起持久性的视觉损伤，但如反复发病，可引起慢性睑缘炎和结膜炎。

3）翼状胬肉

翼状胬肉（pterygium）是鼻侧睑裂区球状结膜侵犯角膜的三角形变性和增生，主要表现为眼球表面的纤维血管膜样增生，含有丰富的血管。紫外线照射是刺激翼状胬肉生长的最主要的危险因素。由翼状胬肉造成的 40%~70% 的疾病负担可归因于紫外线过度暴露。国内外文献关于翼状胬肉的流行病学研究显示，赤道附近居民的翼状胬肉发病率远高于其他地区，室外工作者翼状胬肉的发病率约是室内工作者的 2~5 倍。澳大利亚一项研究显示，UVB 高暴露组（上 1/4 间距）与低暴露组（下 1/4 间距）相比，发生翼状胬肉的相对危险度达 3.1。我国的研究显示，患有翼状胬肉人群紫外线暴露时间明显高于对照组，翼状胬肉长度与紫外线暴露时间呈正相关，且随年龄增长其长度也逐渐增加。我国西部地区海拔高，环境中紫外线照射强度大，生活在这个地区的居民翼状胬肉的发病率明显高于其他地区。这些结果表明紫外线暴露与翼状胬肉发病之间关系密切。

紫外线照射引起的翼状胬肉的组织学特点是炎性细胞（中性粒细胞，肥大细胞和淋巴细胞）浸润，伴随着过多的细胞因子和生长因子生成，包括 IL-6、IL-8、HB-EGF、VEGF、MMPs 等。基础研究表明，紫外线照射产生的自由基可以引起细胞中大分子损伤，使泪膜中的乳铁蛋白等蛋白质失活。研究还发现，紫外线照射可能通过 JAK1-STAT3 信号通路导致 COX-2 的分泌增加，COX-2 可能通过促进 VEGF 分泌和减少 PEDF 分泌导致翼状胬肉的发生。

4）气候性滴状角膜变性

气候性滴状角膜变性（climatic droplet keratopathy，CDK）是一种眼球变性的疾病，于角膜睑间带发生表面角膜基质半透明化改变。角膜半透明的沉淀物主要是血浆蛋白（包括纤维蛋白原、白蛋白和免疫球蛋白），这些蛋白质扩散到角膜，在过度的紫外线照射下变性，变性的蛋白质主要沉淀在表面基质内，常在眼睑之间显现，在裂隙灯下看起来像小"滴"，故称气候性滴状角膜变性。

目前认为 320~340 nm 波段的 UVA 是引起 CDK 的主要因素。研究发现 CDK 的发病率会随着紫外线暴露强度的增加而增加。研究者对因海上作业而长期暴露于紫外线的水手进行调查，发现 838 名水手中，162 人患有 CDK。在对加拿大拉布拉多高原居民进行研究时同样发现，CDK 和紫外线的暴露强度成强相关性。

对大量的患者进行研究发现，CDK 发病率最高地区位于紫外线照射强度高的纬度 55°~56°位置。研究还证实了紫外线暴露强度和 CDK 的严重程度密切相关。

5）结膜黄斑

结膜黄斑（pinguecula）是一种结膜睑间带的纤维脂肪变性。1989 年，Taylor 等发现结膜黄斑与 UVA 和 UVB 的暴露量有关。与翼状胬肉和 CDK 相比，结膜黄斑受 UVA 和 UVB 的影响相对较小。

视网膜黄斑变性是由于视网膜色素上皮细胞（retinal pigment epithelium，RPE）的吞噬能力降低，从而引起 RPE 色素沉着。研究表明，当人类视网膜色素上皮细胞暴露于 UVC 时，随着暴露时间的延长，可引起 DNA 断裂，同时产生的氧自由基可导致细胞损伤，从而激活 MAPK 信号通路，进而引起细胞凋亡逐渐增加。在一项荟萃分析中，研究人员对阳光照射和年龄相关黄斑变性之间的相关性进行分析，表明暴露于更强阳光中的个体患有黄斑变性的风险显著增加（OR：1.379，95% CI：1.091~1.745）。

6）眼部肿瘤

很多研究已证实太阳紫外线辐射与眼球表面鳞状细胞肿瘤（oscular surface squamous neoplasia，OSSN）、葡萄膜黑色素瘤和眼睑恶性肿瘤的发生密切相关。研究也发现长期暴露于太阳中工作的职业人群的眼部肿瘤发病危险性明显增高。

OSSN 是结膜和角膜上皮癌前病变和癌的统称，亦被称为角膜或结膜上皮内瘤变。研究发现，OSSN 的地理分布与环境紫外线剂量水平高度相关，纬度每增加 10°，OSSN 发病率降低 49%。据报道，生活在赤道附近的乌干达的非洲人口中结膜鳞状细胞发病率较高。苏丹的一项研究发现，对于鳞状细胞癌和其他结膜上皮病变发病率，北方明显高于南方。在撒哈拉以南的非洲国家及澳大利亚阳光紫外线强度较高，OSSN 发病率也高。乌干达 OSSN 患者每年发病率为 1.2×10^{-5}，而英国每年发病率为 2×10^{-7}。这些结果证实了太阳紫外线在 OSSN 的发病过程中具有一定的作用。

葡萄膜恶性黑色素瘤（uveal melanoma）是成年人中最多见的一种恶性眼内肿瘤。1990 年对美国 1 277 例病人进行的一项调查显示，紫外线暴露导致葡萄膜恶性黑色素瘤的相对风险 $RR = 3.7$，$P = 0.003$，表明紫外线的暴露是葡萄膜恶性黑色素瘤的危险因素之一。根据皮肤黑色素瘤的研究，黑色素细胞受到紫外线照射后可向恶性细胞转变，眼内的黑色素细胞受到紫外线照射后同样会向恶性细胞转变。紫外线的致癌作用在儿童中比成人更明显，紫外线可通过儿童的眼晶状体到达后葡萄膜，而成年人眼晶状体和角膜可将 UVB 和大部分 UVA 过滤掉。

3. 紫外线对免疫系统的影响

紫外线对免疫系统的作用呈现双向性，即小剂量照射可刺激机体血液凝集素的凝集，使凝集素的滴定效价增高，增强机体的免疫力。而过度紫外线暴露则抑制机体的免疫功能，将会增加致病微生物感染和肿瘤发生的危险性。动物实验发现，小剂量 UVA（$210 \sim 1\,680$ mJ/cm^2）照射可提高 T 细胞功能，而剂量大于 $3\,360$ mJ/cm^2 时则会抑制 T 细胞功能。因此，紫外线照射对机体免疫功能的影响与照射剂量、照射时间、波长及机体的状态等因素有关。

在细胞水平，表皮 LC 是紫外线作用的主要靶细胞，紫外线引起的损伤程度呈剂量依赖性，能造成表皮 LC 的形态学改变和分布密度降低，导致 LC 抗原提呈功能发生改变；紫外线还可诱导抑制 T 细胞形成，进而抑制宿主的免疫系统导致机体免疫耐受。研究显示，紫外线照射可能通过激活 B 细胞，抑制树突状细胞活力，进而抑制免疫系统。紫外线照射还可影响肥大细胞在体内的数量、分布和中性粒细胞的功能。

在分子水平，紫外线照射可诱导调节 T 细胞表达白细胞分化抗原 CD4 和 CD25，分泌免疫抑制性细胞因子白细胞介素 – 10，调节 T 细胞被激活后，以常规方式抑制机体的免疫反应。角质形成细胞是构成人表皮的主要细胞，能够产生角质蛋白并向角质细胞转化，是对人体进行保护的主要屏障。其在受到紫外线照射后，可分泌多种细胞因子，从而干扰抗原提呈细胞的正常功能。

4. 紫外线对非人类物种的效应

过量的紫外线辐射除了影响人类健康外，还会对陆地生态系统和水生生态系统中的各种生命体产生影响。不同物种对紫外线辐射的敏感性不同，但是敏感性差异的分子机制还不完全清楚。水或营养素的缺乏会影响生物体对过量紫外线照射的应激反应。

对于植物来说，UVB 会损害许多物种的光合作用。研究显示，过度暴露于 UVB 会降低许多农作物的株高、产量和品质，其中包括水稻、大豆、冬小麦、棉花和玉米等。紫外线过度暴露会改变某些植物的开花时间。UVB 暴露能够增加植物对疾病的易感性。过度 UVB 暴露还会导致水生生态系统中浮游植物的光合作用减少。研究发现，UVB 照射会损害海胆卵发育过程中的细胞分裂，引起海胆胚胎发育异常。紫外线照射还会改变微小生物在海水中的运动能力和方向。由于一些物种比其他物种更容易受到 UVB 的伤害，UVB 暴露的增加有可能导致各种生态系统的物种组成和多样性的变化。

8.2.2 紫外线生物学效应的分子机制

紫外线引发机体生物学效应是一系列复杂的过程。它包括 DNA 损伤与修复、原癌基因和抑癌基因突变、表观遗传调控、活性氧与自由基损伤以及免疫抑制等多个方面。

1. 紫外线致 DNA 损伤

DNA 是紫外线作用的关键靶分子之一，可导致 DNA 直接和间接损伤。DNA 分子吸收紫外线光子后产生激发态，使电子重新分布，诱发 DNA 形成嘧啶二聚体和光化学产物，阻碍 DNA 复制和转录。嘧啶二聚体是紫外线诱导的 DNA 损伤的最主要形式，单链断裂、DNA 交联、嘌呤光产物等损伤形式则较为少见。

2. 紫外线致基因突变

紫外线引起的 DNA 损伤会引起一些原癌基因和抑癌基因变异，从而导致皮肤和眼部肿瘤发生。有研究显示，在紫外线所致的基底细胞癌和鳞状细胞癌个体标本中可检测到原癌基因 ras 家族的 Ha – ras、ki – ras 和 N – ras 三个成员的突变体，其突变率在 10% ~ 20%。一项对 59 例原发性黑素瘤患者的检测中也发现，其中的 11 例存在 ras 基因突变（19%）。在紫外线诱导肿瘤发生过程中，紫外线诱导 p53 基因突变所需剂量小，出现时间早，发生频率高。研究发现，用致红斑剂量的紫外线照射就可诱导正常皮肤的 p53 表达增加。在皮肤癌患者中，日光暴露者 p53 基因突变率高达 74%，非日光暴露者突变仅为 5%。有研究发现，36% ~ 56% 的 BCC 患者在 p53 基因的双嘧啶部位发生碱基置换、碱基缺失等突变。

3. 紫外线致表观遗传损伤

紫外线长期暴露可导致 DNA 甲基化异常。PcG 家族是表观遗传学研究的重要蛋白复合物，通过催化相关组蛋白甲基化抑制转录子启动导致基因沉默。研究发现，紫外线辐射可诱导 PcG 家族的关键分子如 BMI - 1、PRC2 复合体的 EZH2 亚基甲基化水平变化。动物实验表明，长期 UVB 照射会导致基因组 DNA 总甲基化水平显著下降，紫外曝光部位的表皮中少数基因 CpG 位点呈现低甲基化状态，其发生机制可能与 DNA 甲基转移酶的表达及活性下调有关，亦有可能是紫外线照射诱导的 DNA 突变发生而启动了碱基/核苷酸剪切修复，导致原有 5 mC 中的甲基去除。此外，DNA 损伤诱导 Gadd45a 蛋白表达上调，也可能介导了 DNA 去甲基化。

4. 紫外线引起氧化损伤

紫外线可通过多种途径导致氧化损伤。例如，紫外线可以使色基（chromophore）分子从基态升至激发态，并通过电子传递链直接生成活性氧和自由基，进而导致 DNA 分子、蛋白质分子和脂质膜的氧化损伤。紫外线也可激活细胞膜的 NADPH 氧化酶而产生 ROS，进而导致机体氧化应激，影响 DNA 修复机制，引起细胞和 DNA 损伤。引起红斑出现剂量的紫外线照射皮肤后，皮肤中的组胺、花生四烯酸、前列腺素等内源性炎性递质的浓度明显升高，诱导机体的炎症反应，增强 NADPH 氧化酶活化，从而产生大量的 ROS。长期 UV 暴露还可下调机体抗氧化防御系统，导致过多的 ROS 与抗氧化防御之间平衡失调，最终引起细胞氧化损伤。紫外线诱导产生的 ROS 对于机体免疫抑制、皮肤光老化和肿瘤都起着重要的作用。紫外线照射引起的氧化性应激可引发一系列细胞内信号传导，通过核转录因子 NF - κB 或转录因子激活蛋白 1（AP - 1）激活下游基质金属蛋白酶等基因的表达，引起光老化的皮肤损伤。

8.2.3　可见光和红外辐射效应

可见光是指人眼可以感知的电磁波，其波长范围是 400 ~ 760 nm。

红外辐射（infrared radiation，IR）是由波长 760 nm ~ 1 mm 的光波构成的，一般将其分成三个部分，IR - A（760 ~ 1 400 nm）、IR - B（1 400 ~ 3 000 nm）、IR - C（3 000 ~ 1 mm），但是三部分波长的范围国内外文献不完全一致。红外线照射所产生的生物学效应是由分子振动和温度升高所引起的。红外线辐射引起的热辐射对皮肤的穿透力强，辐射量的 25% ~ 65% 能到达表皮和真皮，8% ~ 17% 能到达皮下组织。因此，过度红外线辐射主要损伤皮肤组织，使皮肤温度升高，毛细血管扩张充血，增加表皮水分蒸发，直接对皮肤造成损伤，主要表现为红色丘疹、皮肤过早衰老和色素紊乱。

1. 可见光的生物学效应

眼睛对可见光辐射是透明的，通过晶状体的聚焦作用，可见光的辐射强度增益大约 100 000 倍，首先使视网膜受到影响。达到视网膜的大部分光辐射被网状色素上皮和脉络膜吸收。过强的可见光照射、人造现代照明的过度使用、电子显示产品过度使用等引起的可见光过量照射容易损害人类的正常视功能。可见光能够控制生物钟，影响褪黑素的分泌，影响动物的警戒力，还可能显著影响视觉学习能力。蓝光位于可见光范围内的近紫外线部分，是介于紫光和绿光之间的有色光，波长为 440~500 nm。细胞蓝光摄入不足会导致睡眠紊乱、认知能力削弱等问题。可见光中的蓝光部分难以屏蔽，过多的蓝光辐射会导致视网膜损伤和老年黄斑变性，影响生物钟，危害健康。

目前关于视网膜光损伤的机理研究还不是非常清楚，但已有结果发现其损伤机理可能包括以下几个方面：第一是热损伤，视网膜色素上皮的黑色素颗粒和脉络膜的黑色素细胞吸收光能并转化为热能，当温度超出一定限度时可造成组织蛋白质凝固，导致细胞变性坏死，形成不可逆转的组织损伤。第二是光化学损伤，光子与组织细胞中的生物分子发生相互作用，引起一系列细胞功能的变化。氧化损伤是光化学性细胞损伤的机制之一，黑色素和脂褐素含量改变、自由基的产生和脂质过氧化是重要原因。脉络膜丰富的血管使视网膜外层结构处于高氧环境，在有氧的环境下光诱导视网膜细胞产生大量活性氧物质，如自由基、过氧化物、单线态氧等，这些物质具有高活性，容易细胞凋亡或坏死。第三是机械损伤，组织在极短时间内接受强光照射，在光子的冲击下组织发生瞬间变化，产生机械性损伤。

实验表明，不同波长的光对大鼠视网膜有不同的损伤。恒河猴视网膜暴露于波长 460 nm 的蓝光 40 min 后，出现视网膜损伤；白化病大鼠暴露在 403 nm 蓝光后细胞凋亡增加，然而 550 nm 的绿光却不会引起这种损伤。用强度为 50 mW/cm^2 的蓝、绿、黄光对体外培养人视网膜色素上皮细胞进行照射，结果发现三种颜色光均可引起体外培养的视网膜色素上皮细胞光损伤，蓝光的损伤作用最强，绿光和黄光的损伤作用相近。目前，蓝光光化学损伤的机制有以下两

种：一种是视紫红质、自由基和脂质的过氧化；另一种机制是蓝光抑制细胞色素
C 氧化酶的活性。视网膜色素上皮富含线粒体，细胞色素 C 氧化酶是线粒体中重
要的呼吸酶，其吸收光谱的峰值在 440 nm。

2. 红外线的辐射效应

红外线辐射透过人体组织，能量被组织和组织中的水分子吸收，产生共振效
应和温热效应，引起酶和蛋白质功能改变。IR – A 是波长最短的一部分，它能透
过表皮和真皮层，到达皮下组织，并不会引起皮肤温度明显升高，而 IR – B 和
IR – C 基本上都在表皮层被吸收，同时升高皮肤的温度。长期的热暴露会引起皮
肤红斑病变，表现为网状色素沉着，病理特征为皮肤组织的日光性弹性纤维
变性。

研究发现，将志愿者的臀部皮肤用红外线照射后，皮肤温度会逐渐升高，但
是升高到一定程度就会进入皮温的平台期，即不再继续升高。单次红外线照射与
重复多次照射的效应不同，单次照射会引起 TGF – β1、TGF – β2 和 TGF – β3 的
表达升高，但是重复照射会引起这几种细胞因子表达降低，而 TGF – β 能够刺激
皮肤成纤维细胞增生和前胶原分子的合成及分泌。随着 TGF – β 降低，皮肤中的
胶原蛋白合成就会减少。红外线辐射引起的皮肤温度升高也会增强紫外线的急性
损伤效应，如引起更强的红斑或者结痂。

眼睛介质对 IR – B 和 IR – C 有强烈的吸收作用，通过增温作用引起角膜的损
害。波长 $0.8 \sim 1.2$ μm 的短波红外线可透过角膜进入眼球、房水、虹膜、晶状体
和玻璃体，引起"红外线白内障"。IR – C 对皮肤和角膜损伤的阈剂量大致相同。
鉴于视觉对人的重要作用，角膜损伤是主要的关注对象。

8.2.4　射频辐射的生物学效应

射频辐射（radio frequency radiation，RFR）是指频率范围在 100 kHz ~
300 GHz 之间的电磁辐射，包括高频电磁场和微波，波长范围 1 mm ~ 3 000 m。
射频辐射的电场可与生物分子电场相互作用使机体组织细胞分子的动能与势能改
变并进行能量交换，从而产生其生物学效应。射频辐射的生物学效应分为热效应
（thermal effects）和非热效应（non – thermal effects）。当射频辐射引起细胞或组
织温度升高 1 ℃以上，为热效应；若其引起细胞或组织温度升高低于 1 ℃，为非

热效应。有研究发现，机体所处射频电磁场的功率密度对射频辐射生物学效应类型具有关键作用，在其高于 10 mW/cm² 时有明显热效应产生，处在 1 ~ 10 mW/cm² 时有微热效应，当其低于 1 mW/cm² 时无明显热效应，即非热效应。

作用于生物体的射频电磁波，一部分能量会被反射，另一部分会穿透表面组织被吸收。当射频电磁波完全穿透或反射的情况下，生物体并不会受到辐射影响。进入生物体的射频电磁辐射剂量，常用比吸收率（specific absorption rate, SAR）来表征。SAR 值与组织密度（ρ）成反比，与组织电导率（σ）和组织内电场强度（E_{rms}）的平方成正比。如含水分多的生物组织如肌肉、大脑、内脏等导电性较好，比吸收率就越高；含水量低的脂肪组织和骨骼，导电性较低，比吸收率数值亦低，而骨骼因其密度较高，比吸收率更低。射频辐射生物学效应发生的程度与机体接受的辐射总剂量有关，为场强和作用时间的综合效益。射频场强越大，辐射时间越长，机体接受的辐射剂量越高，生物学效应就越显著。在空间生命科学研究中，主要研究对象包括微生物、植物和哺乳动物，而射频辐射就这些研究对象，均开展了相应的探索并取得一定的研究进展。

1. 微生物的射频生物学效应

射频电磁波因其快速容积式加热和优异的穿透深度，已被广泛应用在多种食源性病原微生物的灭活杀菌中，如肠道沙门氏菌、阪崎克罗诺杆菌、大肠杆菌、金黄色葡萄球菌和寄生曲霉菌。最近研究发现，射频与碳量子点（carbon quantum dot, CQD）新型纳米碳材料联合对灭活大肠杆菌（*E. coli*）、金黄色葡萄球菌（*S. aureus*）和枯草芽孢杆菌（*B. subtilis*）的效果优于高压蒸汽巴氏灭菌传统方法。射频辐射对食源性病原微生物的灭活效果与射频辐射的暴露时间和射频能量直接相关，暴露时间越长，射频能量越大，灭活效果越好。

在全球普遍关注的抗生素耐药问题上，射频技术亦可提供有益的帮助，但在暴露时长上，存在窗口效应，如：肺炎克雷伯菌在暴露于 2.4 GHz Wi-Fi 辐射 4.5 h 后，对不同抗生素包括氨曲南、头孢曲松、亚胺培南、哌拉西林、头孢噻肟的敏感性显著上升，在辐射 8 h 后敏感性下降，说明克雷伯氏菌暴露于射频辐射后对不同抗生素反应存在非线性效应，具有"窗口理论"。

射频辐射也可应用在农业土壤消毒和岩石微生物矿化中，当射频微波处理

5 min，可有效抑制 10% 含水量土壤 4 cm 深处的镰刀菌孢子萌发，其消毒效果受微波辐射时间、掩埋深度和土壤含水率的影响；采用微波诱变育种技术，选育出的 2 株突变菌株 YB‒3 和 YB‒4，与原巴氏芽胞杆菌 YB‒B 相比，诱变菌株尿素分解能力较原菌株提高 1.5 倍左右，矿化能力提高 114%，说明射频微波辐射诱变菌株生长速度快，环境适应性强，矿化能力高，可为微生物诱导碳酸钙沉淀更广层次的应用奠定坚实的基础。

2. 植物的射频生物学效应

地球上人为电磁环境的改变不仅对人类自身健康和动物多样性造成影响，也对植物具有生态作用，而植物对环境又具有适应性才可生存。研究表明，来自手机的射频辐射可引起植物的生理和形态变化，其中玉米、玫瑰、豌豆、葫芦巴、浮萍、番茄、洋葱和绿豆等对射频电磁辐射非常敏感。如：915 MHz 的射频辐射使蚕豆幼苗的微核频率显著增加，导致了遗传毒性效应。900 MHz 的射频场暴露完整的小木本植物 30 min，在形成后的次生芽中观察到延迟和显著的生长下降，说明射频辐射影响后形成器官的增量。1 800 MHz 的射频辐射导致玉米幼苗根系长度、胚芽鞘长度及叶绿素浓度显著降低，碳水化合物和还原糖含量显著增加，酶活性和转化酶活性均显著提高，而淀粉磷酸化酶活性则显著降低，且其生物学效应具有暴露时长依赖性。狐尾草在 2 000 MHz、2 500 MHz、3 500 MHz 和 5 500 MHz 射频处理下，在 2 000 MHz、5 500 MHz 频率下观察到植物内部电势变化，而植物的温度没有因为射频暴露而改变。1 250 MHz 射频下进行番茄暴露，改变植物中胁迫蛋白酶抑制剂（Pin II）和番茄碱性亮氨酸 Zipper1（lebZIP1）的合成，影响番茄生长和分化，并使植物细胞内蛋白质积累增加。在拉脱维亚的斯昆德拉地区，科学家们在一个运行了 20 年的无线电定位站覆盖区进行了射频辐射对植物影响研究，结果发现短期暴露（5 天时间）的影响取决于紫藻在暴露时的生理状态，幼嫩植物由于暴露而生长减缓，年老植物在暴露情况下生长抑制的效果更强。

射频技术结合电容器处理可加速种子的吸胀、萌发，促进植物幼苗的生长、生物组织表面的穿孔和波纹，改变种皮产生形态变化，加速种子的水分吸收，加快根的生长速度，如对 Etna 品种的普通菜豆种子进行了几秒钟的低压氧等离子体感应耦合射频放电处理，可通过改变表面化学和增加表面粗糙度来增加大豆种子的润湿性，该处理增加了大豆胚根长度，有利于田间成苗。

3. 哺乳动物的射频生物学效应

1）中枢神经系统

中枢神经系统最容易受到射频辐射影响，其中海马组织最为敏感。射频辐射会损伤大脑，影响体内传递信号中的神经递质，导致信号传递过程延迟，对身体造成进一步的损害。射频辐射可以对中枢神经系统产生不同的生物学效应，并可能参与中枢神经系统疾病的发生，包括阿尔茨海默病。有研究证实，暴露在 2.45 GHz 射频辐射下对暴露的大鼠大脑造成损伤，导致记忆丧失和学习能力下降。射频辐射造成的不良生物学效应随工作频率、射频强度和暴露时间而变化。900 MHz、1 800 MHz 和 2 100 MHz 的射频辐射与大鼠 DNA 损伤和脂质过氧化增加有关，而 2 400 MHz 的射频辐射可影响海马结构完整性，导致行为改变，如焦虑。研究发现，联合频率暴露于 1.5 GHz 和 4.3 GHz 的射频场会在体内引起认知障碍和海马组织损伤，比单一频率暴露具有更大的损伤效应。Fischer 344 大鼠暴露在频率为 900 MHz、1 800 MHz 和 2 450 MHz 的射频电磁辐射中，全身 SAR 值分别为 0.59、0.58 和 0.66 mW/kg，暴露 60 天（2 h/天和 5 天/周）后，氧化应激标志物 MDA 和各种炎症标志物随着频率的增加而增强，而抗氧化酶活性（SOD、GSH）则降低。Sahin 等也报道了类似的观察结果，他们测量了在第三代（UMTS/3G）调制射频电磁场中的暴露（2 100 MHz，全身 SAR：0.4 W/kg，6 h/天，5 天/周），ROS 的增加只发生在暴露 10 天后，而不是 40 天后。同样，10 GHz 微波暴露可损害小鼠大脑的空间记忆、酶活性和组织病理学，同时神经细胞通过线粒体依赖的 Caspase 3 途径凋亡。另一项研究中，发现 Caspase 3 可通过 2.45 GHz 射频微波触发。此外，微波辐射可在一定水平上诱导大鼠海马神经元发生自噬，而过度的自噬可能通过促进突触囊泡破裂及损害突触可塑性而造成有害的后果。

但也有研究发现射频辐射不产生认知损伤，如 5.8 GHz 频率的射频微波暴露对大鼠海马突触可塑性、学习记忆能力没有明显影响。另一项体外研究报道，体外暴露于 935 MHz 微波辐射下不会引起小胶质细胞和 SH - SY5Y 细胞的凋亡。

2）感觉器官

人体对周围环境的感受是通过视、听、嗅、痛、温等体表感受器向中枢神经系统传递信息而实现的。流行病学调查发现，从事射频作业人员白内障和晶状体浑浊发生率较正常人员明显增加，表明视觉器官即眼的晶状体对射频辐射较为敏感。有研究发现射频电磁辐射导致牛的晶状体光学质量出现可逆下降，同时晶状体上皮细胞层出现不可逆的形态和生化损伤；来自 Wi – Fi 的 2.45 GHz 射频辐射引起实验动物晶状体氧化应激，GSH 水平和 GSH – Px 活性降低，丙二醛含量增加，视网膜神经节细胞存活率降低，早期细胞凋亡增加。含有较多水分的晶状体易吸收较多的电磁能量，同时由于其血管较少，不易通过代谢带走吸收的电磁能量而产生过热效应造成晶状体病变。有调查显示，过度辐射后还会出现视觉疲劳、干性眼结膜炎、视野缩小等一系列症状。但也有研究发现，在三种手机频率（GSM – 900，GSM – 1800，UMTS）且高达 20 W/kg 的 SAR 值下暴露，射频电磁场对恒温条件下的视网膜神经节细胞没有急性影响。

人耳虽听不到射频电磁波，但研究发现，来自 4G 波段的 1 800 MHz 射频辐射可触发大鼠对纯音和自然发声的响应度降低，以及在低频率和中频率的声学阈值的增加，造成听力障碍。射频辐射可改变耳蜗神经元的兴奋性，在 1 800 MHz、8.2 W/kg 的 SAR 值水平下，耳蜗神经节放电动作电位和神经元调节阈值降低，且 GSM – 1 800 MHz 比 1 800 MHz CW 更有效地抑制突触活动，表明神经元的响应依赖于射频信号调制。有资料报道，低强度微波辐射可使人体感受到温热，高强度会引起痛觉，亦可引起嗅觉迟钝。

3）内分泌系统

内分泌系统容易受到环境刺激的干扰和影响，其因环境因素所做出的变化是对环境刺激的适应性反应，但不一定是不利的，类似于宿主免疫防御需要时的发热反应。调查研究发现，职业暴露人群血清中皮质醇、肾上腺素、去甲肾上腺素含量增加，表明垂体 – 肾上腺轴对长期射频暴露的脆弱性。有明确的证据表明，暴露于射频电磁辐射超过一定水平时，大鼠血浆类固醇水平会显著升高。此外，大鼠以 5 W/kg 的 SAR 值水平暴露于射频电磁辐射可刺激下丘脑 – 肾上腺皮质，并受到中枢神经系统的调节。射频电磁辐射暴露引起的肾上腺功能升高与大鼠结肠温度升高一致相关。垂体切除大鼠暴露于小于 12 W/kg 的环境中，血浆皮质类固醇水平低于对照组。手机射频辐射可能与甲状腺功能不全和血清甲状腺激素水平改变有关，并可能破坏下丘脑—垂体—甲状腺轴，引起甲状腺卵泡的组织病理学变化。在职业射频辐射暴露人群中，三碘甲腺原氨酸、甲状腺激素和促甲状腺激素水平升高。狗的甲状腺接触不同水平（SAR 值：58～190 W/kg）2.45 GHz射频辐射 2 h 后，甲状腺素（T4）和三碘甲腺原氨酸（T3）分泌增加；大鼠全身接触 2.45 GHz CW 射频辐射（4 W/kg），当直肠温度上升到 40.8 ℃时，循环甲状腺素和促甲状腺激素水平下降。但也有动物实验发现，暴露在 2.45 GHz 射频电磁辐射（10.5 W/kg）下 1 h 或 0.2 W/kg 下 2 h，甲状腺素水平没有变化。射频辐射也会影响哺乳动物的生长发育和生殖，当幼鼠暴露于 2.45 GHz CW 射频电磁辐射超过 60 min，SAR 水平高达 7.5 W/kg 时，血清生长激素水平会下降；在雄性成年动物上则表现为黄体生成素增加，睾酮含量降低，雌二醇含量升高。然而，暴露于来自 GSM 手机的超高频（ultra – high frequency，UHF）信号的人类志愿者血液中促肾上腺皮质激素、促甲状腺激素、生长激素、催乳素、黄体生成素和促卵泡激素的水平却没有受到影响。

射频辐射暴露可能对松果体合成褪黑激素产生潜在影响，到目前为止，射频暴露对 MEL 合成的影响是有争议的，因为要么减少，要么没有显著变化。在大鼠实验中得到的结果证实了公认的褪黑激素和睾酮合成存在昼夜节律，并且在这些节律的峰值阶段呈反比关系，在暴露于射频辐射后其昼夜节律受到干扰，褪黑激素昼夜节律受到的影响更为明显。

4）免疫系统

长期射频辐射职业环境暴露会降低机体免疫功能，下调人体对各种致病因素的抵抗力，如引起白细胞总数和淋巴细胞数减少，血清 IgG 和 IgA 含量明显下降，细胞免疫能力即白细胞吞噬指数下降，并可对外周血淋巴细胞的 DNA 造成损伤。同时发现，长期射频辐射暴露人群的免疫球蛋白（IgM、IgD 和 IgG）都显著降低，且补体（C3 和 C4）水平与射频辐射暴露时间呈高度负相关。射频电磁辐射可使实验动物自然杀伤细胞活性受到抑制，中性粒细胞吞噬百分率显著降低，溶菌酶活性降低；脾脏淋巴细胞转化率降低，淋巴细胞凋亡率升高；血清中 γ 干扰素（IFN – g）浓度减少。

此外，在应激条件下，细胞损伤或死亡会刺激正常的炎症反应。但射频辐射诱导的炎症细胞因子水平的升高和自由基的连续产生会放大炎症对正常组织的毒性，破坏器官功能，导致一些自身免疫性慢性炎症的发生，例如自身免疫性甲状腺疾病和胃肠道溃疡性结肠炎、胰腺炎和类风湿性关节炎。

5）心血管系统

射频辐射可改变心血管功能，是其引起的植物神经功能障碍使血液动力学改变、血管通透性变化及外周血管张力降低所引起的。也有研究学者认为射频辐射对心血管系统的影响归因于其使体温升高，从而导致心率、血压、血流量增加、表皮和心肌受损等异常。动物实验表明：微波辐射在引起体温升高的同时，还能引起心脏节律紊乱；当动物直肠温度达到 42 ℃ 以上时，心率突然变慢，大部分动物出现心率失常。有实验表明，射频辐射会引起血脂变化，或者引发炎症反应，形成动脉硬化，导致血压升高。职业射频环境暴露调查报道，长期暴露于微波辐射者，常表现有神经衰弱症状，以及以迷走神经活动占优势的心血管功能失调，如手足多汗、心动过缓、窦性心率失常、血压波动或偏低等。但也有动物研究显示，射频辐射对大鼠心脏质量无影响，静息心率或平均动脉血压没有发生变化。

6）生殖系统

生殖系统亦是电磁辐射较为敏感的组织。有职业环境调查显示：射频辐射环境对女性的月经史包括月经周期和月经量均有影响，且痛经人数居多；已婚女性妊娠中存在流产、死胎和不育状况；男性出现少精、弱精和性冷淡。

国内外大量的流行病学调查研究发现，不同频率和辐射强度的射频辐射均可对雄性生殖系统产生影响，能降低男性精子的数量、活性和运动能力并引起形态畸变，降低男性的生育能力。射频暴露动物学研究发现：射频电磁辐射可影响精子运动、形态、功能以及细胞凋亡，影响雄性性激素的分泌和性行为。射频辐射对雄性的生殖损伤可能通过两个方面发生作用：一是通过神经内分泌调节雄性激素睾酮进而影响睾丸的生精功能；二是射频辐射直接损伤雄性生殖器官组织，如睾丸、附睾和精囊腺。射频辐射作用会引起睾丸组织水肿、出血、生精小管直径明显降低、精子生成减少；附睾中精子浓度降低、附睾上皮变性和生精小管坏死等病理性改变，而附睾上皮的损伤将更不利于其对精子抗射频暴露的保护作用。精囊在精液自然形成中起重要作用，2.45 GHz 的射频暴露引起精囊质量下降，且精囊质量的下降程度与射频辐射暴露时间增加成正比，说明电磁辐射可破坏精囊组织结构且具有累积损伤效应。精囊上皮细胞增殖依赖于睾酮的分泌。已有研究表明，射频电磁辐射暴露可降低大鼠血清睾酮含量，引起精子运动能力显著降低，精子的 DNA 断裂比例显著增加。精子活力受到一定程度影响后，可直接影响女性受孕过程中精子向卵子的移动速度，增加不孕概率。离体实验证明，暴露于手机射频电磁辐射的体外人类精子头部面积减少，精子与透明带结合减少而顶体反应没有增加，精子的活性氧水平逐渐升高，造成精子遗传信息损坏与丢失程度的增加，这些结果都表明射频辐射对精子受精潜能有显著负面影响。

动物实验表明，雌性动物的生殖系统对射频辐射敏感性低，在很高的辐射强度下才可降低卵的生殖功能。但长期高强度下的射频辐射使雌性小鼠垂体促性腺激素（luteinizing hormone，LH；follicle – stimulating hormone，FSH）发生变化，雌二醇和孕激素的血清水平显著降低，卵巢卵泡数量减少，闭锁卵泡数量显著增多，卵巢功能呈下降趋势，胎儿的体重和体长降低，出现存活仔鼠雄雌比值降低、死胎的现象。体外研究发现，射频电磁辐射暴露组的卵母细胞细胞核缩小，透明带变薄，微绒毛数量明显减少，胞浆内脂质呈滴状，细胞器分散，且表现出卵母细胞凋亡现象。成熟的卵母细胞最容易受到损伤，但其早期发育阶段的损伤程度较低。射频辐射诱导小鼠出现下丘脑、卵巢氧化应激的发生，抗氧化酶活性显著降低，导致子宫内膜的炎症状态。流行病学研究发现，女性持续暴露于射频辐射的环境中，会导致卵巢卵泡变性和数量减少、卵母细胞结构变化、子宫内膜组织损伤、生殖激素水平变化，导致自发性流产、早产、婴儿出生体重低、先天畸形、儿童期癌症等生殖机能障碍。

7）生物节律

节律是生物自然进化中赋予生命的基本特征之一，小到分子细胞，大到生物群体都受生物节律的控制与影响，其时间周期从秒、天到月、年。其中，昼夜节律（circadian rhythm）是指生命活动以 24 h 为周期的内在性节律，这是生命对地球以 24 h 为周期的昼夜环境变化长期适应而演化的内在计时机制，可以调控生物的生理、代谢和行为的节律。大量研究发现，生物节律紊乱会严重影响生物的生存和健康。在人类生物钟紊乱可引起睡眠障碍、情绪和心理疾病，内分泌代谢异常、免疫系统功能低下、肿瘤发生率增加等。大脑松果体合成分泌的褪黑激素，主要负责调节机体的昼夜节律并调控自然睡眠周期。有研究发现，射频电磁辐射可影响脑松果体分泌日节律，降低其日均分泌量，改变其峰值时间和日节律振幅，且晚间射频电磁辐射的影响效果更为显著。同样，电磁辐射亦可影响动物血液中免疫因子、抗氧化酶活性及雄性和雌性生殖内分泌激素的昼夜节律。动物实验中，电磁辐射会缩短小鼠的运动近日节律周期，其机制可能与生物钟基因如CLOCK、BMAL1 或 RORa 等的异常表达有关。

8.3　空间非电离辐射的防护

空间非电离辐射，尤其是紫外线和射频辐射，会对人体产生有害的效应，载人航天期间需加以防护。防护一般包括制定辐照限值标准和利用防护装备降低对航天员的照射剂量。

8.3.1　非电离辐射的照射限值

1. 紫外线照射限值

我国作业场所紫外线辐射职业接触限值（GB 18528—2001）职业限值标准有两种。一是时间加权平均接触限值，其中 UVB：每日接触不得超过 0.26 mW/cm^2；UVC：每日接触不得超过 0.13 mW/cm^2。一种是最高接触限值：UVB，每日接触不得超过 1 mW/cm^2；UVC，每日接触不得超过 0.5 mW/cm^2；电焊弧光：每日接触不得超过 0.9 mW/cm^2。国际非电离辐射防护委员会（International Commission on Non – Ionizing Radiation Protection，ICNIRP）推荐，当眼睛和皮肤未采取紫外线防护时，180～400 nm 紫外线生物有效加权后的 8 h 暴露总量不得超过 30 J/m^2，对于 315～400 nm 紫外线未加权的 8 h 暴露总量不得超过 10^4 J/m^2。表 8.2 列出我国《紫外辐射职业接触限值》（征求意见稿）规定的暴露 8 h 以内的光化学紫外线（200～315 nm）照射剂量的阈限值。

表 8.2　暴露 8h 的紫外线照射阈限值

波长/nm	限值/(mJ·cm^{-2})	相对谱效率 S_λ	波长/nm	限值/(mJ·cm^{-2})	相对谱效率 S_λ
200	100	0.03	270	3.0	1.0
210	40	0.075	280	3.4	0.88
220	25	0.12	290	4.7	0.64
230	16	0.19	300	10	0.30
240	10	0.30	305	50	0.06
250	7	0.43	310	200	0.015
254	6	0.5	315	1 000	0.003

2. 射频辐射限值

我国高度关注射频辐射作业人员和射频辐射场区居民的健康，制定了射频辐射限值的国家和军用标准（见表 8.3），其限值是按每日 8h 工作制定的，而对于暴露时间的职业限值见表 8.4。在我国载人航天运行中，为避免航天期间的射频辐射源对航天员健康造成不良影响，针对具体条件，推荐使用如表 8.5 所示限值。

表 8.3　我国微波辐射的辐射限值

职业限值			居民限值		
标准	条件	限值/(mW·cm^{-2})	标准	条件	限值/(mW·cm^{-2})
国家标准	连续波	50	国家标准	Ⅰ级安全区	10
	脉冲波	25		Ⅱ级安全区	40
军用标准	连续波	50	军用标准	连续波	30
	脉冲波	25		脉冲波	15

表 8.4　不同暴露时间的职业微波限值

连续波		脉冲波	
每日照射时间 /h	平均功率密度 /(mW·cm^{-2})	每日照射时间 /h	平均功率密度 /(mW·cm^{-2})
8	25	8	50
7	27	7	57
6	33	6	67
5	40	5	80
4	50	4	100
3	67	3	133
2	100	2	200
1	200	1	400
0.5	400	0.5	800

表 8.5　我国载人航天射频辐射的照射限值

辐射波	连续暴露	间接暴露	
	功率密度限值 /(mW·cm^{-2})	平均功率密度 /(mW·cm^{-2})	每日剂量限值 /(J·cm^{-2})
连续波	50	4.32	4
脉冲波	25	2.16	2

8.3.2　空间非电离辐射的防护措施

　　鉴于非电离辐射的强度和作用时间决定其对人体的损害程度，一般辐射剂量越大，辐射损伤程度越严重。而在航天活动中，非电离辐射剂量相对较小，易于防护。其防护一般包括制定安全容许标准和采取防护方法使其受照射量低于安全容许标准。载人航天受到的非电离辐射主要来自太阳的紫外辐射和载人航天上的射频辐射源。

1. 紫外线辐射防护

过量紫外线对人体眼睛和皮肤易造成损伤，因此，紫外线辐射暴露容许标准的制定，应优先考虑眼睛和皮肤的急性损伤。在容许标准防止急性效应发生的同时，亦应降低产生远期危险。此外，紫外辐射产生损伤的阈剂量与波长关系密切。

由于紫外线贯穿力很弱，且许多可见光透明的材料，对红外线和紫外线都有强烈的吸收作用，普通玻璃可以完全吸收紫外线，因此采用 2 mm 厚的普通玻璃即可屏蔽。紫外线遇到金属时容易被反射，当航天员出舱活动时，可以利用航天服或头盔防护罩光学串口镀制滤光片实现对紫外线的反射。具有紫外线防护作用的镜片可较好地保护眼睛。美国眼科学会认为，太阳镜可阻挡99%的紫外线。具有紫外线吸收作用的软性和硬性透气性隐形眼镜也可以有效防护紫外线照射。

纳米材料的独特特性为开发紫外线防护纺织品提供了巨大的潜力。纳米材料具有比表面积大、缺陷少、表面能高、反应性/功能性好等特性。通过在纺织品基质中加入紫外线阻断剂可以提高纺织品的紫外线防护性能。在织物表面均匀分布的纳米颗粒 ZnO 可以增强涂层织物的紫外线阻挡性能，纳米结构杂化和复合材料处理技术都可提高紫外线阻挡性能；TiO_2 纳米粒子可以通过溶胶 – 凝胶法应用于棉织物上，切断紫外线透射；具有多壁碳纳米管（multi – walled carbon nanotubes, MWCNT）涂层织物的紫外线透射率几乎为零。

2. 射频辐射防护

载人航天工程涉及的多种复杂设备，包括很多射频辐射，这会对航天员健康产生一定程度的影响，地面相应的射频辐射设备（包括指控中心、各种配套的测量船站）也可损害广大工作人员的健康。过量的射频辐射会对人体健康产生威胁，必须加强射频辐射管理与防护措施。

采取措施降低射频辐射源泄漏是射频辐射安全管理的首要任务。通过合理设计和正确使用各种射频设备，将电磁波抑制在射频设备内部，可以控制或降低辐射源的外辐射功率，使得仅有少量以至没有辐射能量泄漏；航天员出仓活动时，保持一定距离，采用屏蔽技术设施可避免天线直接射向航天员。选用高效屏蔽性能的铜箔、铝箔等金属材料作为射频辐射屏蔽材料，利用金属的吸收和反射作用，可降低作业现场的电磁场强度。动物实验发现，铝箔可屏蔽射频辐射，可降低其对大鼠血液参数和心肌的潜在影响。

　　配备高效屏蔽性能的个人防护用具是空间作业人员在超过防护标准场所进行工作的必要防护措施，防护服和防护眼镜是其中的必备品。防护服的材料不仅要具备高性能屏蔽射频辐射功能，还需要穿着舒适、耐磨和可洗涤。将纳米石墨烯复合纤维拓展到柔性纺织品，可有效调节布的屏蔽性能，而添加纳米 Fe_3O_4 可协同增强石墨烯复合膜的电磁屏蔽性能，起到更好的射频辐射防护作用。射频防护镜中的金属膜，通过在光学玻璃外表面蒸发或喷涂一层由铜、铝、铅等金属粉加工而成的极薄金属薄膜，而对射频辐射有较好的防护作用。

　　物理防护之外，通过服用防护药物调节机体抵抗能力进行射频辐射生物防治也是个人防护的有效途径。氧化应激损伤是电磁辐射致机体损害的重要机制之一，抗氧化药物是对抗氧化应激作用的主要手段，如补充具有较强抗氧化能力的神经内分泌激素褪黑激素。中国传统药用植物中提取的活性成分，包括绿茶多酚、银杏叶、莲子原花青素和姜黄等都可减轻射频电磁辐射的有害影响。而中药复方制剂具有多靶点和多途径整合的疗效优势，可通过中药配伍减少毒性，如安多霖、抗辐灵、参力胶囊等都可以显著提高射频辐射实验动物血清中的抗氧化酶活性，被证明具有神经保护作用。另外，添加适量维生素（A、C 和 E）、微量营养元素（硒、锌）等都可有效发挥对射频辐射的防护作用。

■ 8.4　展望总结

　　非电离辐射的生物学效应受到人们的广泛关注，但到目前为止其机制还不完全清楚，研究结果往往不一致，甚至相互矛盾。非电离辐射的不同参数，如辐射的频率、调制的类型、功率密度的大小以及极化不同等都会影响生物学效应的种类和程度；生命系统本身就是一个复杂的电磁系统，人体不同组织器官的电导率和磁导率不同，对电磁辐射的反应也不同；非电离辐射与人体作用机制复杂，除了公认的热效应之外，还存在着非热效应，其机制还不完全明确，且存在非线性剂量反应关系；非电离辐射和其他因素存在着联合作用，空间环境中的可见光、红外线、紫外线、射频辐射、电离辐射等也存在着复杂的交互作用，但目前这方面的研究很少，数据有限；此外，非电离辐射的防护措施和设施受到空间和载重负荷的限制，在航天环境中的防护效果可能受到影响。因此，空间非电离辐射生物学需要重点研究辐射生物学效应的影响因素和分子机制，加强非电离辐射的检测和防护技术的开发。随着电磁生物学新理论和实验新技术的出现，非电离辐射生物学研究将取得更大的进步和突破性进展。

参考文献

［1］Zhang Y, Pandiselvam R, Zhu H, et al. Impact of radio frequency treatment on textural properties of food products：An updated review ［J］. Trends in Food Science & Technology, 2022, 124：154 – 166.

［2］Zhao L, Zhang M, Bhandari B, et al. Microbial and quality improvement of boiled gansi dish using carbon dots combined with radio frequency treatment ［J］. Int. J. Food Microbiol. , 2020, 334：108835.

［3］Taheri M, Mortazavi S M J, Moradi M, et al. Klebsiella pneumonia, amicroorganism that approves the non – linear responses to antibiotics and Window Theory after exposure to Wi – Fi 2. 4 GHz electromagnetic radiofrequency radiation ［J］. Journal of Biomedical Physics, Engineering, 2015, 5（3）：115 – 121.

［4］马思鹏，靳红玲，赵亚君，等. 微波加热土壤仿真模型的建立及其除草消毒效果研究 ［J］. 西北农林科技大学学报：自然科学版, 2022, 50（8）：1 – 9.

［5］杜康，李广悦，丁德馨，等. 产脲酶芽胞杆菌的微波诱变育种 ［J］. 微生物学杂志, 2016, 36（3）：20 – 23.

［6］Halgamuge M N. Review：Weak radiofrequency radiation exposure from mobile phone radiation on plants ［J］. Journal of Bioelectricity, 2016, 36（2）：213 – 235.

［7］Cucurachi S, Tamis W L, Vijver M G, et al. A review of the ecological effects of

radiofrequency electromagnetic fields（RF - EMF）［J］. Environ. Int. , 2013,
51: 116 - 40.

［8］ Recek N, Holc M, Vesel A, et al. Germination of *Phaseolus vulgaris* L. seeds
after a short treatment with a powerful RF plasma ［J］. Int. J. Mol. Sci. , 2021,
22（13）: 6672.

［9］ Mumtaz S, Rana J N, Choi E H, et al. Microwave radiation and the brain:
Mechanisms, current status, and future prospects ［J］. Int. J. Mol. Sci, .
2022, 23（16）: 9288.

［10］ Zhang J, Sumich A, Wang G Y. Acute effects of radiofrequency electromagnetic
field emitted by mobile phone on brain function ［J］. Bioelectromagnetics,
2017, 38（5）: 329 - 338.

［11］ Chuermann D, Mevissen M. Manmade electromagnetic fields and oxidative
stress—biological effects and consequences for health ［J］. International Journal
of Molecular Sciences, 2021, 22（7）: 3772.

［12］ Bormusov E, Andley U, Sharon N, et al. Non - thermal electromagnetic
radiation damage to lens epithelium ［J］. Open Ophthalmol J. , 2008, 2: 102 -
106.

［13］ Tök L, Nazıroğlu M, Doğan S, et al. Effects of melatonin on Wi - Fi - induced
oxidative stress in lens of rats ［J］. Indian J. Ophthalmol. , 2014, 62（1）:
12 - 15.

［14］ Zhou X R, Yuan H P, Qu W, et al. The study of retinal ganglion cell apoptosis
induced by different intensities of microwave irradiation ［J］. Ophthalmologica,
2008, 222（1）: 6 - 10.

［15］ Souffi S, Lameth J, Gaucher Q, et al. Exposure to 1 800 MHz LTE
electromagnetic fields under proinflammatory conditions decreases the response
strength and increases the acoustic threshold of auditory cortical neurons ［J］.
Sci. Rep. , 2022, 12（1）: 4063.

［16］ Black D R, Heynick L N. Radiofrequency（RF）effects on blood cells, cardiac,
endocrine, and immunological functions ［J］. Bioelectromagnetics, 2003, Suppl

6：S187 – S195.

[17] Jin Y B, Choi H D, Kim B C, et al. Effects of simultaneous combined exposure to CDMA and WCDMA electromagnetic fields on serum hormone levels in rats [J]. J. Radiat Res. , 2013, 54 (3)：430 – 437.

[18] Djeridane Y, Touitou Y, de Seze R. Influence of electromagnetic fields emitted by GSM – 900 cellular telephones on the circadian patterns of gonadal, adrenal and pituitary hormones in men [J]. Radiat Res. , 2008, 169 (3)：337 – 43.

[19] Alkayyali T, Ochuba O, Srivastava K, et al. An exploration of the effects of radiofrequency radiation emitted by mobile phones and extremely low frequency radiation on thyroid hormones and thyroid gland histopathology [J]. Cureus, 2021, 13 (8)：e17329.

[20] Wdowiak A, Mazurek P A, Wdowiak A, et al. Effect of electromagnetic waves on human reproduction [J]. Ann. Agric. Environ. Med. , 2017, 24 (1)：13 – 18.

[21] Oh J J, Byun S S, Lee S E, et al. Effect of electromagnetic waves from mobile phones on spermatogenesis in the era of 4G – LTE [J]. Biomed. Res. Int. , 2018, 2018：1801798.

[22] Asghari A, Khaki A A, Rajabzadeh A, et al. A review on electromagnetic fields (EMFs) and the reproductive system [J]. Electron Physician. , 2016, 8 (7)：2655 – 2662.

[23] Pacchierotti F, Ardoino L, Benassi B, et al. Effects of radiofrequency electromagnetic field (RF – EMF) exposure on male fertility and pregnancy and birth outcomes：Protocols for a systematic review of experimental studies in non – human mammals and in human sperm exposed in vitro [J]. Environ Int. , 2021, 157：106806.

[24] Jangid P, Rai U, Sharma R S, et al. The role of non – ionizing electromagnetic radiation on female fertility：a review [J]. Int. J. Environ. Health Res. , 2022, 8：1 – 16.

[25] Shahin S, Singh V P, Shukla R K, et al. 2. 45 GHz microwave irradiation –

induced oxidative stress affects implantation or pregnancy in mice，Mus musculus [J]. Appl. Biochem. Biotechnol. ，2013，169（5）：1727 – 1751.

［26］ Vornoli A, Falcioni L, Mandrioli D, et al. The contribution of in vivo mammalian studies to the knowledge of adverse effects of radiofrequency radiation on human health [J]. Int. J. Environ. Res. Public Health, 2019, 16（18）：3379.

［27］ Qin F, Cao H, Yuan H, et al. 1 800 MHz radiofrequency fields inhibit testosterone production via CaMKI /RORα pathway [J]. Reproductive Toxicology, 2018, 81：229 – 236.

［28］ Cao H, Qin F, Liu X, et al. Circadian rhythmicity of antioxidant markers in rats exposed to 1. 8 GHz radiofrequency fields [J]. Int. J. Environ. Res. Public Health, 2015, 12（2）：2071 – 2087.

［29］ Kalanjati V P, Purwantari K E, Prasetiowati L. Aluminium foil dampened the adverse effect of 2100 MHz mobile phone – induced radiation on the blood parameters and myocardium in rats [J]. Environ. Sci. Pollut Res. Int. ，2019，26（12）：11686 – 11689.

［30］ Chen Y, Pötschke P, Pionteck J, et al. Multifunctional cellulose /rGO /Fe$_3$O$_4$ composite aerogels for electromagnetic interference shielding [J]. ACS Appl. Mater Interfaces, 2020, 12（19）：22088 – 22098.

［31］ Shukla V. Review of electromagnetic interference shielding materials fabricated by iron ingredients [J]. Nanoscale Adv. ，2019，1（5）：1640 – 1671.

［32］ Jammoul M, Lawand N. Melatonin：A potential shield against electromagnetic waves [J]. Curr. Neuropharmacol, 2022, 20（3）：648 – 660.

［33］ Raghu S V, Kudva A K, Rajanikant G K, et al. Medicinal plants in mitigating electromagnetic radiation – induced neuronal damage：A concise review [J]. Electromagn Biol. Med. ，2022，41（1）：1 – 14.

［34］ Kahya M C, Nazıroğlu M, Çiğ B. Selenium reduces mobile phone（900 MHz）– induced oxidative stress, mitochondrial function, and apoptosis in breast cancer cells [J]. Biol. Trace Elem. Res. ，2014，160（2）：285 – 93.

［35］ 祁章年，杨天德，顾鼎良 . 航天环境医学基础 [M]. 北京：国防工业出版

社, 2001.

[36] 蔡懿灵, 柯文棋, 褚新奇, 等. 电磁辐射对舰船员血浆促肾上腺皮质激素等含量的影响 [J]. 人民军医, 2006 (12): 687 - 689.

[37] Wood A W, Karipidis K. Non – ionizing radiation protection (Summary of research and policy options) [M]. New Jersey: John Wiley & Sons, Inc, 2017.

[38] Klauenberg B J, Miklavčič D. Radio frequency radiation dosimetry and its relationship to the biological effects of electromagnetic fields [M]. Berlin: Springer Netherlands, 2000.

[39] Narayanan S N, Kumar R S, Karun K M, et al. Possible cause for altered spatial cognition of prepubescent rats exposed to chronic radiofrequency electromagnetic radiation [J]. Metab Brain Dis. , 2015, 30 (5): 1193 - 206.

[40] Sage C, Burgio E. Electromagnetic fields, pulsed radiofrequency radiation, and epigenetics: How wireless technologies may affect childhood development [J]. Child Dev. , 2018, 89 (1): 129 - 136.

[41] Mahata H, De S, Sinha M, et al. Effect of radiofrequency radiation emitted by a mobile phone on human cardiovascular system [C]//Ergonomics for Rural Development, International Ergonomics Conference: HWWE2013. West Bengal: Vidyasagar University, 2015.

[42] Djeridane Y, Touitou Y, de S R. Influence of electromagnetic fields emitted by GSM – 900 cellular telephones on the circadian patterns of gonadal, adrenal and pituitary hormones in men [J]. Radiation Research, 2008, 169 (3): 337 - 343.

[43] Mahmoudi G, Fattahi – Asl J, Hosseinzadeh A. Effects of 900 MHz mobile phone radiation on human thyroid hormone levels [J]. Recent Patents on Biomarkers, 2014, 4 (3): 180 - 184.

[44] Vangelova K K, Israel M S. Variations of melatonin and stress hormones under extended shifts and radiofrequency electromagnetic radiation [J]. Rev. Environ Health, 2005, 20 (2): 151 - 161.

[45] Lin J C. Advances in electromagnetic fields in living systems volume 5//Health

effects of cell phone radiation［M］. Berlin：Springer Science Business Media，2009.

［46］ Ahmad A，Ariffin R，Noor N M，et al. 1. 8 GHz radio frequency signal radiation effects on human health ［C］//IEEE International Conference on Control System，Penang：IEEE，2011.

［47］ Pandey N，Giri S，Das S，et al. Radiofrequency radiation（900 MHz） – induced DNA damage and cell cycle arrest in testicular germ cells in swiss albino mice ［J］. Toxicol Ind Health，2017，33（4）：373 – 384.

［48］ Mostafa R M，Elmoemen E A，Fawzy M S，et al. Possible impact（s）of cell phone electromagnetic radiation on human sperm parameters ［J］. Human Andrology，2012，2（2）：49 – 55.

［49］ Williams P M，Fletcher S. Health Effects of Prenatal Radiation Exposure ［J］. American family physician，2010，82（5）：488 – 493.

［50］ 赵杰，曹文婷. 转录组学在皮肤光老化研究中的应用 ［J］. 中国皮肤性病学，2023（10）：1206 – 1210.

［51］ 刘东伟. 紫外线介导的环氧化酶 2 在翼状胬肉中的作用及其分子机制 ［D］. 合肥：安徽医科大学，2017.

［52］ 孙晓晨，张放，邵华. 紫外线对人体健康影响 ［J］. 中国职业医学，2016，43（3）：380 – 383.

［53］ WHO. Health consequences of excessive solar UV radiation ［EB/OL］.［2018 – 07 – 18］. http：//www. who. int / mediacentre/news/notes/2006/np16/en/.

［54］ Verma S，Gupta A，Kumar B. Interaction of radiofrequency radiation with biological systems：A comprehensive update on recent challenges ［J］. Defence Life Sci. J. 2019，4：83 – 90.

［55］ Usman J D，Isyaku M U，Fasanmade A A. Evaluation of heart rate variability，blood pressure and lipid profile alterations from dual transceiver mobile phone radiation exposure ［J］. Journal of Basic and Clinical Physiology and Pharmacology，2021，32（5）：951 – 957.

［56］ Mondal S. Nanomaterials for UV protective textiles ［J］. Journal of Industrial Textiles，2022，51（4suppl）：S5592 – S5621.

［57］ Hart P H, Norval M, Byrne S N, et al. Exposure to ultraviolet radiation in the modulation of human diseases ［J］. Annu. Rev. Pathol. , 2019, 14: 55 – 81.

［58］ Miller A B, Sears M E, Morgan L L, et al. Risks to health and well – being from radio – frequency radiation emitted by cell phones and other wireless devices ［J］. Frontiers in Public Health, 2019, 7: 223.

索 引

L

（王彦祥、张若舒　编制）

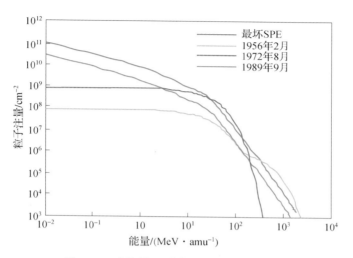

图 2.13　太阳黑子活动周期下的质子光谱

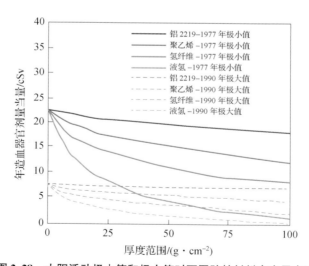

图 2.28　太阳活动极大值和极小值时不同防护材料在火星表面

受到的银河宇宙射线辐射剂量分布

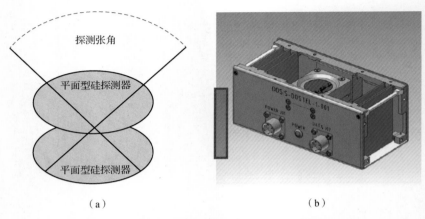

（a） （b）

图 3.4 带电粒子谱仪 DOSTEL 示意（DOSTEL

为航天应用设计的专用探测器）

（a）原理；（b）外观

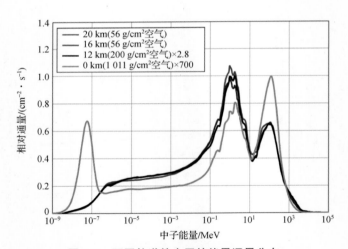

图 3.7 不同轨道的中子的能量通量分布

注：横轴代表中子的能量，纵轴代表中子的通量。不同曲线代表了从地面到大气层不同高度下通过 Bonner

球谱仪在 AIR ER2 任务中测得的中子通量。结果已经与海平面通量进行了归一化。